GAODENG SHUXUE JICHU

高等数学基础

第二版

主　编　李桂荣　袁建华
副主编　顾　敏　曹培芳
参　编　苏　婧　蒋　洪　姜　波
　　　　王　晶　洪　伟

南京大学出版社

图书在版编目(CIP)数据

高等数学基础 / 李桂荣,袁建华主编. —2 版.
—南京:南京大学出版社,2016.6(2021.7 重印)
ISBN 978 - 7 - 305 - 17205 - 2

Ⅰ. ①高… Ⅱ. ①李… ②袁… Ⅲ. ①高等数学—高
等职业教育—教材 Ⅳ. ①O13

中国版本图书馆 CIP 数据核字(2016)第 146359 号

出版发行　南京大学出版社
社　　址　南京市汉口路 22 号　　　邮　　编　210093
出 版 人　金鑫荣

书　　名　高等数学基础
主　　编　李桂荣　袁建华
责任编辑　揭维光　吴　汀　　　　　编辑热线　025 - 83686531

照　　排　南京开卷文化传媒有限公司
印　　刷　广东虎彩云印刷有限公司
开　　本　787×1092　1/16　印张 14.5　字数 353 千
版　　次　2016 年 6 月第 2 版　2021 年 7 月第 4 次印刷
ISBN　978 - 7 - 305 - 17205 - 2
定　　价　39.00 元

网　　址:http://www.njupco.com
官方微博:http://weibo.com/njupco
官方微信号:njupress
销售咨询热线:(025)83594756

前　言

> 宇宙之大，粒子之微，火箭之速，化工之巧，地球之变，生物之谜，日用之繁，无处不用数学。
>
> 华罗庚

本书为高职高专各专业通用的高等数学基础课程教材．全书分必修篇(1～6章)和选修篇(7～9章及含＊号的内容)两大部分．必修篇编入了数学建模和实例，重点讲解一元函数的微积分及其应用；选修篇包括二元函数的微积分及其应用、常微分方程简介和数学实验等内容．书中每节都配有适量的练习与思考题，每章又配有相对难度较大或综合应用的习题．每章的最后还安排了"阅读材料"，既可以作为课余的休闲阅读，又丰富了对应知识点的应用，为读者提供了轻松第二课堂．最后一章是与必修内容相适应的数学实验——MATLAB的使用．为便于读者查找，书后还设有附录，内容包括初等数学及高等数学中常用的公式、图形和参考答案．本书有些内容体现为数字资源，每章开头有一个二维码，可通过手机扫描二维码的形式进行学习，体现了本版教材的立体化建设和数字出版理念．

本书坚持"以应用为目的，以必须够用为度"的原则，既保留了教材由浅入深的传统特点，又大刀阔斧地删除了许多理论推导和证明，对相关结论则以解释清楚为度．尽量借助几何图形作直观描述，使抽象的数学概念更形象化．本书通俗易懂，简明扼要，既可作为教材，也可作为自学参考资料．

本书由学校及企业一线的教师和经济师联合编写，曾经过多次修订和两次再版，使得书中每一知识点的案例更加丰富，应用广泛．王晶编写了第1章；苏婧编写了第2章；姜波编写了第3章；蒋洪编写了第4章；李桂荣编写了第5、6、8章；顾敏编写了第7、9章．全书框架结构安排、统稿和定稿由李桂荣、袁建华完成．

本书再次出版得到江苏农牧科技职业学院和南京大学出版社的大力支持．编写过程中，翟修平教授、吴小军和钱在沼老师对书稿提出了一些有益的建议．编者在此向他们表示衷心的感谢！

本书在编写过程中，参考了大量的相关书籍和资料，选用了其中的有关内容、例题和习题，在此谨向有关编者一并表示谢意．

本教材的编写是我们进行教学改革与研究的一次尝试，书中缺点和错误在所难免，但是我们还在探索中，敬请同仁、读者提出修改意见．编者将不胜感激．

编　者

2016 年 6 月

前　言

目　　录

第1章 初等函数

> 函数是客观世界中变量间依从关系的反映,是微积分学的主要研究对象,本章将在中学数学的基础上,对函数的概念和性质作进一步的研究,并介绍初等函数的概念和数学建模的基本思想,为后续内容的学习打好基础.

1.1 函 数

1.1.1 函数的概念

在自然界中,存在很多相互影响、相互制约的变量关系,人类在探索自然的过程中,将其抽象、概括,逐步形成了函数的概念.1837 年,德国数学家狄利克雷(Dirichlet,1805—1859)抽象出了较为合理的直至今日仍为人们易于接受的函数概念.

定义 1.1 设 x 和 y 是两个变量,D 是 $\mathbf{R}$ 的非空子集,如果对于 D 中任一个实数 x,按照一定的对应关系 f,变量 y 有唯一确定的值与之对应,则称变量 y 是变量 x 的函数,记作

$$y = f(x),\ x \in D$$

其中,x 叫自变量,y 叫因变量.自变量 x 的取值的集合 D 称为这个函数的定义域,函数值的集合称为函数的值域.

由函数的定义可知,两个函数相同的充分必要条件是对应关系相同、定义域也相同.

由于函数 $y = |x|$ 与函数 $y = x$ 的对应关系不同,因此它们是两个不同的函数;由于函数 $y = x$ 和函数 $y = \dfrac{x^2}{x}$ 的定义域不同,因此它们也是两个不同的函数;而函数 $y = |x|$ 和函数 $y = \sqrt{x^2}$ 则是同一个函数.

通常,函数有下列 3 种表示方法:解析法、列表法、图形法.

用数学式子表示函数的方法,称为解析法,也叫公式法,如 $V = \dfrac{4}{3}\pi r^3$,$y = \ln \sin x$. 解析法是函数的精确描述,其优点是便于理论分析和研究,缺点是不直观;以表格形式表示函数的方法称为列表法,如对数表、三角函数表中的函数都是用列表法表示的,列表法的优点是可以直接由自变量数值查到相应的函数值,但表中所列数值是有限的,不能反映函数的全

貌;以图形表示函数的方法称为图形法,如图 1.1 和图 1.2 所示,图形法的优点是直观,函数图形容易由实验数据获得,在实践中常用,缺点是不能进行精确的理论分析.

1.1.2 分段函数

有时用解析法表示一个函数需要用到两个或两个以上个解析式来表示,即当自变量在不同取值范围内变化时,函数要用不同的解析式表示,如:

$$f(x) = \begin{cases} x^2 + 1, & x < 0 \\ 0, & x = 0 \\ x - 1, & x > 0 \end{cases}$$

其定义域为 $(-\infty, +\infty)$,当 $x < 0$ 时,$f(x) = x^2 + 1$;当 $x = 0$ 时,$f(x) = 0$;而当 $x > 0$ 时,$f(x) = x - 1$. 其图形如图 1.1 所示.我们把在不同取值范围内用不同的解析式表示的函数叫分段函数,下面介绍两个典型的分段函数.

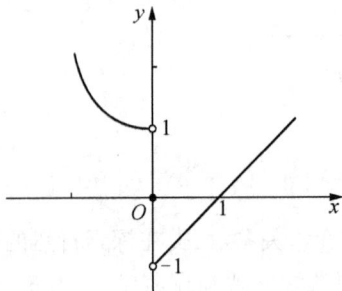

图 1.1

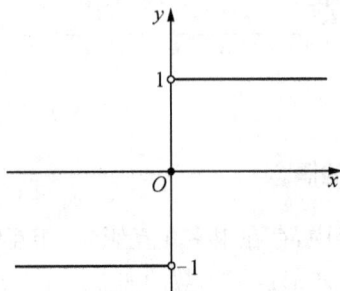

图 1.2

【例 1.1】 符号函数 $\operatorname{sgn} x = \begin{cases} 1, & x > 0 \\ 0, & x = 0 \\ -1, & x < 0 \end{cases}$,其图形如图 1.2 所示.

【例 1.2】 狄利克雷(Dirichlet)函数 $D(x) = \begin{cases} 1, & x \in 有理数集 \\ 0, & x \in 无理数集 \end{cases}$.

1.1.3 函数的几种特性

设函数 $y = f(x)$ 的定义域为 D.

1. 有界性

设区间 $I \subset D$,若存在一个正数 M,对任意 $x \in I$,相应的函数值满足

$$| f(x) | \leqslant M$$

则称函数 $f(x)$ 在 I 上有界,函数 $f(x)$ 称为在 I 上的有界函数,如不存在这样的正数 M,则称 $f(x)$ 在 I 上无界.

例如,函数 $f(x) = \dfrac{1}{x}$ 在 $(1, +\infty)$ 内是有界的,在 $(0, 1]$ 上却是无界的;函数 $y = \sin x$ 在 R 上是有界函数.

2. 单调性

设区间 $I \subset D$,若对 I 中任意两点 x_1, x_2,当 $x_1 < x_2$ 时,恒有 $f(x_1) < f(x_2)$,则称函数 $f(x)$ 在 I 上单调增加;若对 I 中任意两点 x_1, x_2,当 $x_1 < x_2$ 时,恒有 $f(x_1) > f(x_2)$,则称函数 $f(x)$ 在 I 上单调减少.

函数 $f(x)$ 在区间 I 上单调增加或单调减少统称 $f(x)$ 为区间 I 上的单调函数.从几何直观上看,区间 I 上单调增加(减少)的函数,其图像自左向右是上升(下降)的.

3. 奇偶性

设 D 关于原点对称,若对于任意 $x \in D$,都有 $f(-x) = -f(x)$,则称 $f(x)$ 为奇函数;若对任意 $x \in D$,都有 $f(-x) = f(x)$,则称 $f(x)$ 为偶函数.

奇函数的图像关于坐标原点成中心对称,偶函数的图像关于 y 轴成轴对称.例如,函数 $y = \cos x$ 在其定义域上是偶函数,因为 $\cos(-x) = \cos x$;函数 $y = \sin x$ 在其定义域上是奇函数,因为 $\sin(-x) = -\sin x$;函数 $y = x^2 - x$ 是非奇非偶函数.

4. 周期性

对于函数 $f(x)$,若存在一个不为零的常数 L,使得对于任意 $x \in D$,有 $f(x + L) = f(x)$,则称函数 $f(x)$ 为周期函数,L 为 $f(x)$ 的一个周期.

当周期函数存在最小正周期时,通常所说的周期指的是最小正周期,记作 T.

例如,函数 $y = \sin x$ 和 $y = \cos x$ 是以 $T = 2\pi$ 为周期的周期函数;函数 $y = \tan x$ 和 $y = \cot x$ 是以 $T = \pi$ 为周期的周期函数.周期函数若以 $T(> 0)$ 为周期,则在每个长度为 T 的区间上函数的图像是相同的.

练习与思考 1.1

1. 确定一个函数需要有哪几个基本要素?

2. 画出 $f(x) = x^2 - 2x - 1$ 的图像,并根据 $f(x)$ 的图像画出下列函数的图像:

(1) $y = f(-x)$;　　　　(2) $y = -f(x)$;　　　　(3) $y = f(x) + 1$.

3. 如果 $f(x) = x + 1$,试求 $f(f(f(x)))$ 的表达式;你能写出 $\underbrace{f(f(f(f \cdots f(x) \cdots)))}_{n}$

($n \in N^+$)的表达式吗?

4. 分段函数是一个函数还是多个函数?

5. 求下列函数的定义域:

(1) $y = \ln(x - 2)$;　　　　(2) $y = \arcsin(5 - x^2)$;

(3) $y = \dfrac{x}{x^2 - 3x + 2} + \sqrt{4 - x}$.

6. 设 $f(x) = x^2 + 1$,求 $f(1)$, $f(x + 1)$, $f\left(\dfrac{1}{x}\right)$, $\dfrac{f(x + \Delta x) - f(x)}{\Delta x}$.

7. 下列各题中,函数 $f(x)$ 和 $g(x)$ 是否相同? 为什么?

(1) $f(x) = x$, $g(x) = \sqrt{x^2}$;

(2) $f(x) = \lg x^2$, $g(x) = 2\lg x$;

(3) $f(x) = 1$, $g(x) = \sin^2 x + \cos^2 x$;

(4) $f(x)=\sqrt[3]{x^4-x^3}$, $g(x)=x\cdot\sqrt[3]{x-1}$.

8. 设 $f(x)=\begin{cases}x^3, & 0\leqslant x\leqslant 1 \\ 3x, & 1<x\leqslant 2\end{cases}$,求 $f(x)$ 的定义域以及 $f(0),f(1),f(2)$ 的值.

9. 判断下列函数的奇偶性：

(1) $y=1+x^2$;   (2) $y=x\cos x$;   (3) $y=e^{|x|}$;

(4) $y=\sin(x+1)$;   (5) $y=\dfrac{1}{a^x-1}+\dfrac{1}{2}$.

10. 判断下列函数在其定义域内的有界性：

(1) $y=\sin\dfrac{1}{x}$;   (2) $y=\cos(2x+1)$;   (3) $y=\dfrac{1}{x}$.

11. 讨论下列函数的单调性：

(1) $y=x^3$;   (2) $y=\dfrac{1}{x}$;   (3) $y=\tan x$.

12. 求下列函数的周期：

(1) $y=\sin(2x+1)$;   (2) $y=\tan 2x$;   (3) $y=\sin^2 x$.

1.2 初等函数

初等函数是微积分研究的主要对象.

1.2.1 基本初等函数

我们把常见的 6 类函数,即常数函数、幂函数、指数函数、对数函数、三角函数以及反三角函数,称为基本初等函数.

(1) 常数函数 $y=C$ （C 为常数）.

(2) 幂函数 $y=x^a$ （a 为实数,$a\neq 0$）.

常见的幂函数有:$y=x,y=x^2,y=x^3,y=\sqrt{x},y=x^{\frac{1}{3}},y=\dfrac{1}{x}$,其图形如图1.3 所示.

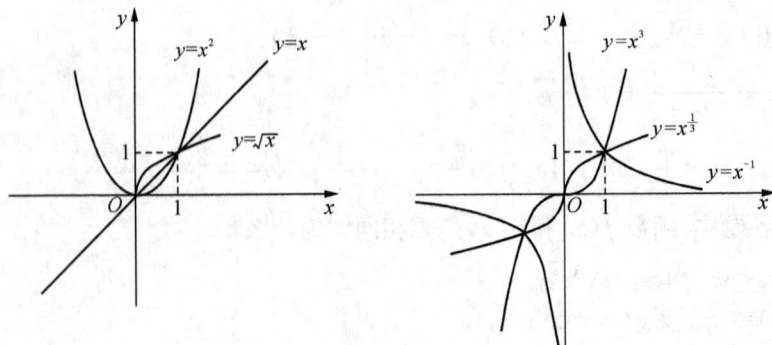

图 1.3

（3）指数函数 $y = a^x (a > 0, a \neq 1, a$ 为常数），如图 1.4 所示.

（4）对数函数 $y = \log_a x \ (a > 0, a \neq 1, a$ 为常数），如图 1.5 所示.

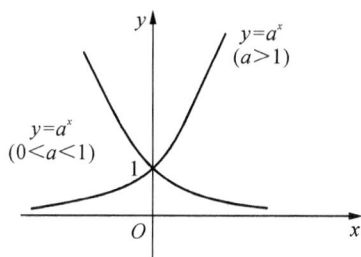

图 1.4

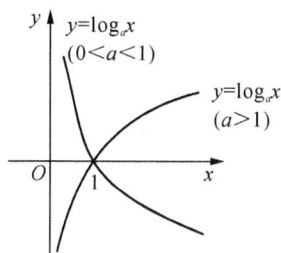

图 1.5

（5）三角函数

$$y = \sin x, \ y = \cos x \quad (x \in \mathbf{R})$$

$$y = \tan x, \ y = \sec x \quad \left(x \neq k\pi + \frac{\pi}{2}, k \in \mathbf{Z}\right)$$

$$y = \cot x, \ y = \csc x \quad (x \neq k\pi, k \in \mathbf{Z})$$

正弦、余弦、正切、余切函数的图形如图 1.6 和图 1.7 所示.

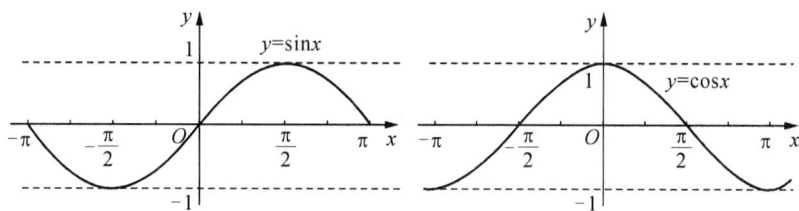

图 1.6

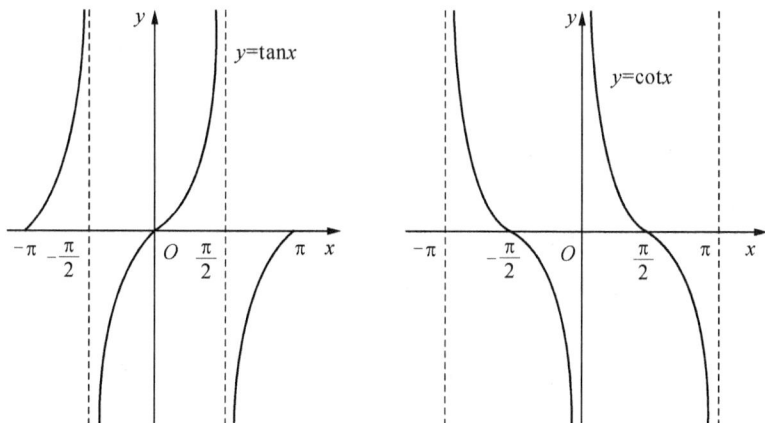

图 1.7

（6）反三角函数

$$y = \arcsin x, \ y = \arccos x \quad (x \in [-1, 1])$$

$$y = \arctan x, \ y = \text{arccot} \ x \quad (x \in \mathbf{R})$$

反三角函数的图形如图 1.8 所示.

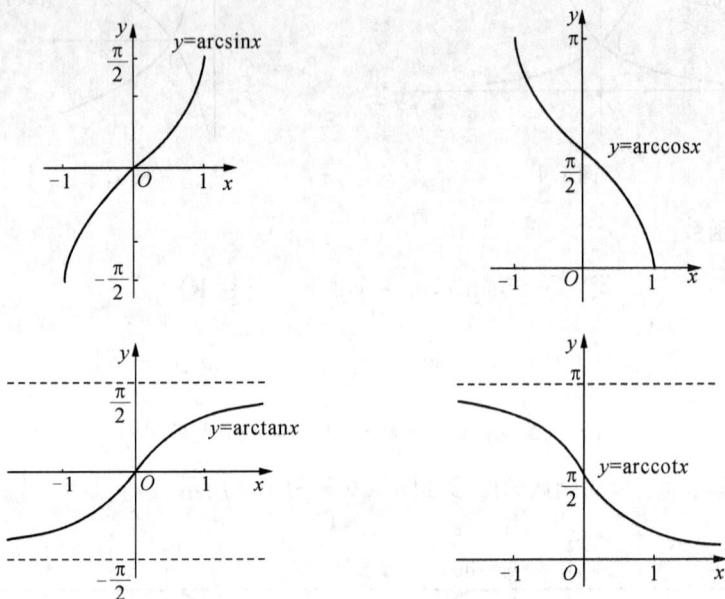

图 1.8

1.2.2 函数的运算

1. 四则运算

设函数 $f(x)$ 与 $g(x)$ 在区间 D 上有定义，且 $g(x) \neq 0$，则称 $f(x) + g(x)$、$f(x) - g(x)$、$f(x) \cdot g(x)$ 及 $\dfrac{f(x)}{g(x)}$ 为由 $f(x)$ 和 $g(x)$ 经过四则运算所得的和函数、差函数、积函数以及商函数.

通常，我们称基本初等函数或基本初等函数的和、差、积、商所构成的函数为简单函数.

2. 复合运算

定义 1.2 设函数 $y = f(u)$ 的定义域为 D_f，函数 $u = \varphi(x)$ 的值域为 Z_φ，若 $D_f \bigcap Z_\varphi \neq \varnothing$，则称函数 $y = f[\varphi(x)]$ 是由函数 $y = f(u)$ 和 $u = \varphi(x)$ 复合而成的函数，u 称为中间变量.

例如，设 $y = f(u) = u^2$，$u = \varphi(x) = 1 - x^2$，则复合而成的函数为

$$y = f[\varphi(x)] = (1 - x^2)^2 \quad (-\infty < x < +\infty).$$

【例 1.3】 设函数 $f(x) = x^2$，$g(x) = \sin x$，求 $f[g(x)]$，$g[f(x)]$.

解 $f[g(x)] = f(\sin x) = (\sin x)^2 = \sin^2 x$，$g[f(x)] = g(x^2) = \sin x^2$.

当然,不是任意两个函数都可以进行复合的.

【例 1.4】　函数 $y = \arcsin u$ 和 $u = 5 + x^2$ 能构成复合函数吗?

答　函数 $u = 5 + x^2$ 的值域 $Z_\varphi = [5, +\infty)$,而 $y = \arcsin u$ 的定义域 $D_f = [-1, 1]$,因为 $D_f \bigcap Z_\varphi = \varnothing$,所以不可以复合.

【例 1.5】　分解下列复合函数:

(1) $y = \ln \sin \sqrt{x^2 + 1}$;　　　　(2) $y = \sin^2 \dfrac{x}{2}$;　　　　(3) $y = \ln \dfrac{1}{\sqrt{x^2 + 1}}$.

解　(1) 函数 $y = \ln \sin \sqrt{x^2 + 1}$ 是由 $y = \ln u$,$u = \sin v$,$v = \sqrt{t}$,$t = x^2 + 1$ 复合而成;

(2) 函数 $y = \sin^2 \dfrac{x}{2}$ 是由 $y = u^2$,$u = \sin v$,$v = \dfrac{x}{2}$ 复合而成;

(3) 函数 $y = \ln \dfrac{1}{\sqrt{x^2 + 1}}$ 是由 $y = \ln u$,$u = v^{-\frac{1}{2}}$ 和 $v = x^2 + 1$ 复合而成. 如果把这个函数看成是由 $y = \ln u$,$u = \dfrac{1}{t}$,$t = v^{\frac{1}{2}}$ 和 $v = x^2 + 1$ 复合而成的,就不恰当了.因为把一个幂函数 $v^{-\frac{1}{2}}$ 分成两个幂函数 $u = \dfrac{1}{t}$ 和 $t = v^{\frac{1}{2}}$ 是没必要的.

1.2.3　初等函数

定义 1.3　由基本初等函数经过有限次四则运算和有限次复合运算所构成的,且能用一个解析式表示的函数叫做初等函数.

例如,$y = \dfrac{3x^3 \arctan x}{(e^x - 1)^2}$,$y = \dfrac{e^x - 1}{\sqrt{2x + 1}} + 5x \sin^2 x$ 都是初等函数,分段函数一般不是初等函数.

练习与思考 1.2

1. A 先生从今天开始每天给你 10 万元,而你承担如下任务:第一天给 A 先生 1 元,第二天给 A 先生 2 元,第三天给 A 先生 4 元,第四天给 A 先生 8 元,依次下去,……,A 先生要和你签订 15 天的合同,你同意吗?又 A 先生要和你签订 30 天的合同,你能签这个合同吗?你签合同的底线是多少天?

2. 任意两个函数是否都能进行复合运算? 举例说明.

3. 若函数 $f(x)$ 的定义域是 $[0, 1]$,那么 $f(1 - 2x)$ 的定义域是什么? 反之,$f(1 - 2x)$ 的定义域是 $[0, 1]$,那么 $f(x)$ 的定义域呢?

4. 两个初等函数相加所得的关系式一定是初等函数吗?

5. 下列函数不是复合函数的是(　　).

A. $y = \sqrt{x^2}$;　　　　　　　　　　B. $y = 1 - \dfrac{1}{x^2}$;

C. $y = \ln^2(x + 1)$;　　　　　　　　D. $y = 2^{x^2 + 1}$.

6. 下列函数不是初等函数的是(　　).

A. $y=\begin{cases} 1+x^2, & x<0 \\ 0, & x\geqslant 0 \end{cases}$; B. $y=\begin{cases} -x, & x<0 \\ x, & x\geqslant 0 \end{cases}$;

C. $y=\dfrac{5x+1}{\tan^2\dfrac{x}{2}}$; D. $y=\arcsin(5-x)$.

7. 设 $f(x)=2^x$，$\varphi(x)=x^2$，求 $f[\varphi(x)]$，$\varphi[f(x)]$.

8. 设 $f(x)=\sin x$，$\varphi(x)=\ln x$，求 $f[\varphi(x)]$，$\varphi[f(x)]$.

9. 将下列函数分解成简单函数：

(1) $y=2^{\sin(2x+1)}$； (2) $y=\sin\sqrt{2x+1}$；

(3) $y=\arcsin^2\ln\sqrt{x+1}$； (4) $y=(e-x)^2$.

1.3 数学模型方法简述

随着科学技术的快速发展，尤其是计算机技术的快速发展，数学已经渗透到从自然科学技术到工农业生产、从经济活动到社会生活的各个领域，可以说几乎所有的科学与技术领域的发展都离不开数学. 一般地，当实际问题需要人们对所研究的现实对象提供分析、预报、决策、控制等方面的定量结果时，往往都离不开数学的应用，而建立数学模型则是这个过程的关键环节.

1.3.1 数学模型的概念

一般地，数学模型可以描述为：对于现实世界的一个特定对象，为了一个特定目的，根据特有的内在规律，做出一些必要的简化假设，运用适当的数学工具，采用形式化语言，概括或近似地表达出来的一个数学结构.

1.3.2 建立数学模型的流程

建立数学模型，就是把现实世界中的实际问题加以提炼，抽象为数学模型，求出模型的解，检验模型的合理性，并用由该数学模型所得到的解答来解释现实问题. 数学知识的这一应用过程称为数学建模，建立数学模型一般可分为以下几个步骤.

（1）模型准备 了解问题的实际背景，明确其实际意义和建模目的，搜集必要的各种信息，尽量弄清对象的各种特征.

（2）模型假设 根据对象的特征和建模目的，对问题进行必要的简化，并用精确的语言提出一些恰当的假设.

（3）模型建立 在假设的基础上，分析对象的因果关系，根据对象的内在规律，利用适当的数学工具，刻画各变量间的数学关系，建立相应的数学结构. 在这个过程中，我们应注意，尽可能使用简单的数学工具.

（4）模型求解 利用获取的数据资料，对模型的所有参数做出计算和估计. 一道实际问题的解决往往需要纷繁的计算，在实际工作中，我们可以采用解方程、画图形、证明定理、逻辑运算、数值运算等各种传统的和近代的数学方法,尤其是计算机技术.

(5) 模型检验　对模型解答进行分析,并将分析结果与实际情形进行比较,以验证模型的准确性、合理性和适用性.如果模型与实际吻合,则要对计算结果给出其实际含义,并进行解释;如果模型与实际情况吻合较差,则应对假设进行修改,重新建模.

(6) 模型应用　应用方式因问题的性质和建模的目的而异.

【**例 1.6**】　在哥尼斯堡(Kongsberg)有一条名叫普雷尔(Pregel)的河从城市中间流过,普雷尔河的中央有一大一小两座岛屿,河岸与两座岛由 7 座桥相互连接,如图 1.9 所示.于是居民们每天散步的时候就产生了一项有趣的消遣活动:从 A 岸、B 岛、C 岸、D 岛这 4 个地方任选一处出发,一次不重复走过所有 7 座桥,最后回到出发地.

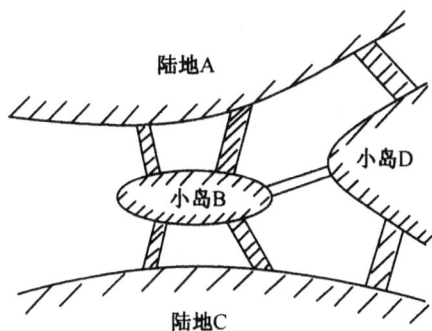

图 1.9

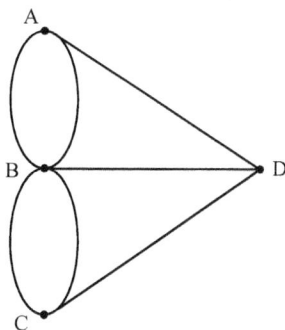

图 1.10

当地居民们一直没有找到这样的走法,于是有人写信给当时著名的瑞士数学家欧拉(Euler),欧拉于 1736 年发表了被誉为图论论文第一篇的《哥尼斯堡七桥问题》,他把每一块陆地考虑成一个点,连接两地的桥表示成连接两点的边,七桥问题就转化为图 1.10 的一笔画回路问题.欧拉证明了图 1.10 不存在这样的一笔画回路,也就是说,哥尼斯堡的居民所提出的巡游路线根本不可能实现.

欧拉的论证很简单,对于起点来说,每次沿一条边离开以后,必须能够再沿另一条边回到起点,才有可能存在回路,即跟起点连接的边应该是偶数条.对中间点来说,每次沿一条边到达该点,必须能再沿着另外一条边离开该点,才有可能回到起点,即跟中间点连接的边也应该是偶数条.总之,只有跟每个点连接的边数都是偶数的图,才有一笔画回路.

【**例 1.7**】　椅子摆放问题:通常由于地面凹凸不平,椅子难于一次放稳(四条腿同时着地),然而只需稍微挪动几次,就可以使四条腿同时着地,放稳了,试建立相应的数学模型.

假设椅子四条腿一样长,每条腿的着地点视为几何学上的点 A、B、C、D,把 AC 和 BD 连线看作坐标系中的 x 轴和 y 轴,如图 1.11 所示,把椅子转动看成是坐标的旋转,θ 表示对角线 AC 转动后的 $A'C'$ 与初始位置 x 轴的夹角,$f(\theta)$ 表示 A、C 两腿与地面距离

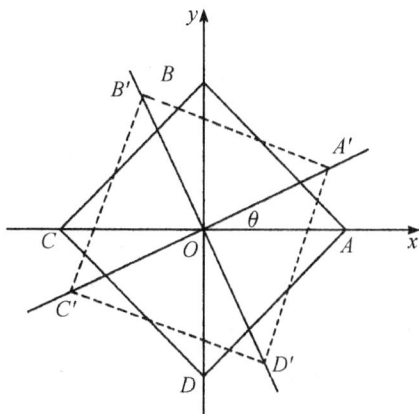

图 1.11

之和,$g(\theta)$ 表示 B、D 两腿与地面距离之和.

当地面高度连续变化,沿任何方向都不会出现间断(即没有像台阶那样的情况)时,$f(\theta)$ 和 $g(\theta)$ 皆为连续函数. 因 3 条腿总能同时着地,当 $\theta = 0$ 时,不妨设 $g(\theta) = 0$, $f(\theta) > 0$,所以有 $f(\theta) \cdot g(\theta) = 0$,即对于任意的 θ, $f(\theta)$ 和 $g(\theta)$ 至少有一个为零. 这样,椅子问题就归结为证明如下的数学命题:

已知 $f(\theta)$ 和 $g(\theta)$ 是 θ 的连续函数,对于任意的 θ, $f(\theta) \cdot g(\theta) = 0$,且 $g(0) = 0$, $f(0) > 0$,证明存在 θ_0,使得

$$f(\theta_0) = g(\theta_0) = 0.$$

这就是我们需要的数学模型,它的证明有待读者在下一章学过零点定理之后自己解决.

练习与思考 1.3

1. 简述建立数学模型的方法和步骤.

2. 三个框中,一个装有苹果,另一个装有橘子,第三个装有苹果和橘子,装好分别贴上"苹果"、"橘子"、"混装"三个标签. 已知全部装错了,现在只能打开一个框来纠正三个标签,应该打开哪个框? 为什么?

3. 某类产品按工艺共分 10 个档次,最低档次产品每件利润为 8 元. 每提高一个档次,每件利润增加 2 元. 用同样工时,可以生产最低档产品 60 件,每提高一个档次将少生产 3 件产品.

(1) 如何建立获得利润的数学模型?

(2) 获得利润最大时生产产品的档次为多少?

4. 某国 2005 年至 2008 年的能源进口金额 y(10 亿)如下表所示:

年度	2005	2006	2007	2008
t	0	1	2	3
y	96	121	148	172

(1) 假设 y 与 t 为线性关系(即一次函数关系),试根据以上数据写出线性方程式,并写出通过点 0.96 及 3.172 的进口量;

(2) 利用此方程式估计 2006 年及 2007 年的进口量,并与实际进口量比较;

(3) 预测 2010 年的能源进口量;

(4) 由(1)中的直线斜率可得何种信息?

5. 决定十字路口红绿灯亮的时间长度,需要进行哪些简化假设?

6. 百鸡问题:"今有鸡翁一,值钱五;鸡母一,值钱三;鸡雏三,值钱一;凡百钱买鸡百只,问鸡翁、鸡母、鸡雏各几何?"

7. 某人从美国到加拿大去度假,他把美元兑换成加元时,币面数值增加 12%,回国后他发现,加元兑换成美元时,币面数值减少 12%.

（1）试建立这个问题的数学模型；

（2）这样一来一回地兑换后，兑换者亏损了百分之多少？

📖 **阅读材料 1**

（一）常见经济函数模型

数学在经济中的应用非常广泛，这里给出一些比较典型的经济函数模型.

1. 供求函数

众所周知，影响消费者需求的因素有很多，但对一般商品而言，价格是影响消费的主要因素，而且需求量随价格的提高而减少，若设需求量为 Q，商品的价格为 p，则称函数 $Q = Q(p)$ 为需求函数.

同样，价格也是影响供应的主要因素，不同的是对供方企业而言，价格越高，就越要加大供应量，因此，供应量随着价格的提高而增加，若设供应量为 q，价格为 p，则称函数 $q = q(p)$ 为供应函数.

我们还可以通过图像直观地反映这些相互影响因素之间的关系. 图 1.12 展示了典型的供应曲线与需求曲线. 在平衡点 p_0 处，购买量必然等于销售量，因此合理的商品价格（也称均衡价格）使市场处于理想化的供求平衡状态.

请读者自行找出供不应求与供过于求的区间.

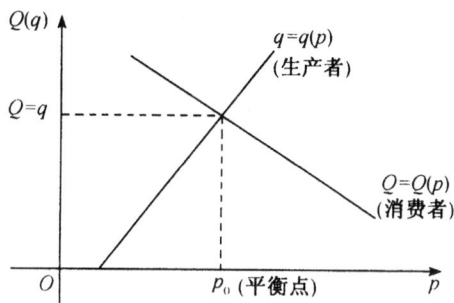

图 1.12

【**例 1.8**】　某禽蛋公司出售皮蛋，其单价为每箱 110 元时，平均每天可卖出 150 箱，如果每箱售价每降低 10 元，则可多卖出 20 箱，试求销售这种皮蛋的需求量与售价之间的函数关系.

解　设皮蛋的需求量为 Q，单价为 p，按题意可知，需求量的增加量与价格的降低量成比例

$$Q = 150 + \frac{20(110 - p)}{10} = 370 - 2p.$$

2. 收益函数

一般地，企业的收益 R 是销量 q 与价格 p 的乘积，则称函数 $R(q) = pq$ 为收益（收入）函数.

3. 成本函数

企业的生产(经营)成本可分为两部分,一部分是随着产量(销量)的变化而变化的,称之为可变成本,如原材料、动力电、燃料等,用 $C_1(q)$ 表示;另一部分是与产量(销量)无关的,称之为固定成本,如厂房折旧、工人的固定工资等,用 C_0 表示. 因此,总成本是可变成本和固定成本之和,则称函数 $C(q) = C_1(q) + C_0$ 为成本函数.

4. 利润函数

建立了收益函数和成本函数之后,我们不难得到利润函数,即利润是收益与成本之差. 若设 q 为产量,则称函数 $L(q) = R(q) - C(q)$ 为利润函数.

【例 1.9】 某奶牛场,年产奶量为 x(吨),总成本为 C(元),其中固定成本为 18 万元,每产一吨奶需要增加成本 2 500 元,其销售总收入 R 是 x 的函数: $R(x) = 3\,460x$. 试求出年利润与年产奶量之间的函数关系.

解 设年利润为 L 元,则

$$C(x) = 180\,000 + 2\,500x, \quad x > 0;$$
$$L(x) = R(x) - C(x)$$
$$= 3\,460x - 180\,000 - 2\,500x,$$

即利润函数为

$$L(x) = 960x - 180\,000.$$

【例 1.10】 一房地产公司有 50 套公寓要出租,当租金定为每月 180 元时,公寓会全部租出去,当租金每月增加 10 元时,就有一套公寓租不出去,而租出去的房子每月需花费 20 元的整修维护费.

(1) 建立总收入与租金之间的函数模型;

(2) 房租定多少可获得最大收入?

解 (1) 设租金为 x 元/月,租出的公寓有 $50 - \dfrac{x-180}{10}$ 套,总收入为 R,所以

$$R = (x-20)\left(50 - \frac{x-180}{10}\right) = (x-20)\left(68 - \frac{x}{10}\right);$$

(2) 问题归结为: 当 x 为多少时,求 R 的最大值. 由不等式

$$R = (x-20)\left(68 - \frac{x}{10}\right) \leqslant \frac{1}{10}\left(\frac{x-20+680-x}{2}\right)^2 = 10\,890(元)$$

当且仅当 $x - 20 = 680 - x$,即 $x = 350$ 时取得最大值.

(二) 伟大的数学家欧拉

欧拉(Leonhard Euler,1707～1783) 瑞士数学家和物理学家. 15 岁获巴塞尔大学学士学位,翌年获得硕士学位,酷爱数学,并受到**约翰第一·伯努利**的精心指导. 是把微积分应用于物理学的先驱者之一.

L. 欧拉渊博的知识,无穷无尽的创作精力和空前丰富的著作,都令人惊叹不已! 他从

19 岁开始发表论文,直到 76 岁,共写下书籍和论文 886 本(篇),其中分析、代数、数论占 40%,几何占 18%,物理和力学占 28%,天文学占 11%,弹道学、航海学、建筑学等占 3%,他是科学史上无与伦比的多产作者,平均以每年 800 页的速度写出创造性论文.他去世后,人们整理出他的研究成果多达 74 卷.彼得堡科学院为了整理他的著作,足足忙碌了 47 年.

L. 欧拉著作的惊人多产并不是偶然的,他的专注力可以在任何不良的环境中工作,他常常抱着孩子在膝上完成论文,也不知道孩子在旁边喧哗.

L. 欧拉的一生,是为数学发展而奋斗的一生,他有着杰出的智慧,顽强的毅力,孜孜不倦的奋斗精神和崇高的科学道德.1733 年,年仅 26 岁的 L. 欧拉担任了彼得堡科学院数学教授,然而过度的工作使他得了眼病,并且不幸右眼失明了,这时他才 28 岁.在 1771 年,一场重病使他的左眼亦完全失眠,不幸的事情接踵而来,1771 年彼得堡的大火殃及欧拉住宅,带病而失明的 64 岁的 L. 欧拉被围困在大火中,虽然他被别人从火海中救了出来,但他的书房和大量研究成果全部化为灰烬了.但他以惊人的记忆力、心算技巧及顽强的毅力继续从事科学创作.他通过与助手们的讨论以及直接口授等方式完成了大量的科学著作,直至生命的最后一刻.

L. 欧拉的记忆力和心算能力是罕见的,他能够复述年轻时代笔记的内容,心算并不限于简单的运算,高等数学一样可以用心算去完成.L. 欧拉在失明 17 年中还解决了使 I. 牛顿头痛的月离问题和很多复杂的分析问题.

L. 欧拉在数学上的建树很多.例如:对著名的哥尼斯堡七桥问题的解答开创了图论的研究.欧拉还发现,不论什么形状的凸多面体,其顶点数 v、棱数 e、面数 f 之间总有 $v-e+f=2$ 这个关系;而不论什么形状的框型(凹)多面体,总有 $v-e+f=0$,数学上称 $v-e+f$ 为欧拉数,成为拓扑学的基础概念.

以欧拉的名字命名的数学公式、定理等在数学书籍中随处可见.L. 欧拉还创设了许多数学符号,例如:

$f(x)$ 表示函数;

π 代表圆周率;

e 表示自然对数的底;

a,b,c 表示三角形 ABC 的三条边、r 表示内切圆的半径、R 表示外接圆的半径;

sin 和 cos 表示正弦和余弦符号;

Δx 表示自变量的增量;

$\sum$ 表示求和符号;

i 表示虚数单位 $\sqrt{-1}$ 等.

L. 欧拉充沛的精力保持到生命的最后一刻,1783 年 9 月 18 日,欧拉为了庆祝他计算气球上升定律的成功,请朋友们吃饭,那时天王星刚发现不久,欧拉写出了计算天王星轨道的要领,还和他的孙子逗笑,喝完茶后,突然疾病发作,烟斗从手中落下,欧拉终于"停止了生命和计算".

习题 1

1. 求下列函数的定义域：

(1) $y=\sqrt{x-1}+\ln(5x+1)$；

(2) $y=\dfrac{x-2}{x^2-x-2}$；

(3) $y=\tan 5x+\arcsin x$；

(4) $f(x)=\begin{cases}\dfrac{\sin x}{x}, & x\neq 0\\[2mm] 1, & x=0\end{cases}$.

2. 判断下列各对函数是否为相同函数：

(1) $f(x)=\sqrt{x^2}$, $g(x)=|x|$；

(2) $f(x)=5x+1$, $g(x)=\dfrac{5x^2+x}{x}$；

(3) $f(x)=\sin x$, $g(x)=\arcsin(\sin x)$；

(4) $f(x)=\dfrac{1}{x}$, $g(x)=\mathrm{e}^{-\ln x}$.

3. 孙经理用 24 000 元买进甲、乙股票各若干元,在甲股票升值 15% ,乙股票下跌 10% 时全部抛出,他共赚得 1 350 元.问孙经理购买甲股票的金额与乙股票的金额之比是多少?

4. 有某种农药一桶,倒出 8 L 后,用水补满,然后又倒出 4 L,再用水补满,此时测得桶中农药和水之比是 18∶7,求桶的容积.

5. 设计一圆柱形蓄油库(有底有盖),使其容积为常数 V,试求油库表面积 S 与底圆半径 r 的函数关系.

6. 某隧道的截面由半圆和矩形组成(图 1.13),已知截面的周长为 15 m,试将截面积 S 表示为圆半径 r 的函数.

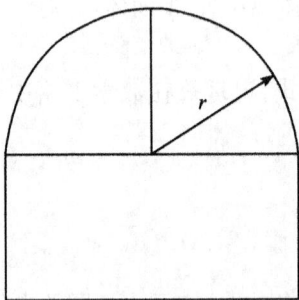

图 1.13

第 2 章 极限与连续

极限是研究函数的变化趋势,是微积分最重要的计算工具,掌握极限的思想和方法是学好微积分的前提条件.本章将研究极限的计算方法,并运用极限定义函数的连续.

2.1 极限与运算

2.1.1 函数的极限

先介绍几种相关的自变量的变化趋势和邻域的概念.

$x \to \infty$ 指自变量 x 的绝对值无限增大时的变化趋势,如图 2.1(a) 所示;$x \to -\infty$ 指自变量 x 无限减小时的变化趋势;$x \to +\infty$ 指自变量 x 无限增大时的变化趋势;$x \to x_0$ 指自变量 x 从 x_0 的左边和右边同时无限趋近于 x_0 时的变化趋势,如图 2.1(b) 所示;$x \to x_0^-$ 指自变量 x 从 x_0 的左边无限趋近于 x_0 时的变化趋势;$x \to x_0^+$ 指自变量 x 从 x_0 的右边无限趋近于 x_0 时的变化趋势.

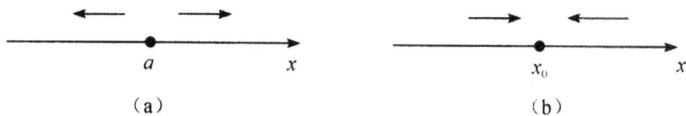

（a） （b）

图 2.1

设 $\delta > 0$,区间 $(x_0 - \delta, x_0 + \delta)$ 叫做以点 x_0 为中心,以 δ 为半径的邻域,简称为点 x_0 的 δ 邻域,记作 $N(x_0, \delta)$;区间 $(x_0 - \delta, x_0) \bigcup (x_0, x_0 + \delta)$ 叫做点 x_0 的 δ 空心邻域,记作 $N(\hat{x}_0, \delta)$;区间 $(x_0 - \delta, x_0)$ 叫做点 x_0 的左半邻域;区间 $(x_0, x_0 + \delta)$ 叫做点 x_0 的右半邻域.函数在某一点处的极限基本上是在邻域上讨论的.

我们根据自变量 x 不同的变化趋势,分别讨论函数的极限.

1. $x \to \infty$ 时 $f(x)$ 的极限

定义 2.1 设函数 $f(x)$ 在 $|x| > a$ 时有定义($a > 0$),当 x 绝对值无限增大时,相应的函数值 $f(x)$ 也无限趋向于某一个确定的常数 A,则称 A 为函数 $f(x)$ 当 $x \to \infty$ 时的极限,记作

$$\lim_{x \to \infty} f(x) = A \quad \text{或} \quad \text{当} \, x \to \infty \, \text{时}, f(x) \to A.$$

例如，$\lim\limits_{x \to \infty} \dfrac{1}{x} = 0$，如图 2.2 所示.

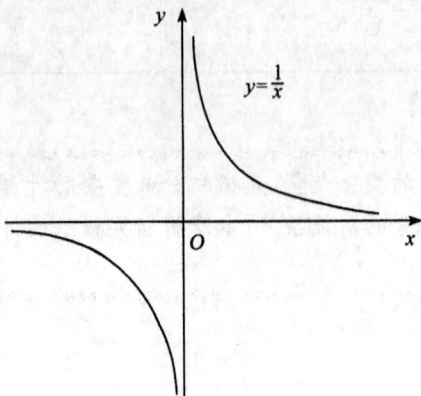

图 2.2

定义 2.2 设函数 $f(x)$ 在 $(-\infty, a)$ 内有定义（a 为任意实数），当自变量 x 无限减小时，相应的函数值 $f(x)$ 也无限趋向于某一个确定的常数 A，则称 A 为函数 $f(x)$ 当 $x \to -\infty$ 时的极限，记作

$$\lim_{x \to -\infty} f(x) = A \quad \text{或} \quad \text{当} \, x \to -\infty \, \text{时}, f(x) \to A.$$

定义 2.3 设函数 $f(x)$ 在 $(a, +\infty)$ 内有定义（a 为任意实数），当自变量 x 无限增大时，相应的函数值 $f(x)$ 也无限趋向于某一个确定的常数 A，则称 A 为函数 $f(x)$ 当 $x \to +\infty$ 时的极限，记作

$$\lim_{x \to +\infty} f(x) = A \quad \text{或} \quad \text{当} \, x \to +\infty \, \text{时}, f(x) \to A.$$

由图 2.2 可见，对于函数 $y = \dfrac{1}{x}$，当 $x \to -\infty$ 及 $x \to +\infty$ 时，$\dfrac{1}{x}$ 都以零为极限，因此当 $x \to \infty$ 时，$\dfrac{1}{x}$ 的极限为零，于是有下面的定理.

定理 2.1 $\lim\limits_{x \to \infty} f(x) = A$ 的充分必要条件是 $\lim\limits_{x \to -\infty} f(x) = \lim\limits_{x \to +\infty}(x) = A$.

【例 2.1】 试讨论 $\lim\limits_{x \to -\infty} \arctan x$，$\lim\limits_{x \to +\infty} \arctan x$ 的值，并判断 $\lim\limits_{x \to \infty} \arctan x$ 是否存在.

解 由图 1.8 中函数 $y = \arctan x$ 的图像可知

$$\lim_{x \to -\infty} \arctan x = -\frac{\pi}{2}, \quad \lim_{x \to +\infty} \arctan x = \frac{\pi}{2}$$

因为 $\lim\limits_{x \to -\infty} \arctan x \ne \lim\limits_{x \to +\infty} \arctan x$，所以 $\lim\limits_{x \to \infty} \arctan x$ 不存在.

2. $x \to x_0$ 时 $f(x)$ 的极限

定义 2.4 设函数 $f(x)$ 在点 x_0 的某一空心邻域 $N(\overset{\wedge}{x_0}, \delta)$ 内有定义，当自变量 x 在此邻域内无限趋近于 x_0 时，相应的函数值 $f(x)$ 也无限趋向于某一个确定的常数 A，则称 A 为

函数 $f(x)$ 在 $x \to x_0$ 时的极限,记作

$$\lim_{x \to x_0} f(x) = A \quad 或 \quad 当 x \to x_0 时, f(x) \to A.$$

例如, $\lim\limits_{x \to 2} x^2 = 4$, $\lim\limits_{x \to \frac{\pi}{2}} \sin x = 1$.

由定义可知,函数在 x_0 处是否有极限与函数在 x_0 处是否有定义无关,与 x_0 点的函数值也无关. 例如, $\lim\limits_{x \to 1} \dfrac{x^2 - 1}{x - 1} = 2$,而函数 $\dfrac{x^2 - 1}{x - 1}$ 在 $x = 1$ 处没有定义,如图 2.3 所示.

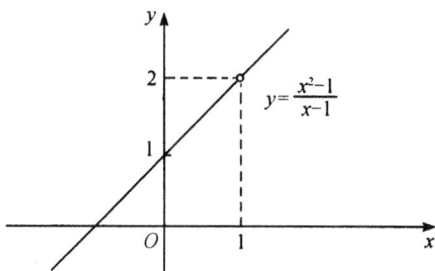

图 2.3

2.1.2　左极限和右极限

我们先回顾一下图 1.1 所表示的函数 $f(x) = \begin{cases} x^2 + 1, & x < 0 \\ 0, & x = 0 \\ x - 1, & x > 0 \end{cases}$,观察图像可知, $f(x)$ 在点 $x = 0$ 处的极限不存在. 但是,当 $x \to 0^-$ 时, $f(x)$ 无限趋近于 1;又当 $x \to 0^+$ 时, $f(x)$ 无限趋近于 -1,这说明函数 $f(x)$ 在 $x = 0$ 处的单侧极限存在. 下面我们给出左、右极限的概念.

定义 2.5　设函数 $f(x)$ 在点 x_0 的左半邻域 $(x_0 - \delta, x_0)$ 内有定义,当自变量 x 在此邻域内无限趋近于 x_0 时,即 $x \to x_0^-$ 时,相应的函数值 $f(x)$ 也无限趋向于某一个确定的常数 A,则称 A 为函数 $f(x)$ 在 $x \to x_0$ 时的左极限,记作

$$\lim_{x \to x_0^-} f(x) = A \quad 或 \quad 当 x \to x_0^- 时, f(x) \to A.$$

定义 2.6　设函数 $f(x)$ 在点 x_0 的右半邻域 $(x_0, x_0 + \delta)$ 内有定义,当自变量 x 在此邻域内无限趋近于 x_0 时,即 $x \to x_0^+$ 时,相应的函数值 $f(x)$ 也无限趋向于某一个确定的常数 A,则称 A 为函数 $f(x)$ 在 $x \to x_0$ 时的右极限,记作

$$\lim_{x \to x_0^+} f(x) = A \quad 或 \quad 当 x \to x_0^+ 时, f(x) \to A.$$

左、右极限统称为单侧极限.

例如,符号函数 $y = \mathrm{sgn}\, x$ 的单侧极限都存在,即 $\lim\limits_{x \to 0^-} \mathrm{sgn}\, x = -1$, $\lim\limits_{x \to 0^+} \mathrm{sgn}\, x = 1$,由于 $\lim\limits_{x \to 0^-} \mathrm{sgn}\, x \neq \lim\limits_{x \to 0^+} \mathrm{sgn}\, x$,故 $\lim\limits_{x \to 0} \mathrm{sgn}\, x$ 不存在(图 1.2),因此有定理 2.2.

定理 2.2　$\lim\limits_{x \to x_0} f(x) = A$ 的充分必要条件是 $\lim\limits_{x \to x_0^-} f(x) = \lim\limits_{x \to x_0^+} f(x) = A$.

该定理常用于判断分段函数在分段点处的极限.

【例 2.2】　设函数 $f(x) = \begin{cases} x^3, & x \leqslant 0 \\ 2x + 1, & x > 0 \end{cases}$,试讨论 $\lim\limits_{x \to 0^-} f(x)$, $\lim\limits_{x \to 0^+} f(x)$, $\lim\limits_{x \to 0} f(x)$ 的值.

解
$$\lim_{x \to 0^-} f(x) = \lim_{x \to 0^-} x^3 = 0$$

$$\lim_{x \to 0^+} f(x) = \lim_{x \to 0^+} (2x+1) = 1$$

由于左极限不等于右极限,故 $\lim\limits_{x \to 0} f(x)$ 不存在,如图 2.4 所示.

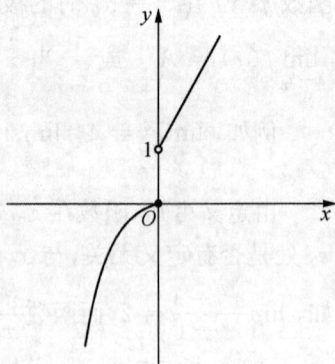

2.1.3 极限的四则运算

定理 2.3 设函数 $f(x)$、$g(x)$ 在同一变化趋势下极限存在,即 $\lim f(x)$ 和 $\lim g(x)$ 存在,则有

图 2.4

(1) $\lim[f(x) \pm g(x)] = \lim f(x) \pm \lim g(x)$;

(2) $\lim[f(x) \cdot g(x)] = \lim f(x) \cdot \lim g(x)$,

特别地,$\lim C \cdot f(x) = C \cdot \lim f(x)$(这里 C 为任意常数);

(3) $\lim \dfrac{f(x)}{g(x)} = \dfrac{\lim f(x)}{\lim g(x)} \quad (\lim g(x) \neq 0)$.

注 该定理可推广到有限个函数的情形.

【例 2.3】 求极限 $\lim\limits_{x \to 1}(x^3 + 5x^2 - 3x + 2)$.

解 $\lim\limits_{x \to 1}(x^3 + 5x^2 - 3x + 2) = \lim\limits_{x \to 1} x^3 + \lim\limits_{x \to 1} 5x^2 - \lim\limits_{x \to 1} 3x + \lim\limits_{x \to 1} 2 = 5$.

【例 2.4】 求极限 $\lim\limits_{x \to 1} \dfrac{\ln(x+3)}{x+1}$.

解 分子分母的极限均存在,且分母极限不为 0,故

$$\lim_{x \to 1} \frac{\ln(x+3)}{x+1} = \frac{\lim\limits_{x \to 1} \ln(x+3)}{\lim\limits_{x \to 1}(x+1)} = \ln 2.$$

【例 2.5】 求极限 $\lim\limits_{x \to 3} \dfrac{x-3}{x^2-9}$.

解 $x \to 3$ 时,分子分母都趋向于 0,简记作 "$\dfrac{0}{0}$" 型.约去公因式 $x-3$,得

$$\lim_{x \to 3} \frac{x-3}{x^2-9} = \lim_{x \to 3} \frac{x-3}{(x-3)(x+3)} = \lim_{x \to 3} \frac{1}{x+3} = \frac{1}{6}.$$

【例 2.6】 求极限 $\lim\limits_{x \to \infty} \dfrac{2x^2 + 3x - 1}{5x^2 + 6x + 3}$.

解 "$\dfrac{\infty}{\infty}$" 型,分子分母同除以自变量 x 的最高次幂 x^2,有

$$\lim_{x \to \infty} \frac{2x^2 + 3x - 1}{5x^2 + 6x + 3} = \lim_{x \to \infty} \frac{\dfrac{2x^2}{x^2} + \dfrac{3x}{x^2} - \dfrac{1}{x^2}}{\dfrac{5x^2}{x^2} + \dfrac{6x}{x^2} + \dfrac{3}{x^2}} = \frac{\lim\limits_{x \to \infty} 2 + \lim\limits_{x \to \infty} \dfrac{3}{x} - \lim\limits_{x \to \infty} \dfrac{1}{x^2}}{\lim\limits_{x \to \infty} 5 + \lim\limits_{x \to \infty} \dfrac{6}{x} + \lim\limits_{x \to \infty} \dfrac{3}{x^2}} = \frac{2}{5}.$$

一般地，我们有结论：

$$\lim_{x \to \infty} \frac{a_0 x^n + a_1 x^{n-1} + \cdots + a_n}{b_0 x^m + b_1 x^{m-1} + \cdots + b_m} = \begin{cases} 0, & m > n \\[2mm] \dfrac{a_0}{b_0}, & m = n \\[2mm] \infty, & m < n \end{cases} \tag{2.1}$$

【例 2.7】　求极限 $\lim\limits_{x \to 1} \left(\dfrac{1}{1-x} - \dfrac{3}{1-x^3} \right)$.

解　"$\infty - \infty$"型，因为含分式，所以先通分，再求极限.

$$\lim_{x \to 1} \left(\frac{1}{1-x} - \frac{3}{1-x^3} \right) = \lim_{x \to 1} \frac{x^2 + x - 2}{1 - x^3} = \lim_{x \to 1} \frac{(x+2)}{-(x^2+x+1)} = -1.$$

【例 2.8】　求极限 $\lim\limits_{x \to 0} \dfrac{\sqrt{1+x^2} - 1}{x}$.

解　"$\dfrac{\infty}{\infty}$"型，因为含有根式，故考虑先对分子有理化，得

$$\lim_{x \to 0} \frac{\sqrt{1+x^2} - 1}{x} = \lim_{x \to 0} \frac{(\sqrt{1+x^2} - 1) \cdot (\sqrt{1+x^2} + 1)}{x \cdot (\sqrt{1+x^2} + 1)} = \lim_{x \to 0} \frac{x}{\sqrt{1+x^2} + 1} = 0.$$

【例 2.9】　求极限 $\lim\limits_{n \to +\infty} \left(1 + \dfrac{1}{2} + \dfrac{1}{4} + \cdots + \dfrac{1}{2^n} \right)$.

解　求无限多项和的极限，不能直接用四则运算法则，可先求和，再取极限.

$$\lim_{n \to +\infty} \left(1 + \frac{1}{2} + \frac{1}{4} + \cdots + \frac{1}{2^n} \right) = \lim_{n \to +\infty} \frac{1 - \left(\dfrac{1}{2} \right)^{n+1}}{1 - \dfrac{1}{2}} = \lim_{n \to +\infty} \left[2 - \left(\frac{1}{2} \right)^n \right] = 2.$$

练习与思考 2.1

1. 如图 2.5 所示，连接 $\triangle ABC$ 的各边中点得到一个新的 $\triangle A_1 B_1 C_1$，又连接 $\triangle A_1 B_1 C_1$ 的各边中点得到 $\triangle A_2 B_2 C_2$，如此无限继续下去，得到一系列三角形：$\triangle ABC, \triangle A_1 B_1 C_1, \triangle A_2 B_2 C_2, \cdots$，这一系列三角形趋向于一个点 M. 已知 $A(0, 0), B(3, 0), C(2, 2)$，则点 M 的坐标是多少？

2. 从甲地到乙地水路的距离为 s，在平静的水面上，船以固定速度 v 来去一趟，花时 t_1；若去时顺水，回时逆水，水

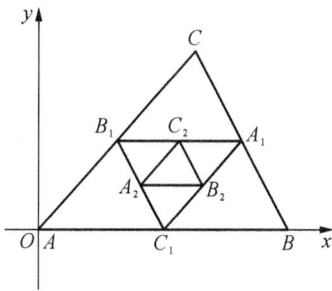

图 2.5

流速度为 $v_0(v_0 < v)$,来去一趟花时 t_2。比较 t_1,t_2 的大小;若水流速度较大,以致 $v_0 \to v$,此时 t_2 的趋势如何?

3. 下列运算过程正确吗? 错在何处?

(1) $\lim\limits_{x \to 0} \sin x \cos \dfrac{1}{x} = \lim\limits_{x \to 0} \sin x \cdot \lim\limits_{x \to 0} \cos \dfrac{1}{x} = 0 \cdot \lim\limits_{x \to 0} \cos \dfrac{1}{x} = 0$;

(2) $\lim\limits_{x \to 3} \dfrac{x^2+1}{x-3} = \dfrac{\lim\limits_{x \to 3} x^2+1}{\lim\limits_{x \to 3}(x-3)} = \infty$.

4. 已知 $f(x) = \dfrac{x^2-7x+10}{x-2}$ 在 $x=2$ 处无定义,则该函数在 $x=2$ 处无极限。结论正确吗? 为什么?

5. 观察下列数列 $\{x_n\}$ 的变化趋势,写出在 $n \to +\infty$ 时的极限:

(1) $x_n = \dfrac{1}{2^n}$;   (2) $x_n = (-1)^n \cdot \dfrac{1}{n}$;   (3) $x_n = \dfrac{n-1}{n+1}$;

(4) $x_n = (-1)^n \cdot n$;   (5) $x_n = \dfrac{(-1)^n+1}{2n}$;   (6) $x_n = 2 + \dfrac{1}{n^2}$.

6. 设函数 $f(x) = \begin{cases} x-1, & x<0 \\ 0, & x=0 \\ 1-x, & x>0 \end{cases}$,求 $\lim\limits_{x \to 0^-} f(x)$, $\lim\limits_{x \to 0^+} f(x)$ 的值,$\lim\limits_{x \to 0} f(x)$ 是否存在.

7. 计算下列极限:

(1) $\lim\limits_{x \to 1}(2x+1)$;   (2) $\lim\limits_{x \to \infty}(5x^2+6x-1)$;   (3) $\lim\limits_{x \to 2} \dfrac{x^2-3}{x+1}$;

(4) $\lim\limits_{x \to 1} \dfrac{2x^2-3x+1}{x^2-1}$;   (5) $\lim\limits_{x \to \infty} \dfrac{3x^3-5x+1}{x^2-x+1}$;   (6) $\lim\limits_{x \to \infty} \dfrac{2x^2+2x+3}{4x^2+2x+7}$;

(7) $\lim\limits_{x \to \infty} \dfrac{x-1}{3x^2+5x+1}$;   (8) $\lim\limits_{h \to 0} \dfrac{(x+h)^2-x^2}{h}$;

(9) $\lim\limits_{x \to 3}\left(\dfrac{1}{x-3}-\dfrac{6}{x^2-9}\right)$;   (10) $\lim\limits_{n \to +\infty} \dfrac{1+2+3+\cdots+(n-1)}{n^2}$;

(11) $\lim\limits_{x \to 1} \dfrac{\sqrt[3]{x}-1}{\sqrt{x}-1}$;   (12) $\lim\limits_{x \to \infty}\left(\dfrac{5x^2}{1-x^2}+2^{\frac{1}{x}}\right)$.

8. 已知 $\lim\limits_{x \to 1} \dfrac{x^2+ax+b}{1-x} = 5$,求 a,b.

2.2 无穷大量与无穷小量

无穷大量和无穷小量是极限的两种特殊情况,我们可以利用它们的性质,进行讨论并求解某些函数的极限.

2.2.1　无穷大量

定义 2.7　在自变量 x 的某一变化过程中,若函数的绝对值 $|f(x)|$ 无限增大,则称 $f(x)$ 为该变化过程中的无穷大量,记作: $\lim f(x) = \infty$ 或当 $x \to \square$ 时, $f(x) \to \infty$.

根据函数极限的定义,极限为无穷大属于极限不存在的类型,这里只是借用极限的符号.无穷大不是一个常数,它是一个变量,这个变量是否为无穷大量与自变量的变化趋势是分不开的.

例如,由于 $\lim\limits_{x \to 0} \dfrac{1}{x} = \infty$, $\lim\limits_{x \to \frac{\pi}{2}} \tan x = \infty$,所以, $\dfrac{1}{x}$ 是 $x \to 0$ 时的无穷大量, $\tan x$ 是 $x \to \dfrac{\pi}{2}$ 时的无穷大量.

2.2.2　无穷小量

定义 2.8　在自变量 x 的某一变化过程中,若函数 $f(x)$ 以零为极限,则称 $f(x)$ 为该变化过程中的无穷小量,记作: $\lim\limits_{x \to \square} f(x) = 0$ 或当 $x \to \square$ 时, $f(x) \to 0$.

根据定义 2.8,我们也可认定零是唯一的为常量的无穷小量.必须强调的是,无穷小并不是一个很小很小的量,这里指的是 $|f(x)|$ 无限减小,即趋于零的变量,这个变量是否为无穷小与自变量的变化趋势是分不开的.

例如,由于 $\lim\limits_{x \to 1}(x-1) = 0$,故函数 $x-1$ 为 $x \to 1$ 时的无穷小量;又如 $\lim\limits_{x \to \infty} \dfrac{1}{x} = 0$,故函数 $\dfrac{1}{x}$ 为 $x \to \infty$ 时的无穷小量.

无穷小量还具有以下 3 个性质:

性质 1　有限个无穷小量的代数和仍为无穷小量.

性质 2　有限个无穷小量的积仍为无穷小量.

性质 3　无穷小量与有界变量的乘积仍为无穷小量.

【**例 2.10**】　求极限 $\lim\limits_{x \to \infty} \dfrac{\sin x}{x}$.

解　当 $x \to \infty$ 时, $\sin x$ 的极限不存在,但 $\sin x$ 显然是个有界量,而 $\dfrac{1}{x}$ 为 $x \to \infty$ 时的无穷小量.由性质 3,得

$$\lim\limits_{x \to \infty} \dfrac{\sin x}{x} = 0.$$

2.2.3　无穷小量的比较

无穷小量的比较就是变量趋向于零的快慢的比较,如当 $x \to 0$ 时, x, x^2, $\sin x$ 都是无穷小,而 $\lim\limits_{x \to 0} \dfrac{x^2}{x} = 0$, $\lim\limits_{x \to 0} \dfrac{\sin x}{x} = 1$. 比值的极限不同,反映了无穷小趋于零的速度的差异.为比较无穷小趋于零的快慢,我们引入无穷小的阶的概念,下面仅以 $x \to x_0$ 为例进行介绍.

定义 2.9 设变量 α、β 为 $x \to x_0$ 时的无穷小量,若

(1) $\lim\limits_{x \to x_0} \dfrac{\alpha}{\beta} = 0$,则称 α 是比 β 高阶的无穷小量,记作 $\alpha = o(\beta)(x \to x_0)$(此时,也称 β 是比 α 低阶的无穷小量);

(2) $\lim\limits_{x \to x_0} \dfrac{\alpha}{\beta} = C$($C$ 为常数,$C \neq 0$),则称 α 和 β 互为同阶无穷小,特别地,若 $C = 1$,则称 α 和 β 互为等价无穷小,记作 $\alpha \sim \beta(x \to x_0)$.

例如,因为 $\lim\limits_{x \to 0} \dfrac{x^2}{x} = 0$,所以 $x^2 = o(x)(x \to 0)$;因为 $\lim\limits_{x \to 0} \dfrac{\sin x}{x} = 1$(将在 2.3 中讨论),所以 $\sin x \sim x(x \to 0)$.

同样地,当 $x \to 0$ 时,有如下常用的等价无穷小量:

$$\sin x \sim x, \ \tan x \sim x, \ \arcsin x \sim x, \ \arctan x \sim x, \ 1 - \cos x \sim \frac{x^2}{2},$$

$$\ln(1 + x) \sim x, \ \mathrm{e}^x - 1 \sim x, \ \sqrt{1 + x} - 1 \sim \frac{x}{2}.$$

在计算极限的过程中,我们常应用这些结论进行等价代换.

【例 2.11】 求极限 $\lim\limits_{x \to 0} \dfrac{\tan 2x}{\sin 5x}$.

解 当 $x \to 0$ 时,$\tan 2x \sim 2x$,$\sin 5x \sim 5x$,故

$$\lim\limits_{x \to 0} \frac{\tan 2x}{\sin 5x} = \lim\limits_{x \to 0} \frac{2x}{5x} = \frac{2}{5}.$$

【例 2.12】 求极限 $\lim\limits_{x \to 0} \dfrac{\sqrt{1 + x^2} - 1}{x}$.

解 当 $x \to 0$ 时,$\sqrt{1 + x^2} - 1 \sim \dfrac{x^2}{2}$,故

$$\lim\limits_{x \to 0} \frac{\sqrt{1 + x^2} - 1}{x} = \lim\limits_{x \to 0} \frac{\frac{x^2}{2}}{x} = 0.$$

【例 2.13】 求极限 $\lim\limits_{x \to 0} \dfrac{1 - \cos x}{x^2 + x}$.

解 当 $x \to 0$ 时,$1 - \cos x \sim \dfrac{x^2}{2}$,故

$$\lim\limits_{x \to 0} \frac{1 - \cos x}{x^2 + x} = \lim\limits_{x \to 0} \frac{\frac{1}{2} x^2}{x^2 + x} = \lim\limits_{x \to 0} \frac{\frac{1}{2} x}{x + 1} = 0.$$

2.2.4 无穷小量与无穷大量之间的关系

我们知道,当 $x \to 0$ 时,$\dfrac{1}{x} \to \infty$;当 $x \to \infty$ 时,$\dfrac{1}{x} \to 0$. 由此可见,无穷大量与无穷小量的

关系相当于实数范围内的互为倒数关系.

练习与思考 2.2

1. 区别极限 $\lim\limits_{x\to\infty}\dfrac{\sin x}{x}$ 与 $\lim\limits_{x\to 0}\dfrac{\sin x}{x}$，各自结果是什么？说明理由.

2. A、B 两人同解 $\lim\limits_{x\to 0}\dfrac{\tan x-\sin x}{\sin^3(2x)}$，分别给出如下答案：

A 解：原式 $=\lim\limits_{x\to 0}\dfrac{x-x}{(2x)^3}=0$；

B 解：原式 $=\lim\limits_{x\to 0}\dfrac{\tan x(1-\cos x)}{\sin^3(2x)}=\lim\limits_{x\to 0}\dfrac{x\cdot\dfrac{x^2}{2}}{(2x)^3}=\dfrac{1}{16}.$

两人结果不同，谁对谁错，还是都错？错在何处？

3. 任何两个无穷小量都可以比较阶的高低吗？举例说明.

4. 两个无穷大量的和仍为无穷大吗？举例说明.

5. 下面关于无穷小的说法是否正确，为什么？

(1) 无穷小是比任何数都小的数；　　　(2) 无穷小是最小的常数；

(3) 无穷小是零；　　　　　　　　　　(4) 零是无穷小.

6. 下列函数在自变量的何种变化趋势下，为无穷大量？又在何种变化趋势下，为无穷小量？

(1) $y=\dfrac{1}{x-1}$；　　　　　　(2) $y=2x-1$；　　　　　(3) $y=2^x$；

(4) $y=\left(\dfrac{1}{4}\right)^x$；　　　　　(5) $y=\ln x$；　　　　　(6) $y=\tan x.$

7. 求下列极限：

(1) $\lim\limits_{x\to 0}x^2\cdot\sin\dfrac{1}{x}$；　　　　　　(2) $\lim\limits_{x\to\infty}\dfrac{\arctan x}{x}$.

8. 利用等价无穷小的性质，求下列极限：

(1) $\lim\limits_{x\to 0}\dfrac{\sin x}{3x+x^3}$；　　　　　　(2) $\lim\limits_{x\to 0}\dfrac{1-\cos x}{x\cdot\tan x}$.

2.3 两个重要极限

对于 "$\dfrac{0}{0}$" 和 "1^∞" 型的极限求解，我们还有以下两个重要极限.

2.3.1 第一个重要极限

$$\lim_{x \to 0} \frac{\sin x}{x} = 1 \tag{2.2}$$

该重要极限又可以写为

$$\lim_{\square \to 0} \frac{\sin \square}{\square} = 1 \text{ 或者 } \lim_{\square \to 0} \frac{\square}{\sin \square} = 1 \text{（}\square \text{ 表示形式}$$
一致的变量）.

我们用图形的方式给出说明,如图 2.6 所示,当
$x \to 0$ 时,函数 $y = \sin x$ 和函数 $y = x$ 的图形是非常接
近的,故 $\frac{\sin x}{x} \to 1$.

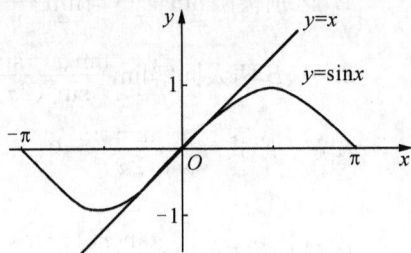

图 2.6

【例 2.14】 求 $\lim_{x \to 0} \frac{\sin 3x}{x}$.

解 $\lim_{x \to 0} \frac{\sin 3x}{x} = \lim_{x \to 0} \frac{\sin 3x}{3x} \cdot 3 = 3$.

【例 2.15】 求极限 $\lim_{x \to 0} \frac{1 - \cos x}{x^2}$.

解 $\lim_{x \to 0} \frac{1 - \cos x}{x^2} = \lim_{x \to 0} \frac{2\sin^2 \dfrac{x}{2}}{x^2} = \frac{1}{2} \lim_{x \to 0} \frac{\sin^2 \dfrac{x}{2}}{\left(\dfrac{x}{2}\right)^2} = \frac{1}{2}$.

【例 2.16】 求极限 $\lim_{x \to 0} \frac{x - \sin x}{x + \sin x}$.

解 $\lim_{x \to 0} \frac{x - \sin x}{x + \sin x} = \lim_{x \to 0} \frac{1 - \dfrac{\sin x}{x}}{1 + \dfrac{\sin x}{x}} = \frac{\lim\limits_{x \to 0} 1 - \lim\limits_{x \to 0} \dfrac{\sin x}{x}}{\lim\limits_{x \to 0} 1 + \lim\limits_{x \to 0} \dfrac{\sin x}{x}} = \frac{1 - 1}{1 + 1} = 0$.

请读者思考:例 2.16 中的 $\sin x$ 能否替换成 x?

2.3.2 第二个重要极限

$$\lim_{x \to \infty} \left(1 + \frac{1}{x}\right)^x = e \quad \text{或} \quad \lim_{x \to 0} (1 + x)^{\frac{1}{x}} = e \tag{2.3}$$

该重要极限又可以写为

$$\lim_{\square \to \infty} \left(1 + \frac{1}{\square}\right)^{\square} = e \quad \text{或者} \quad \lim_{\square \to 0} (1 + \square)^{\frac{1}{\square}} = e \text{（}\square \text{ 表示形式一致的变量）.}$$

我们用列表的方式给出说明

表 2.1

x	1	2	3	4	5	10	100	1 000	10 000	...
$\left(1+\dfrac{1}{x}\right)^x$	2	2.250	2.370	2.441	2.488	2.594	2.705	2.717	2.718	...

从表 2.1 可见，当 x 无限增大时，函数 $\left(1+\dfrac{1}{x}\right)^x$ 变化的大致趋势，可以证明当 $x \to \infty$ 时，函数 $\left(1+\dfrac{1}{x}\right)^x$ 的极限确实存在，其数值无限趋向于无理数 $\mathrm{e} = 2.718\,281\,828\cdots$.

【例 2.17】　求极限 $\lim\limits_{x \to \infty}\left(1-\dfrac{1}{x}\right)^x$.

解　$\lim\limits_{x \to \infty}\left(1-\dfrac{1}{x}\right)^x = \lim\limits_{x \to \infty}\left(1-\dfrac{1}{x}\right)^{(-x)\cdot(-1)} = \lim\limits_{x \to \infty}\left[\left(1-\dfrac{1}{x}\right)^{(-x)}\right]^{-1} = \mathrm{e}^{-1}$.

【例 2.18】　求极限 $\lim\limits_{x \to 0}(1+2x)^{\frac{1}{x}}$.

解　$\lim\limits_{x \to 0}(1+2x)^{\frac{1}{x}} = \lim\limits_{x \to 0}(1+2x)^{\frac{1}{2x}\cdot 2} = \lim\limits_{x \to 0}\left[(1+2x)^{\frac{1}{2x}}\right]^2 = \mathrm{e}^2$.

【例 2.19】　$\lim\limits_{x \to \infty}\left(\dfrac{x-1}{x+1}\right)^x$.

解　$\lim\limits_{x \to \infty}\left(\dfrac{x-1}{x+1}\right)^x = \lim\limits_{x \to \infty}\left(1-\dfrac{2}{x+1}\right)^x = \lim\limits_{x \to \infty}\left(1-\dfrac{2}{x+1}\right)^{-\frac{x+1}{2}\cdot(-2)-1}$

$\qquad = \lim\limits_{x \to \infty}\left[\left(1-\dfrac{2}{x+1}\right)^{-\frac{x+1}{2}}\right]^{-2}\cdot\left(1-\dfrac{2}{x+1}\right)^{-1}$

$\qquad = \mathrm{e}^{-2}\cdot 1 = \mathrm{e}^{-2}$.

练习与思考 2.3

1. 求下列极限：

(1) $\lim\limits_{x \to 0}\dfrac{\sin x^2}{\sin^2 x}$；

(2) $\lim\limits_{x \to 0}\dfrac{\tan x}{x}$；

(3) $\lim\limits_{x \to \frac{\pi}{2}}\dfrac{\cos x}{x-\dfrac{\pi}{2}}$；

(4) $\lim\limits_{x \to 0}\dfrac{\tan x - \sin x}{x^3}$；

(5) $\lim\limits_{x \to +\infty} x \cdot \sin\dfrac{1}{x}$；

(6) $\lim\limits_{x \to \pi}\dfrac{\sin 3x}{x-\pi}$.

2. 求下列极限：

(1) $\lim\limits_{x \to \infty}\left(1+\dfrac{3}{x}\right)^x$；

(2) $\lim\limits_{x \to \infty}\left(1-\dfrac{2}{x}\right)^{-x}$；

(3) $\lim\limits_{x \to \infty}\left(\dfrac{1+x}{x}\right)^{2x}$；

(4) $\lim\limits_{x \to 0}(1-x)^{\frac{1}{x}}$；

(5) $\lim\limits_{x \to 0}(1+\tan x)^{\cot x}$；

(6) $\lim\limits_{x \to \infty}\left(\dfrac{2-x}{3-x}\right)^x$.

2.4 函数的连续性

连续性是自然界中物质连续变化的数学表述,如身高的连续增长、水的连续流动等.本节重点给出连续的两个定义.

2.4.1 函数的增量

定义 2.10 设函数 $y = f(x)$ 在点 x_0 某一邻域 $N(x_0, \delta)$ 内有定义,当自变量 x 在此邻域内从 x_0 变到 $x_0 + \Delta x$ 时,函数 y 相应地由 $f(x_0)$ 变到 $f(x_0 + \Delta x)$,则称函数 y 的对应增量为

$$\Delta y = f(x_0 + \Delta x) - f(x_0).$$

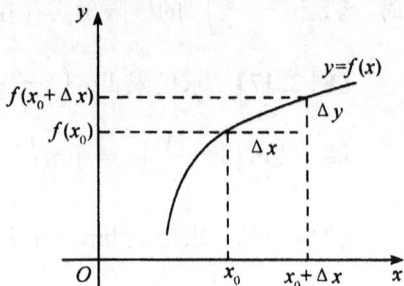

图 2.7

函数增量的几何意义就是函数值的改变量,如图 2.7 所示.

【例 2.20】 求函数 $f(x) = x^2 + 2$ 适合下列条件的增量:

(1) 当 x 从 1 变到 1.1;

(2) 当 x 从 1 变到 0.9;

(3) 当 x 有任意增量 Δx.

解 $f(1) = 3$, $f(1.1) = 3.21$, $f(0.9) = 2.81$.

(1) $\Delta y = f(1.1) - f(1) = 0.21$;

(2) $\Delta y = f(0.9) - f(1) = -0.19$;

(3) $\Delta y = f(x + \Delta x) - f(x) = 2x \cdot \Delta x + (\Delta x)^2$.

2.4.2 函数在某一点处的连续性

定义 2.11 设函数 $y = f(x)$ 在点 x_0 的某一邻域 $N(x_0, \delta)$ 内有定义,如果当自变量的增量 Δx 趋向于零时,对应的函数的增量 Δy 也趋向于零,即

$$\lim_{\Delta x \to 0} \Delta y = \lim_{\Delta x \to 0} [f(x_0 + \Delta x) - f(x_0)] = 0$$

则称函数 $f(x)$ 在点 x_0 处连续.

如果在上式中令 $x_0 + \Delta x = x$,那么上述定义可描述为:

定义 2.12 设函数 $y = f(x)$ 在点 x_0 的某一邻域 $N(x_0, \delta)$ 内有定义,如果函数 $f(x)$ 在 x 趋近于 x_0 时的极限存在,且满足

$$\lim_{x \to x_0} f(x) = f(x_0)$$

则称函数 $f(x)$ 在点 x_0 处连续.

显然定义 2.12 更直观,即函数 $y = f(x)$ 在点 x_0 处连续必须同时满足 3 个条件:

(1) $f(x)$ 在点 x_0 有定义;

(2) $\lim\limits_{x \to x_0} f(x)$ 存在;

(3) 极限值等于函数值,即 $\lim\limits_{x \to x_0} f(x) = f(x_0)$.

如果 $\lim\limits_{x \to x_0^-} f(x) = f(x_0)$,则称函数 $f(x)$ 在点 x_0 处左连续;如果 $\lim\limits_{x \to x_0^+} f(x) = f(x_0)$,则称函数 $f(x)$ 在点 x_0 处右连续.

若 $f(x)$ 在区间 (a, b) 内每一点都连续,则称 $f(x)$ 在区间 (a, b) 内连续;若 $f(x)$ 在区间 (a, b) 内每一点都连续,且在 $x = a$ 处右连续,在 $x = b$ 处左连续,则称 $f(x)$ 在闭区间 $[a, b]$ 上连续.

【例 2.21】　讨论下列函数在指定点处的连续性:

(1) $f(x) = \dfrac{x^2 - 1}{x - 1}, \quad x = 1$;　　　(2) $f(x) = \operatorname{sgn} x = \begin{cases} -1, & x < 0 \\ 0, & x = 0, \quad x = 0; \\ 1, & x > 0 \end{cases}$

(3) $f(x) = \begin{cases} x^2, & x \neq 0 \\ 1, & x = 0 \end{cases}, \quad x = 0$;　　(4) $f(x) = \begin{cases} x^2, & x \leqslant 1 \\ 2 - x, & 1 < x \leqslant 2 \end{cases}, \quad x = 1$.

解　(1) 不连续,因为 $\dfrac{x^2 - 1}{x - 1}$ 在 $x = 1$ 处没有定义,如图 2.3 所示;

(2) 不连续,因为 $\operatorname{sgn} x$ 在 $x = 0$ 处虽有定义,但极限不存在,如图 1.2 所示;

(3) 不连续,因为 $f(x)$ 在 $x = 0$ 处有定义,且 $f(0) = 1$,而 $\lim\limits_{x \to 0} f(x) = 0$,$\lim\limits_{x \to 0} f(x) \neq f(0)$,如图 2.8 所示;

(4) 连续,因为 $f(x)$ 在 $x = 1$ 处的极限存在且等于函数值,即 $\lim\limits_{x \to 1} f(x) = 1 = f(1)$,如图 2.9 所示.

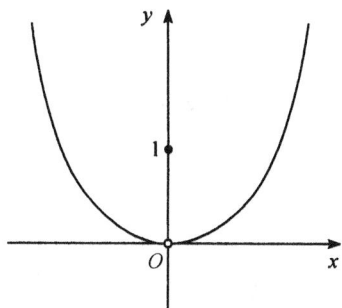

图 2.8

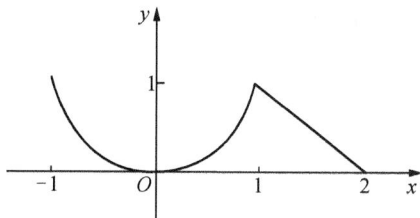

图 2.9

2.4.3　函数的间断点

使得函数不连续的点就称为函数的间断点,即函数 $y = f(x)$ 在点 x_0 处不连续必须至少有下列 3 种情形之一出现:

(1) $f(x)$ 在点 x_0 处没有定义;

(2) $\lim\limits_{x \to x_0} f(x)$ 不存在；

(3) 极限值不等于函数值，即 $\lim\limits_{x \to x_0} f(x) \ne f(x_0)$.

间断点的分类：设 x_0 为 $f(x)$ 的一个间断点，如果当 $x \to x_0$ 时，$f(x)$ 的左、右极限都存在，称 x_0 为 $f(x)$ 的第一类间断点. 如果左极限等于右极限，称为可去间断点，如果左极限不等于右极限，称为跳跃间断点.

如果当 $x \to x_0$ 时，$f(x)$ 的左、右极限至少有一个不存在，称 x_0 为 $f(x)$ 的第二类间断点. 如果左、右极限中有一个为无穷大，则称 x_0 为 $f(x)$ 的无穷间断点.

在例 2.21(1)中，$x = 1$ 为第一类间断点中的可去间断点；在例 2.21(3)中，$x = 0$ 也为可去间断点；在例 2.21(2)中，$x = 0$ 为第一类间断点中的跳跃间断点；在 $y = \dfrac{1}{x}$ 中，$x = 0$ 为第二类间断点中的无穷间断点.

连续函数的图形是一条连绵不断的曲线.

2.4.4 初等函数的连续性

一切初等函数在其定义区间内都是连续的. 因此，求初等函数的连续区间就是求其定义域；而分段函数的连续区间除按上述结论考虑每一段函数的连续性外，还必须讨论其分段点的连续性.

【例 2.22】 求函数 $f(x) = \sqrt{x^2 - 2x - 3} + \ln(x - 5)$ 的连续区间.

解 由 $\begin{cases} x^2 - 2x - 3 \geqslant 0 \\ x - 5 > 0 \end{cases}$，得 $\begin{cases} x \geqslant 3 \text{ 或 } x \leqslant -1 \\ x > 5 \end{cases}$，即 $x \in (5, +\infty)$

其连续区间即为定义域 $(5, +\infty)$.

【例 2.23】 讨论函数 $f(x) = \begin{cases} x - 1, & x < 0 \\ 0, & x = 0 \\ x + 1, & x > 0 \end{cases}$ 的连续性.

解 函数在 $(-\infty, 0) \bigcup (0, +\infty)$ 上是连续的，下面考察函数在 $x = 0$ 处的连续性.
函数在 $x = 0$ 处有定义，且 $f(0) = 0$，但是

$$\lim\limits_{x \to 0^-} f(x) = -1, \ \lim\limits_{x \to 0^+} f(x) = 1.$$

所以，$\lim\limits_{x \to 0} f(x)$ 不存在. 因此，$f(x)$ 在 $x = 0$ 处间断，属于第一类间断点中的跳跃间断点，如图 2.10 所示.

由初等函数的连续性不难得到如下定理：

定理 2.4 设有复合函数 $y = f[g(x)]$，若 $\lim\limits_{x \to x_0} g(x) = a$，且函数 $y = f(u)$ 在 $u = a$ 处连续，则复合函数 $y = f[g(x)]$ 在相应的点 x_0 处极限存在，且

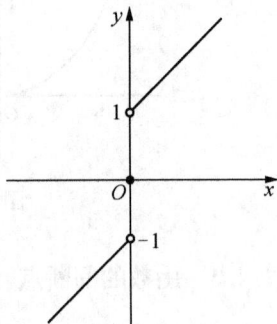

图 2.10

$$\lim_{x \to x_0} f[g(x)] = f[\lim_{x \to x_0} g(x)].$$

【例 2.24】 求 $\lim\limits_{x \to 0} \dfrac{1}{x} \ln(1-x)$.

解 $\lim\limits_{x \to 0} \dfrac{1}{x} \ln(1-x) = \lim\limits_{x \to 0} \ln(1-x)^{\frac{1}{x}} = \ln \lim\limits_{x \to 0} (1-x)^{\frac{1}{x}} = \ln \mathrm{e}^{-1} = -1.$

2.4.5 闭区间上的连续函数的性质

性质 1（最值定理） 闭区间 $[a,b]$ 上的连续函数 $f(x)$ 必存在最大值和最小值. 如图 2.11(a) 所示.

性质 2（介值定理） 设函数 $y = f(x)$ 在闭区间 $[a,b]$ 上连续, 则在 (a,b) 内至少存在一点 ξ, 使得该点的函数值 $f(\xi)$ 介于 $f(a)$ 与 $f(b)$ 之间. 如图 2.11(b) 所示.

性质 3（零点定理） 设函数 $y = f(x)$ 在闭区间 $[a,b]$ 上连续, 且端点的函数值异号, 即 $f(a) \cdot f(b) < 0$, 则在 (a,b) 内至少存在一点 ξ, 使得 $f(\xi) = 0$.

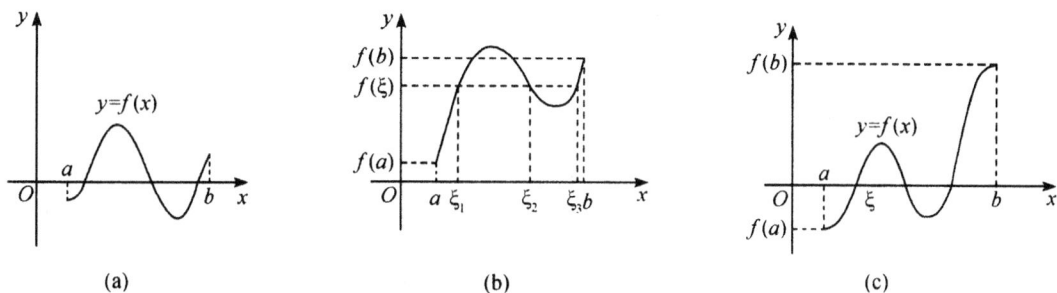

图 2.11

由图 2.11(c) 可见, 闭区间 $[a,b]$ 上的连续曲线 $f(x)$ 至少要与 x 轴相交一次, 我们把 $f(x)$ 与 x 轴的交点又叫零点.

【例 2.25】 证明方程 $x - \sin x = \pi$ 至少有一个正根小于 4.

证 设函数 $f(x) = x - \sin x - \pi$, $f(x)$ 在闭区间 $[0,4]$ 上连续.

$$f(0) = -\pi < 0, \quad f(4) = 4 - \sin 4 - \pi > 0$$

由零点定理, 至少存在一点 $\xi \in (0,4)$, 使得

$$f(\xi) = 0.$$

这就证明了方程 $x - \sin x = \pi$ 至少有一个正根小于 4.

练习与思考 2.4

1. 如果 $f(x)$ 在 x_0 处连续, 那么 $|f(x)|$ 在 x_0 处是否连续?
2. 区间 $[a,b]$ 上的连续函数一定存在最大值与最小值吗? 举例说明.

3. 设函数 $f(x)=\begin{cases} x+b, & x>0 \\ e^x, & x\leqslant 0 \end{cases}$ 在 $x=0$ 处连续,试求 b 的值.

4. 讨论下列函数的连续性,如有间断点,指出其类型:

(1) $y=\dfrac{1}{x^2-1}$; (2) $y=\dfrac{x-1}{x^2+x-2}$; (3) $y=\dfrac{x^2-2x-3}{x+1}$;

(4) $y=\dfrac{\tan 2x}{x}$; (5) $y=\begin{cases} e^x-1, & x<0 \\ x^2+2, & x\geqslant 0 \end{cases}$.

5. 试证方程 $x^5-3x=1$ 至少有一个介于 1 和 2 之间的实根.

阅读材料 2

(一) 圆周率

我国三国时魏人刘徽(公元 263 年)运用极限思想,推算出了计算圆面积的方法——割圆术.即利用圆的内接正多边形的面积近似替代圆的面积.

在半径为 R 的圆中,分别作一系列的内接正 2^n 多边形,其边数分别为:

$$4,8,16,32,\cdots,2^n,\cdots \quad (n\geqslant 2, n\in \mathbf{Z})$$

对应的内接正 2^n 多边形的面积分别为:

$$S_2,S_3,S_4,S_5,\cdots,S_n,\cdots$$

显然,分法越细,即 n 越大,正 2^n 多边形的面积 S_n 就越接近圆的面积 S.且当 n 无限增大时,发现 $\dfrac{S_n}{R^2}$ 的值愈接近一个常数 3.141 592 6$\cdots$,后人将这个常数称为"徽率",并记为 π.这就是我们所说的圆周率.

上述内容,用极限表示为 $\lim\limits_{n\to\infty}S_n=S$

$$又 \quad \lim\limits_{n\to\infty}\dfrac{S_n}{R^2}=\pi, \quad 即 \quad \lim\limits_{n\to\infty}S_n=\pi R^2$$

于是得到圆的面积的精确计算公式: $S=\pi R^2$.

圆周率是一个无理数,即无限不循环小数.古今中外,有多少名人、学者及孜孜不倦者,他们乐道于对圆周率近似值的计算和背诵,从而引发出许多趣闻轶事.

我国著名桥梁专家茅以升,少年时代就深深迷恋上了圆周率.有一次,在学校的新年晚会上,他表演了一个奇特而精彩的节目——背诵圆周率到小数点后 100 位,令人叫绝.

2005 年西北农林科技大学学生吕超经过连续 24 小时 04 分的艰苦努力,无差错背诵圆周率达到小数点后第 67 890 位,成功地破了"背诵圆周率"吉尼斯世界新纪录,在背诵圆周率的吉尼斯纪录历史上,第一次留下了中国人的名字.

背诵圆周率还有这样一则有趣的故事.从前有一位很有学问、记忆力超强的教书先生,常常跑到山上一寺内找和尚饮酒、下棋、谈天说地取乐.

一次,和尚想考考这位先生的记忆力,要求这位先生背诵圆周率,背到小数点后 22 位.并对先生说:"我再念上三遍,你如果能马上背出来,我愿意罚酒三十杯."这位聪明的先生用谐音编成了一首打油诗,很快背出来了:

山巅一寺一壶酒,尔乐苦煞吾,把酒吃,酒杀尔,杀不死,乐而乐.
3.14159 26535 897 932 384 626

和尚惊奇地连连赞叹先生记忆非凡,只好连饮三十杯酒.

关于圆周率的计算,一直挑战着人类探索能力的极限. 为此,中外数学家提出了效率越来越高的计算方法,从而圆周率的精确度也越来越高.

在刘徽求得 3.14 和 3.141 6 的基础上,南北朝时期的祖冲之将圆周率精确到了小数点后 7 位. ……到 1999 年,日本东京大学教授金田康正计算 π 的值已达小数点后 2 061.584 3 亿位. 人们有如此追求而乐此不疲的精神,被一位德国数学家一语道破:"圆周率的精确度可以作为衡量一个国家数学水平的标志."

对于全球的数学家来说,3 月 14 日(寓意 3.14)是一个很特殊的节日——国际圆周率节(National Pi Day).这是由美国麻省理工学院首先倡议的.2009 年,美国众议院正式通过这项提议.数学家们及全球各地的一些大学数学系会在这天开派对庆祝.

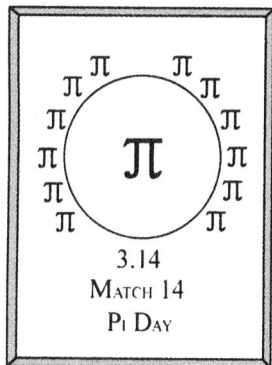

(二) 微积分学的先驱——沃利斯

沃利斯(John Wallis,1616～1703) 英国数学家,微积分学的先驱.1649 年担任牛津大学萨维尔教授,直到去世.英国皇家学会成立的创建人之一.

J. 沃利斯的名著《无穷算术》(1655)大大扩展了 **B. 卡瓦列里**的不可分原理,导入了无穷级数、无穷连乘积,大胆地使用虚数、分数指数和负指数,创造使用了符号"∞"表示无穷大量,并用"$\frac{1}{\infty}$"表示无穷小量. 此书对 **I. 牛顿**的影响极大,促使微积分学的诞生. 事实上,**J. 沃利斯**已完成相当于 $\int_0^x (1-x^2)^n \mathrm{d}x$ 的积分,并推得极限

$$\lim_{n\to\infty} \frac{2}{1}\cdot\frac{2}{3}\cdot\frac{4}{3}\cdot\frac{4}{5}\cdot\frac{6}{5}\cdot\frac{6}{7}\cdot\cdots\cdot\frac{2n}{2n-1}\cdot\frac{2n}{2n+1} = \frac{\pi}{2},$$

该公式也可以写成无限积的形式

$$\frac{\pi}{2} = \frac{2\cdot2\cdot4\cdot4\cdot6\cdot6\cdot\cdots}{1\cdot3\cdot3\cdot5\cdot5\cdot7\cdot\cdots},$$

这就是有名的**沃利斯乘积**.

你也可以尝试一下,运用**沃利斯乘积**求解下面的极限问题哦!

我们如图 2.12 构造矩形,首先从一个面积为 1 的正方形开始,然后在先前的矩形侧方

或上方贴上面积为 1 的矩形,那么这些矩形的宽和高的比例的极限是多少?

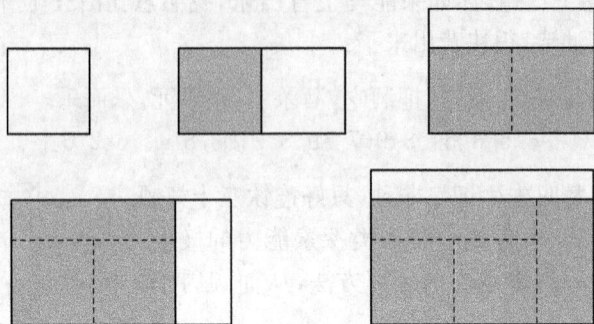

图 2.12

习题 2

1. 求下列极限:

(1) $f(x)=\begin{cases} x^2, & x<1 \\ 2, & x\geqslant 1 \end{cases}$,求 $\lim\limits_{x\to 1^-}f(x)$,$\lim\limits_{x\to 1^+}f(x)$,$\lim\limits_{x\to 1}f(x)$;

(2) $\lim\limits_{x\to\infty}x\sin\dfrac{1}{x}$;　　　　(3) $\lim\limits_{x\to 0}x\sin\dfrac{1}{x}$;　　　　(4) $\lim\limits_{x\to 0}e^{\frac{1}{x}}$;

(5) $\lim\limits_{x\to 0}x\cot 2x$;　　(6) $\lim\limits_{x\to 0}\dfrac{\ln(1+x)}{e^{2x}-1}$;　　(7) $\lim\limits_{x\to 1}\dfrac{\sqrt{x}-1}{\sin(x-1)}$;

(8) $\lim\limits_{n\to\infty}\dfrac{1+3+\cdots+(2n-1)}{n^2+3}$;　　(9) $\lim\limits_{x\to\infty}\dfrac{x^2+7x-4}{x^2+6x-3}$;　　(10) $\lim\limits_{x\to\infty}\left(\dfrac{x-1}{x+3}\right)^x$.

2. 讨论下列函数的连续性:

(1) $y=\sqrt{x^2-1}$;　　　　　　　　(2) $y=\dfrac{1}{\sqrt{4-x^2}}$;

(3) $y=\begin{cases} e^x-1, & x\leqslant 1 \\ 2-x, & x>1 \end{cases}$;　　(4) $y=\begin{cases} \dfrac{\sin x}{x}, & x\neq 0 \\ 0, & x=0 \end{cases}$.

3. 将下列无穷小量$(x\to 0^+)$按照阶的高低排列起来:

$\sin x^2$,$e^{x^3}-1$,$\sin(\tan x)$,$\ln(1+\sqrt[3]{x})$,$1-\cos x^2$.

4. 已知函数 $f(x)$ 在 $[0,2a]$ 上连续,且 $f(0)=f(2a)$,证明存在 $\xi\in[0,a]$,使得 $f(\xi)=f(\xi+a)$.

5. 设圆的半径为 R,求证:

(1) 圆内接正 n 边形的面积 $S_n=\dfrac{R^2}{2}n\sin\dfrac{2\pi}{n}$;

(2) 圆面积为 $S=\pi R^2$.

第3章 导数与微分

> 微分学是高等数学的重要内容,导数与微分是微分学的两个基本概念.本章将在函数与极限这两个概念的基础上,从实际例子出发引入导数与微分的概念,建立微分学的公式和法则,给出初等函数求导数和微分的方法.

3.1 导数的概念

3.1.1 导数的来源

导数是微分学的第一个基本概念,来源于实际生活中两个典型问题:瞬时速度问题与切线斜率问题.

1. 物体作变速直线运动的瞬时速度

图 3.1

设某物体作直线运动,其路程与时间的函数关系为 $s = s(t)$(图 3.1),当时间由 t_0 变化到 $t_0 + \Delta t$ 时,对应的路程由 $s(t_0)$ 变化到 $s(t_0 + \Delta t)$,其改变量为 Δs,则物体在 Δt 时间内的平均速度为

$$\bar{v} = \frac{\Delta s}{\Delta t} = \frac{s(t_0 + \Delta t) - s(t_0)}{\Delta t}.$$

从整体来看,物体作变速运动的速度是连续变化的,但从局部来看,在一段很短的时间 Δt 内,速度变化不大,可以近似地看作是匀速的. 显然,$|\Delta t|$ 越小,$\bar{v}$ 就越接近物体在 t_0 时刻的瞬时速度,$|\Delta t|$ 无限小时,$\bar{v}$ 就无限接近于物体在 t_0 时刻的瞬时速度,即当 $\Delta t \to 0$ 时,若比值 $\frac{\Delta s}{\Delta t}$ 的极限存在,则这一极限值就是物体在时刻 t_0 的瞬时速度 $v(t_0)$,即

$$v(t_0) = \lim_{\Delta t \to 0} \bar{v} = \lim_{\Delta t \to 0} \frac{\Delta s}{\Delta t} = \lim_{\Delta t \to 0} \frac{s(t_0 + \Delta t) - s(t_0)}{\Delta t}.$$

2. 平面曲线的切线斜率

设 $M(x_0, f(x_0))$ 为曲线 $y = f(x)$ 上的一点(图 3.2),当自变量 x 在 x_0 处取得改变量 Δx 时,曲线 $y = f(x)$ 上有另一点 $N(x_0 + \Delta x, f(x_0 + \Delta x))$,连接两点得曲线 $y = f(x)$ 的割线 $\overline{MN}$ 的倾斜角为 θ,则

$$\tan \theta = \frac{f(x_0 + \Delta x) - f(x_0)}{x_0 + \Delta x - x_0} = \frac{\Delta y}{\Delta x}$$

表示割线 $\overline{MN}$ 的斜率,当 $\Delta x \to 0$ 时,N 沿曲线 $y = f(x)$ 趋于 M,从而得到切线 $\overline{MP}$ 的斜率

$$k = \tan \alpha = \lim_{\Delta x \to 0} \tan \theta = \lim_{\Delta x \to 0} \frac{\Delta y}{\Delta x} = \lim_{\Delta x \to 0} \frac{f(x_0 + \Delta x) - f(x_0)}{\Delta x}.$$

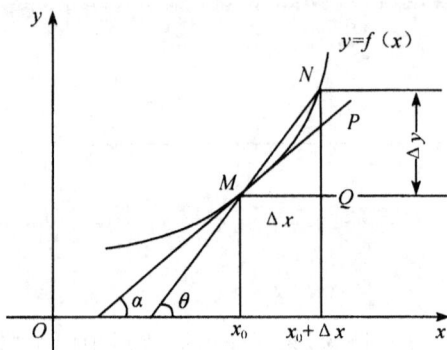

图 3.2

上述两个例子的具体意义不同,但从数学结构上看,却是相同的形式,即函数的增量与自变量的增量的比值当自变量的增量趋于零时的极限,抽象到数学中来形成了导数的概念.

3.1.2 导数的定义

定义 3.1 设函数 $y = f(x)$ 在点 x_0 的某一邻域内有定义,当自变量 x 在点 x_0 处有增量 Δx $(\Delta x \neq 0, x_0 + \Delta x$ 仍在邻域内)时,相应地,函数 y 也有增量 $\Delta y = f(x_0 + \Delta x) - f(x_0)$,如果当 $\Delta x \to 0$ 时,极限

$$\lim_{\Delta x \to 0} \frac{\Delta y}{\Delta x} = \lim_{\Delta x \to 0} \frac{f(x_0 + \Delta x) - f(x_0)}{\Delta x}$$

存在,则称函数 $y = f(x)$ 在点 x_0 处可导,称此极限值为函数 $y = f(x)$ 在点 x_0 处的导数,记作 $f'(x_0)$,或 $y'|_{x=x_0}$,或 $\frac{\mathrm{d}y}{\mathrm{d}x}\big|_{x=x_0}$,即

$$f'(x_0) = \lim_{\Delta x \to 0} \frac{\Delta y}{\Delta x} = \lim_{\Delta x \to 0} \frac{f(x_0 + \Delta x) - f(x_0)}{\Delta x}.$$

如果极限不存在,则称函数 $y = f(x)$ 在点 x_0 处不可导.

上述定义中,令 $x_0 + \Delta x = x$,则当 $\Delta x \to 0$ 时,有 $x \to x_0$,故函数在点 x_0 处的导数 $f'(x_0)$

也可表示为

$$f'(x_0) = \lim_{x \to x_0} \frac{f(x) - f(x_0)}{x - x_0}.$$

根据导数的定义,前两个例子可重述为:

(1) 作变速直线运动的物体在时刻 t_0 的瞬时速度 $v(t_0) = \dfrac{\mathrm{d}s}{\mathrm{d}t}\bigg|_{t=t_0}$;

(2) 平面曲线上点 (x_0, y_0) 处的切线斜率 $k = \dfrac{\mathrm{d}y}{\mathrm{d}x}\bigg|_{x=x_0}$.

3.1.3 导数的几何意义

由前面的讨论可知,函数 $y = f(x)$ 在点 x_0 处的导数 $f'(x_0)$ 就等于曲线 $y = f(x)$ 在点 $(x_0, f(x_0))$ 处的切线斜率.

如图 3.2 所示,曲线 $y = f(x)$ 在点 $(x_0, f(x_0))$ 处的切线方程为

$$y - f(x_0) = f'(x_0)(x - x_0),$$

而当 $f'(x_0) = \infty$,即切线垂直于 x 轴时,切线方程就是 x 轴的垂线 $x = x_0$.

若 $f'(x_0) \neq 0$,则曲线 $y = f(x)$ 在点 $(x_0, f(x_0))$ 处的法线方程为

$$y - f(x_0) = -\frac{1}{f'(x_0)}(x - x_0),$$

而当 $f'(x_0) = 0$ 时,法线方程就是 x 轴的垂线 $x = x_0$.

3.1.4 左导数与右导数

因为

$$\lim_{\Delta x \to 0} \frac{\Delta y}{\Delta x} = \lim_{\Delta x \to 0} \frac{f(x_0 + \Delta x) - f(x_0)}{\Delta x} = f'(x_0),$$

所以

$$\lim_{\Delta x \to 0^-} \frac{\Delta y}{\Delta x} = \lim_{\Delta x \to 0^-} \frac{f(x_0 + \Delta x) - f(x_0)}{\Delta x},$$

$$\lim_{\Delta x \to 0^+} \frac{\Delta y}{\Delta x} = \lim_{\Delta x \to 0^+} \frac{f(x_0 + \Delta x) - f(x_0)}{\Delta x}$$

分别叫做函数 $f(x)$ 在点 x_0 处的左导数和右导数,且分别记作 $f'_-(x_0)$ 和 $f'_+(x_0)$.

由左、右极限的性质,有定理 3.1.

定理 3.1 函数 $y = f(x)$ 在点 x_0 处的左、右导数存在且相等是 $f(x)$ 在点 x_0 处可导的充分必要条件.

如果函数 $y = f(x)$ 在区间 (a, b) 内任意一点 x 处都可导,则称函数 $y = f(x)$ 在区间 (a, b) 内可导. 显然导数也是关于 x 的函数,称此函数为函数 $f(x)$ 的导函数(简称导数),记作 $f'(x)$,或 y',或 $\dfrac{\mathrm{d}y}{\mathrm{d}x}$,即

$$f'(x) = \lim_{\Delta x \to 0} \frac{f(x + \Delta x) - f(x)}{\Delta x}.$$

由定义可知，函数 $y = f(x)$ 在点 x_0 处的导数 $f'(x_0)$ 就是导函数 $f'(x)$ 在点 x_0 处的函数值，即

$$f'(x_0) = f'(x) \mid_{x = x_0}.$$

【例 3.1】 求函数 $f(x) = x^2$ 的导数，并求 $f'(1)$.

解 自变量在 x 处取得增量 Δx，相应的函数 y 增量为

$$\Delta y = f(x + \Delta x) - f(x) = (x + \Delta x)^2 - x^2 = 2x\Delta x + (\Delta x)^2.$$

于是 $$\frac{\Delta y}{\Delta x} = 2x + \Delta x,$$

有 $$\lim_{\Delta x \to 0} \frac{\Delta y}{\Delta x} = \lim_{\Delta x \to 0}(2x + \Delta x) = 2x,$$

即 $$(x^2)' = 2x.$$

所以 $$f'(1) = (x^2)' \mid_{x=1} = 2x \mid_{x=1} = 2.$$

一般地，对于幂函数 $y = x^\alpha$ 的导数，有 $(x^\alpha)' = \alpha x^{\alpha-1}$，$\alpha$ 为任意实数. 该公式将在例 3.14 中得到推导和证明.

【例 3.2】 求曲线 $y = x^2$ 在点 $(1, 1)$ 处的切线方程和法线方程.

解 由例 3.1 可知 $$(x^2)' \mid_{x=1} = 2$$

根据导数的几何意义，所求切线方程为

$$y - 1 = 2(x - 1)，即 y = 2x - 1$$

法线方程为

$$y - 1 = -\frac{1}{2}(x - 1)，即 y = -\frac{1}{2}x + \frac{3}{2}.$$

3.1.5 可导与连续的关系

设函数 $y = f(x)$ 在点 x 处可导，则 $\lim\limits_{\Delta x \to 0} \frac{\Delta y}{\Delta x} = f'(x)$，也即当 $\Delta x \to 0$ 时，$\frac{\Delta y}{\Delta x} \to f'(x)$. 从而有 $\Delta y = \frac{\Delta y}{\Delta x} \cdot \Delta x \to f'(x) \cdot 0 = 0$，所以 $\lim\limits_{\Delta x \to 0} \Delta y = 0$，即函数 $y = f(x)$ 在点 x 处连续.

定理 3.2 如果函数 $y = f(x)$ 在点 x 处可导，则函数在该点处必连续.

但函数 $y = f(x)$ 在某一点 x 处连续，却不一定在该点处可导.

【例 3.3】 证明 $y = |x|$ 在点 $x = 0$ 处连续但不可导.

证明 自变量 x 在 $x = 0$ 处取得增量 Δx，相应的函数 y 增量为

$$\Delta y = f(0 + \Delta x) - f(0) = |0 + \Delta x| - |0| = |\Delta x|,$$

于是
$$\lim_{\Delta x \to 0} \Delta y = \lim_{\Delta x \to 0} |\Delta x| = 0 .$$

即 $y = |x|$ 在点 $x = 0$ 处连续.

又函数 $y = |x|$ 在点 $x = 0$ 处的左导数是

$$f'_-(0) = \lim_{\Delta x \to 0^-} \frac{\Delta y}{\Delta x} = \lim_{\Delta x \to 0^-} \frac{|\Delta x|}{\Delta x} = \lim_{\Delta x \to 0^-} \frac{-\Delta x}{\Delta x} = -1 .$$

而右导数是

$$f'_+(0) = \lim_{\Delta x \to 0^+} \frac{\Delta y}{\Delta x} = \lim_{\Delta x \to 0^+} \frac{|\Delta x|}{\Delta x} = \lim_{\Delta x \to 0^+} \frac{\Delta x}{\Delta x} = 1 .$$

由定理 3.1 知, $y = |x|$ 在点 $x = 0$ 处不可导.

由图 3.3 可见, $y = |x|$ 在点 $x = 0$ 处是尖角(即没有切线),反映了该曲线在该点不可导的几何意义.

根据导数的定义结合例 3.1 可知,求 $y = f(x)$ 的导数 y' 可分为 3 个步骤:

(1) 求增量　$\Delta y = f(x + \Delta x) - f(x)$;

(2) 算比值　$\dfrac{\Delta y}{\Delta x} = \dfrac{f(x + \Delta x) - f(x)}{\Delta x}$;

(3) 取极限　$y' = \lim\limits_{\Delta x \to 0} \dfrac{\Delta y}{\Delta x}$.

图 3.3

下面,根据这 3 个步骤来求一些基本初等函数的导数.

【例 3.4】　求 $y = C$(C 为常数)的导数.

解　(1) 求增量　$\Delta y = 0$;

(2) 算比值　$\dfrac{\Delta y}{\Delta x} = 0$;

(3) 取极限　$y' = \lim\limits_{\Delta x \to 0} \dfrac{\Delta y}{\Delta x} = 0$　即 $(C)' = 0$.

【例 3.5】　求 $y = \sin x$ 的导数.

解　(1) 求增量　$\Delta y = \sin(x + \Delta x) - \sin x = 2\cos \dfrac{(x + \Delta x) + x}{2} \sin \dfrac{(x + \Delta x) - x}{2}$

$$= 2\cos\left(x + \frac{\Delta x}{2}\right) \sin \frac{\Delta x}{2};$$

(2) 算比值　$\dfrac{\Delta y}{\Delta x} = \dfrac{2\cos\left(x + \dfrac{\Delta x}{2}\right) \sin \dfrac{\Delta x}{2}}{\Delta x} = \cos\left(x + \dfrac{\Delta x}{2}\right) \dfrac{\sin \dfrac{\Delta x}{2}}{\dfrac{\Delta x}{2}};$

(3) 取极限　$y' = \lim\limits_{\Delta x \to 0} \dfrac{\Delta y}{\Delta x} = \lim\limits_{\Delta x \to 0} \cos\left(x + \dfrac{\Delta x}{2}\right) \dfrac{\sin \dfrac{\Delta x}{2}}{\dfrac{\Delta x}{2}} = \cos x .$

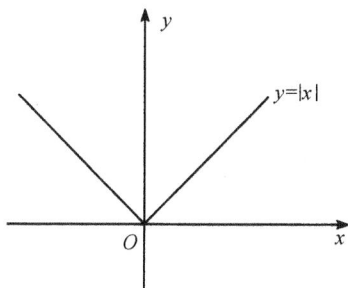

即 $(\sin x)' = \cos x$.

用类似的方法,可得 $(\cos x)' = -\sin x$.

【例 3.6】 求 $y = \log_a x \ (a > 0, a \neq 1)$ 的导数.

解 (1) 求增量 $\Delta y = \log_a(x + \Delta x) - \log_a x = \log_a \dfrac{x + \Delta x}{x} = \log_a\left(1 + \dfrac{\Delta x}{x}\right)$;

(2) 算比值 $\dfrac{\Delta y}{\Delta x} = \dfrac{\log_a\left(1 + \dfrac{\Delta x}{x}\right)}{\Delta x} = \dfrac{1}{x}\log_a\left(1 + \dfrac{\Delta x}{x}\right)^{\frac{x}{\Delta x}}$;

(3) 取极限 $y' = \lim\limits_{\Delta x \to 0} \dfrac{\Delta y}{\Delta x} = \lim\limits_{\Delta x \to 0} \dfrac{1}{x}\log_a\left(1 + \dfrac{\Delta x}{x}\right)^{\frac{x}{\Delta x}} = \dfrac{1}{x}\log_a e = \dfrac{1}{x \ln a}$.

即 $$(\log_a x)' = \dfrac{1}{x \ln a}.$$

特别地,当 $a = e$ 时,有 $(\ln x)' = \dfrac{1}{x}$.

练习与思考 3.1

1. 已知自由落体的运动方程是 $s = \dfrac{1}{2}gt^2, t \in [0, T]$,回答下列问题:

(1) 落体的平均速度 $\bar{v} = $?

(2) 落体在时刻 $t_0 \ (0 < t_0 < T)$ 的瞬时速度 $v(t_0)$ 与 $\bar{v}$ 有何联系?

2. 某身高为 h 的行人非匀速地经过一高为 $H(h < H)$ 的路灯,其影子的长度是时间 t 的函数 $l(t)$.

(1) 如图 3.4 所示,设该行人经过路灯正下方的时刻 $t = 0$,写出在 t 时间内头顶影子移动的距离 x 的表达式.

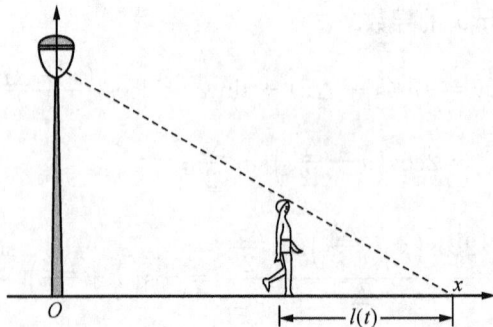

图 3.4

(2) 头顶影子在时间 t 内移动的平均速度 $\bar{v} = $?

(3) 经过路灯正下方时头顶影子移动的瞬时速度 $v(t) = $?

（4）上述分析过程体现了怎样的数学思想？

3. 经济学中的成本函数用 $C(q)$ 表示，其中 q 表示产量. 实际应用中，常常会涉及到平均成本 $\dfrac{C(q)}{q}$、成本平均变化率 $\dfrac{\Delta C(q)}{\Delta q}$ 和边际成本 $\lim\limits_{\Delta q \to 0} \dfrac{\Delta C(q)}{\Delta q}$. 你知道这三个函数的经济含义吗？

4. （1）回顾圆的切线定义.

（2）上述定义对一般平面曲线是否适用？为什么？

（3）割线与切线的关系是什么？

5. 图 3.5 所示，底面半径为 160 cm，高为 800 cm 的正圆锥容器装满了水，水从位于顶点处的一个小洞流出.

（1）写出容器中水的体积关于水的高度的平均变化率；

（2）解释"水体积关于水位高度的瞬时变化率"的含义.

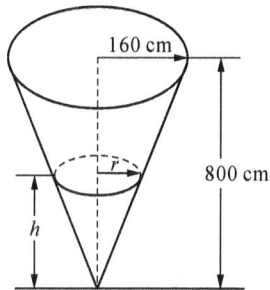

图 3.5

6. 用导数的定义，求下列函数的导数：

（1）$y = x$；　　　　　（2）$y = \sqrt{x}$；　　　　　（3）$y = \dfrac{1}{x}$.

7. 若 $f(x)$ 在点 x_0 处可导，求

（1）$\lim\limits_{\Delta x \to 0} \dfrac{f(x_0 - \Delta x) - f(x_0)}{\Delta x}$；　　　　　（2）$\lim\limits_{h \to 0} \dfrac{f(x_0 + 2h) - f(x_0)}{h}$.

8. 求曲线 $y = \ln x$ 在点 $(1, 0)$ 处的切线和法线方程.

9. 讨论 $f(x) = \begin{cases} x^2, & x \geqslant 0 \\ 2x, & x < 0 \end{cases}$ 在点 $x = 0$ 处的可导性.

10. 判定下列命题是否正确？如不正确举出反例.

（1）若函数 $y = f(x)$ 在点 x 处连续，则函数 $y = f(x)$ 在点 x 处必可导；

（2）若函数 $y = f(x)$ 在点 x 处可导，则函数 $y = f(x)$ 在点 x 处必连续；

（3）若曲线 $y = f(x)$ 在点 x 处有切线，则 $y = f(x)$ 在点 x 处必可导.

3.2 导数公式与运算法则

我们知道，利用导数定义求函数的导数是比较麻烦，甚至是很困难的. 本节将介绍求导数的基本公式与运算法则，借助于这些公式与法则，就能比较方便地求出初等函数的导数.

3.2.1 函数的和、差、积、商的求导法则

定理 3.3 设函数 $u(x)$ 与 $v(x)$ 在点 x 处可导，则 $u(x) \pm v(x)$，$u(x)v(x)$，$\dfrac{u(x)}{v(x)}$ $(v(x) \neq 0)$ 也在点 x 处可导，且有

（1）$[u(x) \pm v(x)]' = u'(x) \pm v'(x)$；

(2) $[u(x)v(x)]' = u'(x)v(x) + u(x)v'(x)$,

特别地，$[ku(x)]' = ku'(x)(k$ 为常数$)$;

(3) $\left[\dfrac{u(x)}{v(x)}\right]' = \dfrac{u'(x)v(x) - u(x)v'(x)}{v^2(x)}$,

特别地，当 $u(x) = k$ $(k$ 为常数$)$ 时,有 $\left[\dfrac{k}{v(x)}\right]' = -\dfrac{kv'(x)}{v^2(x)}$.

上述法则(1)和(2)均可推广到任意有限个可导函数的情形,例如

$$[u(x)v(x)w(x)]' = u'(x)v(x)w(x) + u(x)v'(x)w(x) + u(x)v(x)w'(x).$$

【例3.7】 求 $y = \sqrt{x}\cos x - 2\ln x + \sin\dfrac{\pi}{4}$ 的导数.

解 $y' = \left(\sqrt{x}\cos x - 2\ln x + \sin\dfrac{\pi}{4}\right)' = (\sqrt{x}\cos x)' - 2(\ln x)' + \left(\sin\dfrac{\pi}{4}\right)'$

$\qquad = (\sqrt{x})'\cos x + \sqrt{x}(\cos x)' - 2(\ln x)' = \dfrac{\cos x}{2\sqrt{x}} - \sqrt{x}\sin x - \dfrac{2}{x}$.

【例3.8】 求 $y = \tan x$ 的导数.

解 $y' = (\tan x)' = \left(\dfrac{\sin x}{\cos x}\right)' = \dfrac{(\sin x)'\cos x - \sin x(\cos x)'}{\cos^2 x}$

$\qquad = \dfrac{\cos^2 x + \sin^2 x}{\cos^2 x} = \dfrac{1}{\cos^2 x} = \sec^2 x$,

即 $(\tan x)' = \sec^2 x$.

用类似的方法,可得 $(\cot x)' = -\csc^2 x$.

仿照例3.8的解法,读者可自行推导出 $(\sec x)' = \sec x \tan x$ 及 $(\csc x)' = -\csc x \cot x$.

【例3.9】 求 $y = \dfrac{x\cos x}{1 + \sin x}$ 的导数.

解 $y' = \left(\dfrac{x\cos x}{1 + \sin x}\right)' = \dfrac{(x\cos x)'(1 + \sin x) - x\cos x(1 + \sin x)'}{(1 + \sin x)^2}$

$\qquad = \dfrac{(\cos x - x\sin x)(1 + \sin x) - x\cos x(\cos x)}{(1 + \sin x)^2}$

$\qquad = \dfrac{(\cos x - x)(1 + \sin x)}{(1 + \sin x)^2} = \dfrac{\cos x - x}{1 + \sin x}$.

3.2.2 反函数的求导法则

前面已经求出了部分基本初等函数的导数,下面通过介绍反函数的求导法则,解决指数函数和反三角函数的求导问题.

定理3.4 若单调连续函数 $x = \varphi(y)$ 在点 y 处可导,且 $\varphi'(y) \neq 0$,则其反函数 $y =$

$f(x)$ 在对应点 x 处可导,且有

$$f'(x) = \frac{1}{\varphi'(y)} \quad \text{或} \quad \frac{\mathrm{d}y}{\mathrm{d}x} = \frac{1}{\frac{\mathrm{d}x}{\mathrm{d}y}} .$$

【例 3.10】　求 $y = a^x (a > 0, a \neq 1)$ 的导数.

解　$y = a^x$ 的反函数 $x = \log_a y$ 在 $(0, +\infty)$ 内单调、可导,且

$$\frac{\mathrm{d}x}{\mathrm{d}y} = \frac{1}{y \ln a} \neq 0 ,$$

所以

$$y' = \frac{1}{\frac{\mathrm{d}x}{\mathrm{d}y}} = y \ln a = a^x \ln a$$

即　$(a^x)' = a^x \ln a$.

特别地,当 $a = \mathrm{e}$ 时,有 $(\mathrm{e}^x)' = \mathrm{e}^x$.

【例 3.11】　求 $y = \arcsin x$ 的导数.

解　$y = \arcsin x$ 的反函数 $x = \sin y$ 在 $\left(-\dfrac{\pi}{2}, \dfrac{\pi}{2}\right)$ 内单调、可导,又

$$\frac{\mathrm{d}x}{\mathrm{d}y} = \cos y > 0 ,$$

所以

$$y' = \frac{1}{\frac{\mathrm{d}x}{\mathrm{d}y}} = \frac{1}{\cos y} = \frac{1}{\sqrt{1 - \sin^2 y}} = \frac{1}{\sqrt{1 - x^2}}$$

即

$$(\arcsin x)' = \frac{1}{\sqrt{1 - x^2}} .$$

用类似的方法,可得　$(\arccos x)' = -\dfrac{1}{\sqrt{1 - x^2}} .$

读者可自己推导出:$(\arctan x)' = \dfrac{1}{1 + x^2}$ 及 $(\operatorname{arccot} x)' = -\dfrac{1}{1 + x^2} .$

3.2.3　导数的基本公式

现将导数公式与运算法则小结如下.

1. 基本初等函数的导数公式

$(C)' = 0$ (C 为常数)；　　　　　　　$(x^\alpha)' = \alpha x^{\alpha - 1}$ (α 为实数)；

$(\log_a x)' = \dfrac{1}{x \ln a}$；　　　　　　　$(\ln x)' = \dfrac{1}{x}$；

$(a^x)' = a^x \ln a$；　　　　　　　　　$(\mathrm{e}^x)' = \mathrm{e}^x$；

$(\sin x)' = \cos x;$　　　　　　$(\cos x)' = -\sin x;$

$(\tan x)' = \sec^2 x;$　　　　　$(\cot x)' = -\csc^2 x;$

$(\sec x)' = \sec x \tan x;$　　　$(\csc x)' = -\csc x \cot x;$

$(\arcsin x)' = \dfrac{1}{\sqrt{1-x^2}};$　　　$(\arccos x)' = -\dfrac{1}{\sqrt{1-x^2}};$

$(\arctan x)' = \dfrac{1}{1+x^2};$　　　　$(\text{arccot } x)' = -\dfrac{1}{1+x^2}.$

2. 函数的和、差、积、商的求导法则

$[u(x) \pm v(x)]' = u'(x) \pm v'(x);$

$[u(x)v(x)]' = u'(x)v(x) + u(x)v'(x);$　$[ku(x)]' = ku'(x)$（k 是常数）；

$\left[\dfrac{u(x)}{v(x)}\right]' = \dfrac{u'(x)v(x) - u(x)v'(x)}{[v(x)]^2}$　$(v(x) \neq 0);$

$\left[\dfrac{k}{v(x)}\right]' = -\dfrac{kv'(x)}{v^2(x)}$　$(v(x) \neq 0, \ k$ 是常数$)$.

3. 反函数的求导法则

设 $y = f(x)$ 是 $x = \varphi(y)$ 的反函数，则

$$f'(x) = \frac{1}{\varphi'(y)} \quad (\varphi'(y) \neq 0).$$

3.2.4　复合函数的求导法则

我们应用函数的四则运算求导法则和反函数的求导法则，解决了简单函数的求导问题，下面不作证明介绍定理 3.5，解决复合函数的求导问题.

定理 3.5　若函数 $u = \varphi(x)$ 在点 x 处可导，而 $y = f(u)$ 在对应点 u 处可导，则复合函数 $y = f[\varphi(x)]$ 也在点 x 处可导，且有

$$\frac{dy}{dx} = \frac{dy}{du}\frac{du}{dx} \quad \text{或} \quad \{f[\varphi(x)]\}' = f'(u)\varphi'(x)$$

上述法则可推广到多次复合的情形. 例如，设 $y = f(u)$，$u = \varphi(v)$，$v = \psi(x)$ 均可导，则

$$\frac{dy}{dx} = \frac{dy}{du}\frac{du}{dv}\frac{dv}{dx} \quad \text{或} \quad \{f[\varphi(\psi(x))]\}' = f'(u)\varphi'(v)\psi'(x)$$

【例 3.12】　求 $y = \sin \dfrac{1}{x}$ 的导数.

解　$y = \sin \dfrac{1}{x}$ 可看作由 $y = \sin u$ 和 $u = \dfrac{1}{x}$ 复合而成，由定理 3.5 可得

$$y' = (\sin u)'\left(\frac{1}{x}\right)' = \cos u\left(-\frac{1}{x^2}\right) = -\frac{\cos\frac{1}{x}}{x^2}.$$

【例 3. 13】 求 $y = \sqrt{a^2 - x^2}$ 的导数.

解 $y = \sqrt{a^2 - x^2}$ 可看作由 $y = \sqrt{u}$ 和 $u = a^2 - x^2$ 复合而成,因此

$$\frac{\mathrm{d}y}{\mathrm{d}x} = \frac{\mathrm{d}y}{\mathrm{d}u}\frac{\mathrm{d}u}{\mathrm{d}x} = (\sqrt{u})'(a^2 - x^2)' = \frac{1}{2\sqrt{u}}(-2x) = -\frac{x}{\sqrt{a^2 - x^2}}.$$

【例 3. 14】 求 $y = x^\alpha(\alpha\ 为任意实数)$ 的导数.

解 $y = x^\alpha = \mathrm{e}^{\alpha\ln x}$ 可看作由 $y = \mathrm{e}^u$ 和 $u = \alpha\ln x$ 复合而成,因此

$$y' = (\mathrm{e}^u)'(\alpha\ln x)' = \mathrm{e}^u \alpha\frac{1}{x} = \alpha\frac{x^\alpha}{x} = \alpha x^{\alpha-1}$$

即
$$(x^\alpha)' = \alpha x^{\alpha-1}.$$

据此,幂函数的求导公式得到证明.

在复合函数分解熟练的情况下,可不必写出中间变量,运用复合函数求导法则,逐层求导即可.

【例 3. 15】 求 $y = \arctan(2x - 1)$ 的导数.

解
$$y' = [\arctan(2x - 1)]' = \frac{1}{1 + (2x - 1)^2}(2x - 1)'$$
$$= \frac{2}{4x^2 - 4x + 2} = \frac{1}{2x^2 - 2x + 1}.$$

【例 3. 16】 设 $f'(x)$ 存在,求 $y = \ln|f(x)|$ 的导数.

解 当 $f(x) > 0$ 时,$y = \ln f(x)$,$y' = [\ln f(x)]' = \frac{1}{f(x)}f'(x) = \frac{f'(x)}{f(x)}$;

当 $f(x) < 0$ 时,$y = \ln(-f(x))$,

$$y' = [\ln(-f(x))]' = \frac{1}{-f(x)}[-f(x)]' = \frac{f'(x)}{f(x)}$$

所以
$$[\ln|f(x)|]' = \frac{f'(x)}{f(x)}.$$

【例 3. 17】 求 $y = \mathrm{e}^{\tan\sqrt{x}}$ 的导数.

解
$$y' = (\mathrm{e}^{\tan\sqrt{x}})' = \mathrm{e}^{\tan\sqrt{x}}(\tan\sqrt{x})' = \mathrm{e}^{\tan\sqrt{x}}\sec^2\sqrt{x}\cdot(\sqrt{x})'$$
$$= \mathrm{e}^{\tan\sqrt{x}}\sec^2\sqrt{x}\frac{1}{2\sqrt{x}} = \frac{\mathrm{e}^{\tan\sqrt{x}}\sec^2\sqrt{x}}{2\sqrt{x}}.$$

【例 3. 18】 求 $y = \cos\ln\sqrt{x^2 - 1}$ 的导数.

解 $y' = (\cos \ln \sqrt{x^2-1})' = -\sin \ln \sqrt{x^2-1} (\ln \sqrt{x^2-1})'$

$$= -\sin \ln \sqrt{x^2-1} \cdot \frac{1}{\sqrt{x^2-1}} \cdot (\sqrt{x^2-1})'$$

$$= -\frac{\sin \ln \sqrt{x^2-1}}{\sqrt{x^2-1}} \cdot \frac{1}{2\sqrt{x^2-1}} \cdot (x^2-1)' = -\frac{\sin \ln \sqrt{x^2-1}}{2\sqrt{x^2-1}\sqrt{x^2-1}} \cdot 2x$$

$$= \frac{x\sin \ln \sqrt{x^2-1}}{1-x^2}.$$

3.2.5 隐函数求导法和对数求导法

1. 隐函数求导法

函数的解析式一般采用两种形式:一种是显函数 $y = f(x)$ 的形式,另一种是隐函数 $F(x, y) = 0$ 的形式. 把一个隐函数化成显函数,叫做隐函数的显化. 显函数可以用上面我们已学过的导数公式和求导法则对其求导,但有的隐函数不易甚至不可以显化,对于这种情形下隐函数的求导是将方程两端同时对 x 求导,并把 y 看作是 x 的函数,然后利用四则运算求导法则或复合函数的求导法则去求导,就可得到所求的导数,这种方法叫做隐函数求导法. 下面举例说明这种方法.

【例 3.19】 已知方程 $xy + \mathrm{e}^x - \mathrm{e}^y = 0$,求 $\dfrac{\mathrm{d}y}{\mathrm{d}x}$.

解 将方程 $xy + \mathrm{e}^x - \mathrm{e}^y = 0$ 两端对 x 求导,得 $y + xy' + \mathrm{e}^x - \mathrm{e}^y y' = 0$,

由上式解出 $$y' = \frac{y + \mathrm{e}^x}{\mathrm{e}^y - x} \quad (\mathrm{e}^y - x \neq 0).$$

【例 3.20】 求曲线 $y^2 = x^2(x-1)$ 在点 $(2, 2)$ 处的切线方程.

解 将方程 $y^2 = x^2(x-1)$ 两端对 x 求导,得 $2yy' = 3x^2 - 2x$,

由上式解出 $$y' = \frac{3x^2 - 2x}{2y}(y \neq 0),则 \ y'\mid_{(2, 2)} = 2.$$

故所求切线方程为 $y - 2 = 2(x-2)$,即 $y = 2x - 2$.

2. 对数求导法

我们有时会遇到一些显函数,它们是由几个因子通过乘、除、乘方、开方所构成的比较复杂的函数. 对于这一类型的显函数求导是先取对数,化乘、除为加、减,化乘方、开方为乘积,然后利用隐函数求导法去求导,就可得到所求的导数,这种方法叫做对数求导法. 下面举例说明这种方法.

【例 3.21】 求 $y = (x+1)\sqrt[3]{(2x-1)^2(x+2)}$ 的导数.

解 先在方程两端取绝对值,再取对数,得

$$\ln |y| = \ln |x+1| + \frac{2}{3}\ln |2x-1| + \frac{1}{3}\ln |x+2|$$

将上式两端对 x 求导,得

$$\frac{1}{y}y' = \frac{1}{x+1} + \frac{2}{3}\frac{2}{2x-1} + \frac{1}{3}\frac{1}{x+2}$$

所以

$$y' = y\left[\frac{1}{x+1} + \frac{4}{3(2x-1)} + \frac{1}{3(x+2)}\right]$$

$$= (x+1)\sqrt[3]{(2x-1)^2(x+2)}\left[\frac{1}{x+1} + \frac{4}{3(2x-1)} + \frac{1}{3(x+2)}\right].$$

以后解题时,为了方便起见,取绝对值可以略去.

【例 3.22】 求 $y = x^x (x > 0)$ 的导数.

解 对方程两端取对数,得 $\ln y = \ln x^x$

即

$$\ln y = x\ln x$$

对上式两端求导,得

$$\frac{1}{y} \cdot y' = \ln x + 1$$

所以

$$y' = y(\ln x + 1) = x^x(\ln x + 1).$$

3.2.6 高阶导数

在变速直线运动中,速度 $v(t)$ 是位移函数 $s(t)$ 对时间 t 的导数,即 $v(t) = s'(t)$,而加速度 a 又是速度 $v(t)$ 对时间 t 的导数,即 $a = [s'(t)]'$,这种导数的导数 $[s'(t)]'$ 叫做位移函数 $s(t)$ 对时间 t 的二阶导数.

定义 3.2 若 $y = f(x)$ 的导数 $f'(x)$ 在点 x 处可导,则称 $f'(x)$ 在点 x 处的导数为 $y = f(x)$ 在点 x 处的二阶导数,记作 y'',$f''(x)$ 或 $\dfrac{d^2 y}{dx^2}$,且有 $y'' = (y')'$ 或 $\dfrac{d^2 y}{dx^2} = \dfrac{d}{dx}\left(\dfrac{dy}{dx}\right)$. 相应地,$f'(x)$ 叫做 $y = f(x)$ 的一阶导数.

类似地,可以定义二阶导数的导数为三阶导数,三阶导数的导数为四阶导数,以此类推,如果 $y = f(x)$ 的 $n-1$ 阶导数仍然可导,则称 $n-1$ 阶导数的导数为 n 阶导数,分别记作

$$y''', \ y^{(4)}, \ \cdots, \ y^{(n)}; 或 f'''(x), \ f^{(4)}(x), \ \cdots, \ f^{(n)}(x); 或 \frac{d^3 y}{dx^3}, \ \frac{d^4 y}{dx^4}, \ \cdots, \ \frac{d^n y}{dx^n}$$

且有 $y^{(n)} = [y^{(n-1)}]'$ 或 $\dfrac{d^n y}{dx^n} = \dfrac{d}{dx}\left(\dfrac{d^{n-1} y}{dx^{n-1}}\right)$.

二阶及二阶以上的导数统称为高阶导数. 显然,求高阶导数只要利用前面学过的求导方法逐阶求导即可.

【例 3.23】 求 $y = e^{-x} + \cos x$ 的二阶及三阶导数.

解 由 $y' = -e^{-x} - \sin x$,得

$$y'' = e^{-x} - \cos x, \quad y''' = -e^{-x} + \sin x.$$

【例 3.24】 求 $y = a_0 x^2 + a_1 x + a_2$ 的三阶导数.

解 $$y' = 2a_0 x + a_1, \quad y'' = 2a_0, \quad y''' = 0,$$

事实上,对于 n 次多项式 $y = a_0 x^n + a_1 x^{n-1} + \cdots + a_n$,有 $y^{(n)} = n! a_0$,而 n 次多项式的一切高于 n 阶的导数都为零,即 $y^{(n+1)} = y^{(n+2)} = \cdots = 0$.

【例 3.25】 求 $y = a^x$ 和 $y = \sin x$ 的 n 阶导数.

解 对于 $y = a^x$,由

$$y' = a^x \ln a, \quad y'' = a^x \ln^2 a, \quad y''' = a^x \ln^3 a$$

以此类推,得

$$y^{(n)} = a^x \ln^n a, \quad 即 (a^x)^{(n)} = a^x \ln^n a$$

特别地 $$(e^x)^{(n)} = e^x$$

对于 $y = \sin x$,由 $$y' = \cos x = \sin\left(\frac{\pi}{2} + x\right)$$

$$y'' = -\sin x = \sin\left(\frac{2}{2}\pi + x\right)$$

$$y''' = -\cos x = \sin\left(\frac{3}{2}\pi + x\right)$$

以此类推,得

$$y^{(n)} = \sin\left(\frac{n}{2}\pi + x\right), \quad 即 (\sin x)^{(n)} = \sin\left(\frac{n}{2}\pi + x\right).$$

用类似的方法,可得 $(\cos x)^{(n)} = \cos\left(\frac{n}{2}\pi + x\right)$.

练习与思考 3.2

1. $f'(x_0)$ 与 $[f(x_0)]'$ 有无区别? 为什么?

2. 已知函数 $f(x)$、$g(x)$ 在点 x_0 处都不可导,那么 $f(x) + g(x)$ 在点 x_0 处是否可导? 请举例说明.

3. 判断下列计算过程是否正确? 为什么?

(1) $(\sin x - \cos \pi)' = \cos x + \sin \pi$;

(2) $\left(\dfrac{1}{1+x^2}\right)' = -\dfrac{1}{(1+x^2)^2}$;

(3) $(2^x)' = x \cdot 2^{x-1}$.

4. 向湖中水面投一石子,形成圆形波往外扩散. 如果此圆的半径以 40 cm/s 的速度向外扩散,求当半径达到 2 m 时,圆面积的扩张速度.

5. 如果方程 $e^y - x\sin y + y = 0$ 所确定的隐函数的导数按以下过程计算:

$$e^y - (\sin y + x\cos y) + y' = 0, \quad y' = (\sin y + x\cos y) - e^y$$

请问该过程是否正确？为什么？

6. 求下列函数的导数：

(1) $y = 3\cos x + \sqrt{x} + 4$;　　(2) $y = x^2 \arcsin x$;　　(3) $y = \dfrac{\ln x}{3^x}$;

(4) $y = \sec x \cot x$;　　(5) $y = x^2 e^x$;　　(6) $y = x\ln x$;

(7) $y = x\sin x$;　　(8) $y = \sqrt{x}\tan x$;　　(9) $y = \sin x \cos x$.

7. 求下列函数的导数：

(1) $y = \sin(4x - 1)$;　　(2) $y = \arctan\dfrac{1}{x}$;　　(3) $y = \tan(x^2 \ln x)$;

(4) $y = e^{\sin 2x}$;　　(5) $y = x^2 e^{-x}$;　　(6) $y = \ln(2x + 1)$;

(7) $y = \sin^2 \ln(\sqrt{2x+1} + x^2)$;　　(8) $y = e^{\arctan(\sin 2x)}$;　　(9) $y = \sqrt{x}e^{x^2}$.

8. 求下列函数的导数：

(1) $y = x^{\sin x}$ $(x > 0)$;　　(2) $y = (1 + x^2)^{\cos x}$.

9. 求下列方程所确定的隐函数的导数：

(1) $y^2 + e^{xy} = 1$;　　(2) $\arcsin y = e^{x+y}$.

10. 求 $y = x^3 - e^x$ 的三阶导数.

11. 已知 $y = \dfrac{x^2}{1-x}$，求 $y^{(n)}$.

3.3 | 函数的微分

本节，我们将讨论微分学中的第二个基本概念——函数的微分，并介绍它的某些近似应用.

3.3.1 引例

一块正方形金属薄片受温度变化影响，边长 x 由 x_0 变到 $x_0 + \Delta x$（图 3.6），此薄片的面积 $S = x^2$ 的改变量 $\Delta S = (x_0 + \Delta x)^2 - x_0^2 = 2x_0 \Delta x + (\Delta x)^2$. 由此式可以看出，$\Delta S$ 可分成两部分：一部分是 Δx 的线性函数[①] $2x_0 \Delta x$；另一部分是 $(\Delta x)^2$. 显然，$2x_0 \Delta x$ 是 ΔS 的主要部分，而 $(\Delta x)^2$ 是次要部分. 当 $|\Delta x|$ 很小时，$(\Delta x)^2$ 比 $2x_0 \Delta x$ 小得多. 事实上，当 $|\Delta x| \to 0$ 时，$(\Delta x)^2$ 是比 Δx 高阶的无穷小，即 $\lim\limits_{\Delta x \to 0} \dfrac{(\Delta x)^2}{\Delta x} = \lim\limits_{\Delta x \to 0} \Delta x = 0$. 此时可忽略次要部分 $(\Delta x)^2$，ΔS 近似地用

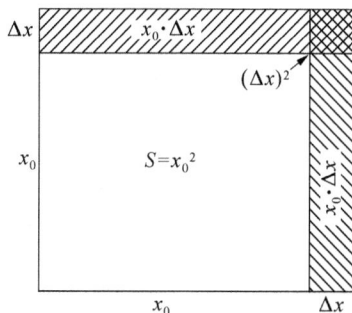

图 3.6

----

① "线性函数"是指函数式中含自变量的项为一次幂的.

$2x_0 \Delta x$ 表示

$$\Delta S \approx 2x_0 \Delta x$$

又因为 $S'(x_0) = (x^2)' \mid_{x=x_0} = 2x_0$，所以有

$$\Delta S \approx S'(x_0) \Delta x$$

为此，我们通常称面积改变量 ΔS 的主要部分、Δx 的线性函数 $S'(x_0)\Delta x$ 为线性主部.
上述问题可推广到一切可导函数的情形，引入微分的概念.

3.3.2 微分的概念

定义 3.3 若 $y = f(x)$ 在点 x 处的改变量 $\Delta y = f(x + \Delta x) - f(x)$ 可以表示成

$$\Delta y = A\Delta x + o(\Delta x)$$

其中 $o(\Delta x)$ 是比 $\Delta x (\Delta x \to 0)$ 高阶的无穷小，则称 $f(x)$ 在点 x 处可微，并称其线性主部 $A\Delta x$ 为 $y = f(x)$ 在点 x 处的微分，记作 $\mathrm{d}y$ 或 $\mathrm{d}f(x)$，即 $\mathrm{d}y = A\Delta x$ 且有 $A = f'(x)$，这样 $\mathrm{d}y = f'(x)\Delta x$.

由上面的讨论和微分的定义可知，一元函数的可导与可微是等价的，其关系为 $\mathrm{d}y = f'(x)\Delta x$.

特别地，当 $y = x$，x 为自变量时，$\mathrm{d}y = \mathrm{d}x = x'\Delta x = \Delta x$，即 $\mathrm{d}x = \Delta x$.

这样，函数 $y = f(x)$ 的微分可以写成

$$\mathrm{d}y = f'(x)\mathrm{d}x$$

上式两边同除以 $\mathrm{d}x$，有 $\dfrac{\mathrm{d}y}{\mathrm{d}x} = f'(x)$.

由此可见，导数等于函数微分与自变量微分之商，所以导数也称为"微商"，这也就解释了定义 3.1 中导数符号 $\dfrac{\mathrm{d}y}{\mathrm{d}x}$ 的意义.

微分与导数虽然有着密切的联系，但两者之间依然存在差别：导数是函数在一点 x 处的变化率，其值只与 x 有关；微分是函数在一点 x 处由自变量所引起的函数变化量的主要部分，其值与 x 和 Δx 都有关.

【例 3.26】 求函数 $y = \dfrac{x^2}{2}$ 在 $x = 1$，$\Delta x = 0.1$ 时的改变量及微分.

解 $\Delta y = \dfrac{(x + \Delta x)^2}{2} - \dfrac{x^2}{2} = \dfrac{(1 + 0.1)^2}{2} - \dfrac{1^2}{2} = 0.105$，

$$\mathrm{d}y = y' \mid_{x=1} \Delta x = \left(\dfrac{x^2}{2}\right)' \Big|_{x=1} \times 0.1 = 0.1.$$

3.3.3 微分的几何意义

为了对微分有比较直观的了解，下面我们来介绍微分的几何意义.

函数 $y=f(x)$ 的曲线如图 3.7 所示,在曲线 $f(x)$ 上取点 $M(x_0,y_0)$,并过点 M 作曲线的切线 MP 且倾斜角为 α,当自变量 x 在点 x_0 处取得改变量 Δx 时,得到曲线上另一点 $N(x_0+\Delta x,y_0+\Delta y)$.

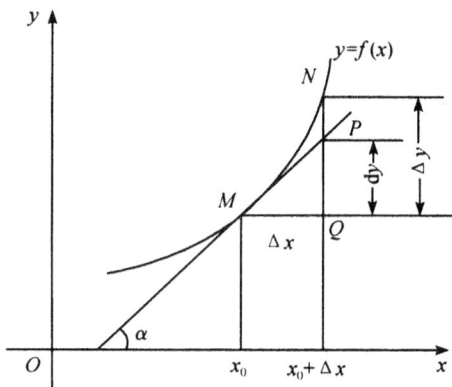

图 3.7

由图 3.7 可知,$MQ=\Delta x$,$QN=\Delta y$,则

$$QP=MQ \cdot \tan \alpha=f'(x_0)\Delta x,即\ \mathrm{d}y=QP.$$

这表明当自变量 x 在点 x_0 处取得微小改变 Δx 时,微分 $\mathrm{d}y=f'(x_0)\Delta x$ 在几何上表示曲线 $y=f(x)$ 在点 (x_0,y_0) 处的切线纵坐标的改变量.

从图 3.7 中可以看出:

(1) 当 $|\Delta x|$ 很小时,$\mathrm{d}y$ 可近似代替 Δy,所产生的误差 $|\Delta y-\mathrm{d}y|=PN$ 比 $|\Delta y|$ 小得多;

(2) 当 $|\Delta x|$ 很小时,曲线在一点的附近可以"以直代曲",即用切线的纵坐标改变量 QP 近似地代替曲线的纵坐标改变量 QN.

3.3.4　微分公式与运算法则

由定义 3.3 知,$y=f(x)$ 的微分等于 $f'(x)$ 乘以 $\mathrm{d}x$,所以根据导数公式和导数运算法则,就能得到相应的微分公式和微分运算法则.

1. 微分基本公式

$\mathrm{d}(C)=0(C\ 为常数)$;　　　　　　　　　　　$\mathrm{d}(x^a)=ax^{a-1}\mathrm{d}x$;

$\mathrm{d}(\log_a x)=\dfrac{1}{x\ln a}\mathrm{d}x$;　　　　　　　　　$\mathrm{d}(\ln x)=\dfrac{1}{x}\mathrm{d}x$;

$\mathrm{d}(a^x)=a^x\ln a\mathrm{d}x$;　　　　　　　　　　$\mathrm{d}(\mathrm{e}^x)=\mathrm{e}^x\mathrm{d}x$

$\mathrm{d}(\sin x)=\cos x\mathrm{d}x$;　　　　　　　　　$\mathrm{d}(\cos x)=-\sin x\mathrm{d}x$;

$\mathrm{d}(\tan x)=\sec^2 x\mathrm{d}x$;　　　　　　　　$\mathrm{d}(\cot x)=-\csc^2 x\mathrm{d}x$;

$\mathrm{d}(\sec x)=\sec x\tan x\mathrm{d}x$;　　　　　　$\mathrm{d}(\csc x)=-\csc x\cot x\mathrm{d}x$;

$$d(\arcsin x)=\frac{1}{\sqrt{1-x^2}}dx; \qquad\qquad d(\arccos x)=\frac{-1}{\sqrt{1-x^2}}dx;$$

$$d(\arctan x)=\frac{1}{1+x^2}dx; \qquad\qquad d(\text{arccot }x)=\frac{-1}{1+x^2}dx.$$

2. 函数和、差、积、商的微分运算法则

$$d(u(x)\pm v(x))=du(x)\pm dv(x);$$

$$d(u(x)v(x))=v(x)du(x)+u(x)dv(x);$$

$$d(ku(x))=kdu(x)(k\text{ 为常数});$$

$$d\left(\frac{u(x)}{v(x)}\right)=\frac{v(x)du(x)-u(x)dv(x)}{v^2(x)} \qquad (v(x)\neq 0).$$

3. 复合函数的微分法则

设 $y=f(u)$，根据微分的定义，当 u 是自变量时，$y=f(u)$ 的微分是

$$dy=f'(u)du,$$

当 u 不是自变量而是 x 的可导函数 $u=\varphi(x)$ 时，复合函数 $y=f[\varphi(x)]$ 的导数为

$$y'=f'(u)\varphi'(x),$$

于是，复合函数 $y=f[\varphi(x)]$ 的微分为

$$dy=f'(u)\varphi'(x)dx,$$

由于 $\varphi'(x)dx=du$，所以 $dy=f'(u)du$.

由此可见，不论 u 是自变量还是中间变量，$y=f(u)$ 的微分总是保持同一形式 $dy=f'(u)du$，这一性质叫做一阶微分形式不变性.

【例 3.27】 设 $y=\cot\sqrt{x}$，求 dy.

解 1 用公式 $dy=y'dx$，得

$$dy=(\cot\sqrt{x})'dx=\frac{-1}{2\sqrt{x}}\csc^2\sqrt{x}dx.$$

解 2 用一阶微分形式不变性，得

$$dy=d(\cot\sqrt{x})=-\csc^2\sqrt{x}d\sqrt{x}=\frac{-1}{2\sqrt{x}}\csc^2\sqrt{x}dx.$$

【例 3.28】 设 $y=e^{\cos x}$，求 y 在 $x=\frac{\pi}{2}$ 处的微分.

解 1 用公式 $dy=y'dx$，得

$$dy=(e^{\cos x})'dx=e^{\cos x}(\cos x)'dx=-e^{\cos x}\sin xdx$$

所以 $$dy\big|_{x=\frac{\pi}{2}}=-dx.$$

解 2　用一阶微分形式不变性,得

$$dy = d(e^{\cos x}) = e^{\cos x} d\cos x = -e^{\cos x} \sin x dx$$

所以

$$dy \big|_{x=\frac{\pi}{2}} = -dx.$$

【例 3.29】　求由方程 $xy = 1 - xe^y$ 所确定的隐函数 $y = f(x)$ 的微分 dy 及导数 $\dfrac{dy}{dx}$.

解　对方程两端求微分,得

$$d(xy) = d(1 - xe^y), \quad 即 \quad ydx + xdy = -e^y dx - xde^y$$

$$ydx + xdy = -e^y dx - xe^y dy$$

所以

$$dy = \frac{-e^y - y}{x + xe^y} dx, \quad \frac{dy}{dx} = \frac{-e^y - y}{x + xe^y}.$$

3.3.5　微分在近似计算中的应用

由微分的概念及几何意义可知,当 $|\Delta x|$ 很小时,可导函数 $y = f(x)$ 在点 x_0 处的改变量 Δy 可用微分 dy 来近似代替,即

$$\Delta y \approx dy = f'(x_0) \Delta x \tag{3.1}$$

即

$$f(x_0 + \Delta x) - f(x_0) \approx f'(x_0) \Delta x$$

所以

$$f(x_0 + \Delta x) \approx f(x_0) + f'(x_0) \Delta x \tag{3.2}$$

或令上式中 $x_0 + \Delta x = x$,则

$$f(x) \approx f(x_0) + f'(x_0)(x - x_0) \tag{3.3}$$

公式(3.1)可用于计算函数增量的近似值,公式(3.2)和公式(3.3)可用于求函数值的近似值.

【例 3.30】　计算 arctan 1.03 的近似值.

解　设 $f(x) = \arctan x$,由公式(3.2)有

$$\arctan(x_0 + \Delta x) \approx \arctan x_0 + \frac{1}{1 + x_0^2} \Delta x$$

取 $x_0 = 1$, $\Delta x = 0.03$ 有

$$\arctan 1.03 = \arctan(1 + 0.03) \approx \arctan 1 + \frac{1}{1 + 1^2} \times 0.03 = \frac{\pi}{4} + \frac{0.03}{2} \approx 0.80.$$

【例 3.31】　半径为 16 cm 的球的半径伸长 1 mm,球的体积约扩大多少?

解　设球的体积半径为 r,体积 $V = \dfrac{4}{3} \pi r^3$,由公式(3.1)有

$$\Delta V \approx dV = V' dr = 4\pi r^2 dr$$

取　$r = 16$ cm, $dr = 1$ mm $= 0.1$ cm,所以

$$\Delta V \approx 4\pi(16)^2 \cdot 0.1 \approx 321.7(\text{cm}^3).$$

即体积约扩大 321.7 cm³.

练习与思考 3.3

1. 可导与可微有何关系?其几何意义分别表示什么?

2. 阐述"以直代曲"的思想.

3. 结合 3.3.1 中的引例,问:

(1) 当 $x_0 = 1$,$\Delta x = 0.1$ 及 0.01 时,ΔS 与 dS 之差分别为多少?你发现了什么?

(2) 微分进行近似计算的条件和理论依据是什么?

4. 在下列括号中填上适当的函数,使等式成立:

(1) d(   ) = $\dfrac{1}{x^2}$dx;   (2) d(   ) = $\dfrac{1}{\sqrt{x}}$dx;

(3) d(   ) = e^{-2x}dx;   (4) d(   ) = $\dfrac{\ln x}{x}$dx.

5. 求下列函数的微分:

(1) $y = x + \cos x$;   (2) $y = xe^{-x}$;   (3) $y = \dfrac{x-1}{x+1}$;

(4) $y = (4x^2 - 1)^{100}$;   (5) $y = \dfrac{\sin 2x}{x}$;   (6) $y = \arccos \dfrac{x}{2}$.

6. 求 $\sqrt[3]{1.01}$ 的近似值.

阅读材料 3

(一) 经济分析中求边际函数

随着现代科学技术的发展与现代管理水平的提高,管理定量分析越来越广泛地被应用,从而使高等数学在经济领域中的作用越来越大,现讨论导数在经济分析中的应用.经济工作中的边际分析就是用求函数导数的方法,解决边际变化问题.

设某经济指标 y 与影响指标的因素 x 之间成立函数关系 $y = f(x)$,称导数 $f'(x)$ 为 $f(x)$ 的边际函数.在日常经济活动中涉及的边际变化有:

(1) 边际成本   总成本 C 对产量 q 的变化率.边际成本可以通过 C 对 q 的导数而得到,即

$$C' = C'(q);$$

(2) 边际收入   总收入 R 对产量 q 的变化率.边际收入可以通过 R 对 q 的导数而得到,即

$$R' = R'(q);$$

(3) 边际利润   总利润 L(总收入 R 减去总成本 C)对产量 q 的变化率.边际利润可以通过 L 对 q 的导数而得到,即

$$L'(q) = R'(q) - C'(q).$$

【例 3.32】 已知某种产品总成本 C(万元)与产量 q(万件)之间的函数关系为：$C(q) = 1\,000 + 2q - 2q^2 + q^3$(万元)，试问当生产产量为 $q = 8$(万件)时，通过比较平均成本和边际成本，说明是否继续提高产量？

解 当生产产量 $q = 8$(万件)时，总成本为

$$C(8) = 1\,000 + 2 \times 8 - 2 \times 8^2 + 8^3 = 1\,400(万元)$$

所以单位产品的平均成本为 $\dfrac{C(8)}{8} = \dfrac{1\,400}{8} = 175$(元 / 件).

边际成本为 $C'(q) = 2 - 4q + 3q^2$，$C'(8) = 2 - 4 \times 8 + 3 \times 8^2 = 162$(元 / 件).

因此，在生产产量为 8 万件时，每增加一件产品总成本增加约 162 元，略低于平均成本，因此从降低成本的角度看可以适当继续提高产量.

【例 3.33】 某煤炭公司每天生产 q 吨煤的总成本函数为

$$C(q) = 2\,000 + 450q + 0.02q^2$$

如果每吨煤的销售价为 490 元，求：

(1) 利润函数 $L(q)$ 及边际利润函数 $L'(q)$；

(2) 边际利润为零时的产量.

解 (1) 总收入函数 $\qquad R(q) = pq = 490q$

利润函数 $\qquad L(q) = R(q) - C(q) = 490q - (2\,000 + 450q + 0.02q^2)$
$$= 40q - 0.02q^2 - 2\,000$$

边际利润函数 $\qquad\qquad L'(q) = 40 - 0.04q.$

(2) 当边际利润为零时，即 $\quad L'(q) = 40 - 0.04q = 0$

由此可得 $\qquad\qquad\qquad q = 1\,000$(吨).

(二) 维尔斯特拉斯的发现

维尔斯特拉斯(**Karl Theodor Wilhelm Weierstrass，1815～1897**) 德国数学家.1834 年遵照父亲的意愿入波恩大学学习法律和财政，但他的兴趣却是数学.1838 年起转学数学，以后获得柯尼斯堡大学的名誉博士，任教于柏林大学并成为柏林科学院的教授.

维尔斯特拉斯的主要贡献在函数论和分析学方面.发表了很多研究成果.

为了说明直觉的不可靠，他在 1872 年的一次讲课中构造了一个著名的处处不可微的连续函数：

$$f(x) = \sum_{n=0}^{\infty} b^n \cos(a^n \pi x) \quad (0 < b < 1, \quad ab > 1 + \frac{3}{2}\pi, \quad a \text{ 是一个奇数}),$$

这一发现使数学界为之一振. 在此前,人们习惯于把曲线看作是动点运动的轨迹,动点运动的方向就是切线方向,认为没有切线的连续曲线是不存在的. 现在这个例子彻底推翻了以往的认知,使人们意识到几何直观有时是不可靠的,那么什么才可靠呢? 可靠的只有数,只有把分析建立在整数的基础上才是可靠和合理的,这就是数学史上著名的"分析算术化"运动的起源,而**维尔斯特拉斯**正是这个运动的开路先锋. 他以更严密的静态的表述,并用这种方式重新定义了极限、连续、导数等分析基本概念,使之更加明确清晰,也更有说服力. 可以说,数学分析(主要研究微积分)达到今天所具有的严密形式,本质上归功于**维尔斯特拉斯**的工作,因此他被称为"现代分析之父".

在一道道耀眼的数学光环下的**维尔斯特拉斯**,数学之路并非一帆风顺. 其父亲十分严厉和专断,几乎一直到他 40 岁,父亲还在不顾儿子的才能和爱好,鲁莽地干预他的事务. 1842 年,26 岁的**维尔斯特拉斯**来到西普鲁士的一个偏僻小村,开始了长达 15 年的中学教书生涯,其中包括了 30～40 岁这一段通常被认为是科学发明创造的黄金岁月. 但是他始终没有放弃数学,尽管白天有繁重的教学任务,但是一到晚上,他就关上房门,点起蜡烛,通宵达旦地在数学世界翱翔. 一天上午,学生们的大声喧闹惊动了办公室里的老校长,原来他们的老师**维尔斯特拉斯**已经两天没来上课了. 校长来到他的房间一看,窗帘遮得严严实实,**维尔斯特拉斯**借着微弱的烛光正坐在桌旁聚精会神地工作,他已经连续工作了两个通宵. 不久,一篇划时代的论文完成了,引起了巨大的轰动! 自此以后,**维尔斯特拉斯**以空前的热情投入到数学的研究和教学工作中. 凭着坚强的意志和体格,最终父亲的干扰没有挡住他登上光荣的顶峰.

维尔斯特拉斯还是一位杰出的教育家,一生培养了大批的数学人才,如俄国数学家 **C. B. 科瓦列夫斯卡娅**、法国数学家 **H. A. 施瓦兹**、瑞典数学家 **M. G. 米塔-列夫勒**、法国数学家 **F. H. 朔特基**和德国数学家 **I. L. 福克斯**等.

习题 3

1. 已知函数 $y=f(x)$ 在 $x=2$ 处的导数 $f'(2)=2$,求 $\lim\limits_{h\to 0}\dfrac{f(2-3h)-f(2+3h)}{h}$.

2. 求下列曲线在指定点的切线方程和法线方程:

(1) $y=\dfrac{1}{x^2}$ 在点 $(1,1)$ 处;　　　　　(2) $y=x^3-1$ 在点 $(2,7)$ 处.

3. 讨论 $f(x)=\begin{cases} x^2\sin\dfrac{1}{x}, & x>0 \\ x^2, & x\leqslant 0 \end{cases}$ 在 $x=0$ 处的连续性和可导性,若可导求出 $f'(0)$.

4. 设 $f(x)=\begin{cases} ax+b, & x<0 \\ x^2+1, & x\geqslant 0 \end{cases}$ 在 $x=0$ 处连续且可导,求 a,b.

5. 求下列函数的导数:

(1) $y=\sqrt[3]{x}-\dfrac{1}{x}+\sin\dfrac{\pi}{4}$;　　　　　(2) $y=x^3\arccos x$;

(3) $y=\dfrac{1-\mathrm{e}^x}{1+\mathrm{e}^x}$;　　　　　(4) $y=\dfrac{x\tan x}{1-x^2}$;

(5) $y=(x-1)(x^2+3)\ln x$;　　　　　　(6) $y=(1-\csc x)\sin x$.

6. 求下列函数的导数:

(1) $y=(x^3-2x)^8$;　　　　　　(2) $y=\sqrt{x+\sqrt{x}}$;

(3) $y=\sqrt{1+\mathrm{e}^{2x}}$;　　　　　　(4) $y=x^3\csc\dfrac{1}{x}$;

(5) $y=\ln\ln x$;　　　　　　(6) $y=\arctan\dfrac{x+1}{x-1}$;

(7) $y=\cos^2(\sin 2x)$;　　　　　　(8) $y=\mathrm{e}^{\sin(x^2-1)}$;

(9) $y=\sin[\cos^2(x^3+x)]$;　　　　　　(10) $y=\ln(x+\sqrt{x^2+4})$;

(11) $y=\ln f(\mathrm{e}^x)$;　　　　　　(12) $y=f\left(\mathrm{arccot}\dfrac{1}{x}\right)$.

7. 求由方程 $xy^2+\ln y+\sin(3x+2y)=1$ 所确定的隐函数的导数.

8. 已知 $y\mathrm{e}^x+x\mathrm{e}^{xy}=1$,求 $y'(0)$.

9. 已知下列函数,求 y':

(1) $x^y=y^x$;　　　　　　(2) $y=\dfrac{(2x-3)\sqrt[4]{x-4}}{\sqrt[3]{x+1}}$.

10. 求下列函数的导数:

(1) $y=x\mathrm{e}^{-x}$,求 $y''(0)$;　　　　　　(2) $y=x^2\ln 2x$,求 $y'''(2)$.

11. 求下列函数的 n 阶导数:

(1) $y=\cos^2(x)$;　　　　　　(2) $y=\ln(2x+1)$.

12. 求下列函数的微分 $\mathrm{d}y$:

(1) $y=\ln\sin\sqrt{x}$;　　　　　　(2) $y=\mathrm{e}^{\frac{1}{x}}\cot(3+x)$;

(3) $\ln y+\dfrac{x}{y}=0$;　　　　　　(4) $\arctan\dfrac{y}{x}=\ln\sqrt{x^2+y^2}$.

13. 利用微分求近似值:

(1) $\mathrm{e}^{0.02}$;　　　　　　(2) $\ln 1.01$.

14. 已知一水管壁的横截面是一个圆环,其内半径为 10 cm,壁厚 0.1 cm,求这个圆环面积的近似值.

第4章 导数的应用

微分学在自然科学与工程技术等方面有着广泛的应用,本章将应用导数解决不定式的极限问题,运用导数符号讨论函数及其图形的某些性态.

4.1 洛必达法则

本节介绍计算不定式极限的新方法——洛必达法则.

4.1.1 洛必达法则

在学习第2章内容时,我们遇到过两个无穷小(大)之比的极限,该极限可能存在,也可能不存在,因此我们把两个无穷小量或两个无穷大量之比的极限叫做不定式极限,并分别简记为"$\frac{0}{0}$"或"$\frac{\infty}{\infty}$". 下面我们以导数为工具研究不定式极限,这种方法通常称为洛必达法则(L'Hospital).

定理 4.1(洛必达法则) 如果函数 $f(x)$ 和 $g(x)$ 满足:

(1) $\lim\limits_{x \to x_0} f(x) = 0$, $\lim\limits_{x \to x_0} g(x) = 0$;

(2) 在点 x_0 的某邻域内(点 x_0 除外),$f'(x)$ 与 $g'(x)$ 都存在,且 $g'(x) \neq 0$;

(3) $\lim\limits_{x \to x_0} \dfrac{f'(x)}{g'(x)} = A$($A$ 可为实数,也可为 ∞),则

$$\lim_{x \to x_0} \frac{f(x)}{g(x)} = \lim_{x \to x_0} \frac{f'(x)}{g'(x)} = A. \tag{4.1}$$

限本书的知识范围,证明从略.

注 若将定理 4.1 中的变化过程 $x \to x_0$ 换成 $x \to \infty$,或对于 $x \to x_0$ 及 $x \to \infty$ 时的不定式 $\frac{\infty}{\infty}$,结论仍然成立.

4.1.2 求不定式 $\frac{0}{0}$ 和 $\frac{\infty}{\infty}$ 的极限举例

下面举例说明运用洛必达法则求不定式 $\frac{0}{0}$ 和 $\frac{\infty}{\infty}$ 的极限.

【例 4.1】 求 $\lim\limits_{x\to 1}\dfrac{\ln x}{2x^2-2x}$.

解 这是 $\dfrac{0}{0}$ 型不定式极限,由洛必达法则得

$$\lim_{x\to 1}\frac{\ln x}{2x^2-2x}=\lim_{x\to 1}\frac{\dfrac{1}{x}}{4x-2}=\frac{1}{2}.$$

【例 4.2】 求 $\lim\limits_{x\to +\infty}\dfrac{\dfrac{\pi}{2}-\arctan x}{\dfrac{1}{x}}$.

解 这是 $\dfrac{0}{0}$ 型不定式极限,由洛必达法则得

$$\lim_{x\to +\infty}\frac{\dfrac{\pi}{2}-\arctan x}{\dfrac{1}{x}}=\lim_{x\to +\infty}\frac{-\dfrac{1}{1+x^2}}{-\dfrac{1}{x^2}}=\lim_{x\to +\infty}\frac{x^2}{1+x^2}=1.$$

使用洛必达法则时,如果 $\lim\dfrac{f'(x)}{g'(x)}$ 仍为 "$\dfrac{0}{0}$" 或 "$\dfrac{\infty}{\infty}$" 型,且 $f'(x)$ 与 $g'(x)$ 仍满足定理中的条件,这时洛必达法则可以继续使用.

【例 4.3】 求 $\lim\limits_{x\to 1}\dfrac{x^3-3x+2}{x^3-x^2-x+1}$.

解 这是 $\dfrac{0}{0}$ 型不定式极限,由洛必达法则得

$$\lim_{x\to 1}\frac{x^3-3x+2}{x^3-x^2-x+1}=\lim_{x\to 1}\frac{3x^2-3}{3x^2-2x-1}=\lim_{x\to 1}\frac{6x}{6x-2}=\frac{3}{2}.$$

【例 4.4】 求 $\lim\limits_{x\to +\infty}\dfrac{x^n}{\mathrm{e}^x}$($n$ 为自然数).

解 这是 $\dfrac{\infty}{\infty}$ 型不定式极限,由洛必达法则得

$$\lim_{x\to +\infty}\frac{x^n}{\mathrm{e}^x}=\lim_{x\to +\infty}\frac{nx^{n-1}}{\mathrm{e}^x}$$

上式右端仍是 $\dfrac{\infty}{\infty}$ 型不定式,继续应用洛必达法则,如此应用下去,则有

$$\lim_{x\to +\infty}\frac{nx^{n-1}}{\mathrm{e}^x}=\lim_{x\to +\infty}\frac{n(n-1)x^{n-2}}{\mathrm{e}^x}=\cdots=\lim_{x\to +\infty}\frac{n!}{\mathrm{e}^x}=0$$

除 $\dfrac{0}{0}$ 和 $\dfrac{\infty}{\infty}$ 型外,对于 $0\cdot\infty$,$\infty-\infty$,0^0,1^∞,∞^0 型的不定式,虽然不能直接使用法则,但可将它们先转化为 $\dfrac{0}{0}$ 型或 $\dfrac{\infty}{\infty}$ 型,然后再使用洛必达法则来计算.

【例 4.5】 求 $\lim\limits_{x\to+\infty} x^{-2}e^x$.

解 这是 $0\cdot\infty$ 型不定式极限,它能转化为 $\dfrac{\infty}{\infty}$ 型不定式极限并应用洛必达法则得

$$\lim_{x\to+\infty} x^{-2}e^x = \lim_{x\to+\infty}\frac{e^x}{x^2} = \lim_{x\to+\infty}\frac{e^x}{2x} = \lim_{x\to+\infty}\frac{e^x}{2} = +\infty.$$

【例 4.6】 求 $\lim\limits_{x\to 0}\left(\dfrac{1}{\sin x}-\dfrac{1}{x}\right)$.

解 这是 $\infty-\infty$ 型不定式极限,但由于 $\dfrac{1}{\sin x}-\dfrac{1}{x}=\dfrac{x-\sin x}{x\sin x}$ 已把原式转化为 $\dfrac{0}{0}$ 型不定式极限,于是应用洛必达法则得

$$\lim_{x\to 0}\left(\frac{1}{\sin x}-\frac{1}{x}\right) = \lim_{x\to 0}\frac{x-\sin x}{x\sin x} = \lim_{x\to 0}\frac{1-\cos x}{\sin x+x\cos x} = \lim_{x\to 0}\frac{\sin x}{\cos x+\cos x-x\sin x} = 0.$$

【例 4.7】 求 $\lim\limits_{x\to 0^+} x^x$.

解 这是 0^0 型不定式极限,可以先利用对数恒等式得

$$\lim_{x\to 0^+} x^x = \lim_{x\to 0^+}e^{x\ln x} = e^{\lim\limits_{x\to 0^+}x\ln x},$$

再求极限

$$\lim_{x\to 0^+}x\ln x = \lim_{x\to 0^+}\frac{\ln x}{\frac{1}{x}} = \lim_{x\to 0^+}\frac{\frac{1}{x}}{-\frac{1}{x^2}} = 0,$$

所以

$$\lim_{x\to 0^+} x^x = e^0 = 1.$$

【例 4.8】 求 $\lim\limits_{x\to 1} x^{\frac{1}{1-x}}$.

解 这是 1^∞ 型不定式极限,可以先利用对数恒等式得

$$\lim_{x\to 1} x^{\frac{1}{1-x}} = \lim_{x\to 1}e^{\frac{\ln x}{1-x}} = e^{\lim\limits_{x\to 1}\frac{\ln x}{1-x}},$$

再求极限

$$\lim_{x\to 1}\frac{\ln x}{1-x} = \lim_{x\to 1}\left(-\frac{1}{x}\right) = -1,$$

所以

$$\lim_{x\to 1} x^{\frac{1}{1-x}} = e^{-1}.$$

我们还要申明的是,洛必达法则不是万能的,即不是任意不定式都可应用洛必达法则求极限,如极限 $\lim\limits_{x\to\infty}\dfrac{x+\sin x}{x}$ 虽然存在,但不能用洛必达法则求出.

练习与思考 4.1

1. 用洛必达法则求极限的条件是什么? 法则直接运用于什么不定式?

2. 若 $\lim\limits_{x\to a}f(x)=0$，$\lim\limits_{x\to a}g(x)=0$，$\lim\limits_{x\to a}h(x)=1$，$\lim\limits_{x\to a}p(x)=+\infty$，$\lim\limits_{x\to a}q(x)=+\infty$，观察下面哪些极限是不定型？哪些不是？如果极限存在,估计其极限的值.

(1) $\lim\limits_{x\to a}\dfrac{f(x)}{g(x)}$；

(2) $\lim\limits_{x\to a}\dfrac{f(x)}{p(x)}$；

(3) $\lim\limits_{x\to a}\dfrac{h(x)}{p(x)}$；

(4) $\lim\limits_{x\to a}\dfrac{p(x)}{f(x)}$；

(5) $\lim\limits_{x\to a}\dfrac{p(x)}{q(x)}$；

(6) $\lim\limits_{x\to a}[f(x)g(x)]$；

(7) $\lim\limits_{x\to a}[h(x)p(x)]$；

(8) $\lim\limits_{x\to a}[p(x)q(x)]$；

(9) $\lim\limits_{x\to a}[f(x)-p(x)]$；

(10) $\lim\limits_{x\to a}[p(x)-q(x)]$；

(11) $\lim\limits_{x\to a}[q(x)+p(x)]$；

(12) $\lim\limits_{x\to a}[f(x)]^{g(x)}$；

(13) $\lim\limits_{x\to a}[f(x)]^{p(x)}$；

(14) $\lim\limits_{x\to a}[h(x)]^{p(x)}$；

(15) $\lim\limits_{x\to a}[p(x)]^{f(x)}$.

3. 求下列极限：

(1) $\lim\limits_{x\to 0}\dfrac{\sin ax}{\tan bx}$；

(2) $\lim\limits_{x\to 1}\dfrac{\ln x}{(x-1)}$；

(3) $\lim\limits_{x\to 0}\dfrac{x-x\cos x}{x-\sin x}$；

(4) $\lim\limits_{x\to 1}\dfrac{x^3-4x+3}{x^3-x^2-5x+5}$；

(5) $\lim\limits_{x\to +\infty}\dfrac{\ln x}{x^2}$；

(6) $\lim\limits_{x\to \frac{\pi}{2}}\dfrac{\tan x-6}{\sec x+5}$.

4. 求下列极限：

(1) $\lim\limits_{x\to 1^+}\ln x\cdot\ln(x-1)$；

(2) $\lim\limits_{x\to 0^+}\left(\dfrac{1}{x}\right)^{\sin x}$；

(3) $\lim\limits_{x\to 1}\left(\dfrac{x}{x-1}-\dfrac{1}{\ln x}\right)$；

(4) $\lim\limits_{x\to 0}x\cdot\cot 2x$；

(5) $\lim\limits_{x\to 0^+}x^{\sin x}$；

(6) $\lim\limits_{x\to \frac{\pi}{4}}(\tan x)^{\tan 2x}$.

4.2 | 函数的单调性

单调函数是一类重要的函数,过去我们会用初等函数的方法讨论它的一些特性,本节研究如何运用导数符号来判断函数的单调性.

4.2.1　函数单调性的判定法

我们知道函数 $y=f(x)$ 在 $[a,b]$ 上单调增加(单调减少),那么它的图形是一条沿 x 轴正向上升(下降)的曲线.显然,此时曲线上各点处的切线斜率均为正的(负的),即函数的导数大于 0(小于 0).由此可见,函数的单调性与导数的符号有着密切的联系.

一般我们可用下面的定理判别函数的单调性.

定理 4.2　设函数 $f(x)$ 在 $[a,b]$ 上连续,在 (a,b) 内可导,则

(1) 若在 (a,b) 内 $f'(x)>0$,那么函数 $f(x)$ 在 $[a,b]$ 上单调增加;

(2) 若在 (a,b) 内 $f'(x)<0$,那么函数 $f(x)$ 在 $[a,b]$ 上单调减少.

【例 4.9】　讨论函数 $f(x)=x-\sin x$ 在 $[0,2\pi]$ 上的单调性.

解　因为 $f'(x)=1-\cos x$ 在 $(0,2\pi)$ 上有 $f'(x)>0$,由定理 4.2 知 $f(x)=x-\sin x$ 在 $[0,2\pi]$ 上单调递增.

讨论函数的单调性,也包括函数的单调区间,确定单调区间的分界点是讨论单调性的第

一步. 为了讨论方便,我们称使得 $f'(x)=0$ 的点 x 为函数 $f(x)$ 的驻点.

例如,由 $f(x)=x^3$ 得 $f'(x)=3x^2$,令 $f'(x)=0$ 得 $x=0$ 为 $f(x)=x^3$ 的驻点.

由于函数的驻点可能是单调区间的分界点,因而求函数的驻点是讨论单调性不可疏漏的环节.

【例 4.10】 确定函数 $f(x)=2x^3-9x^2+12x-3$ 的单调区间.

解 函数的定义域为 $(-\infty,+\infty)$,$f'(x)=6x^2-18x+12=6(x-1)(x-2)$,令 $f'(x)=0$,得驻点 $x_1=1$ 和 $x_2=2$,列表 4.1 讨论.

表 4.1

x	$(-\infty,1)$	$(1,2)$	$(2,+\infty)$
$f'(x)$	$+$	$-$	$+$
$f(x)$	↗①	↘②	↗

由上表可知,在 $(-\infty,1)$,$(2,+\infty)$ 内 $f'(x)>0$,所以函数 $f(x)$ 在 $(-\infty,1]$,$[2,+\infty)$ 上单调增加;而在 $(1,2)$ 内 $f'(x)<0$,所以 $f(x)$ 在 $[1,2]$ 上单调减少.

事实上,导数不存在的点(不可导点)也可能是单调区间的分界点. 例如,函数 $f(x)=\sqrt[3]{x^2}$ 在点 $x=0$ 处的导数不存在,但 $f(x)$ 在 $(-\infty,0]$ 内单调减少,在 $[0,+\infty)$ 内单调增加.

通常采用以下步骤讨论函数单调性:

① 用驻点及不可导点划分函数的定义区间;

② 判别 $f(x)$ 在各部分区间的正负号;

③ 判定函数在各区间的单调性.

4.2.2　应用单调性证明不等式

利用函数的单调性还可证明某些不等式.

【例 4.11】 当 $x>0$ 时,试证不等式 $x>\ln(1+x)$ 成立.

证明 设 $f(x)=x-\ln(1+x)$,则 $f'(x)=1-\dfrac{1}{1+x}=\dfrac{x}{1+x}$,因为 $f(x)$ 在 $[0,+\infty)$ 上连续,且在 $(0,+\infty)$ 上可导,当 $x>0$ 时,$f'(x)>0$,由定理 4.2,$f(x)$ 在 $[0,+\infty)$ 上单调增加,又因为 $x>0$,所以 $f(x)>f(0)=0$,即 $x>\ln(1+x)$.

练习与思考 4.2

1. 函数的单调性是如何判定的? 单调区间的分界点可能是哪些点?

2. 函数 $f(x)$ 的"零点"与"驻点"有何区别?

3. 用数学语言解释"某项经济指标的增长速度正在逐步加快".

---

① 符号"↗"表示曲线单调递增.

② 符号"↘"表示曲线单调递减.

4. 求下列函数的单调区间：

(1) $y=x^2-2x+2$；

(2) $y=x^3-3x^2-1$；

(3) $y=4x+\dfrac{1}{x}$；

(4) $y=x^2-\ln x$；

(5) $y=(1-x)^{\frac{2}{3}}$；

(6) $y=x+2\cos x\ (0\leqslant x\leqslant 2\pi)$.

5. 当 $x>1$ 时，试证不等式 $2\sqrt{x}>3-\dfrac{1}{x}$ 成立.

4.3 | 函数的极值与最值

函数的极值是函数性态的一个重要特征，同时在实际问题中也占有重要的地位，本节将以导数为工具讨论函数极值的判定方法.

4.3.1 极值的定义

定义 4.1 设函数 $f(x)$ 在点 x_0 的某邻域内有定义，则

(1) 若对此邻域内任一点 $x\ (x\neq x_0)$，都有 $f(x)<f(x_0)$，则称函数 $f(x)$ 在点 x_0 取得极大值 $f(x_0)$，点 x_0 为函数 $f(x)$ 的一个极大值点；

(2) 若对此邻域内任一点 $x\ (x\neq x_0)$，都有 $f(x)>f(x_0)$，则称函数 $f(x)$ 在点 x_0 取得极小值 $f(x_0)$，点 x_0 为函数 $f(x)$ 的一个极小值点.

函数的极大值、极小值统称极值，函数的极大值点、极小值点统称极值点.

定义 4.1 表明，函数的极值是一个局部的概念，它仅在点 x_0 的一个邻域内考虑，而不是在整个定义区间内考虑. 因此，在定义区间上，函数可能没有极值，也可能有多个极值，而且极大值不一定大于极小值. 如图 4.1 所示，在 $[a,b]$ 上，$f(x)$ 的极大值有 $f(x_1)$、$f(x_3)$，极小值有 $f(x_2)$、$f(x_4)$，其中极小值 $f(x_4)$ 大于极大值 $f(x_1)$.

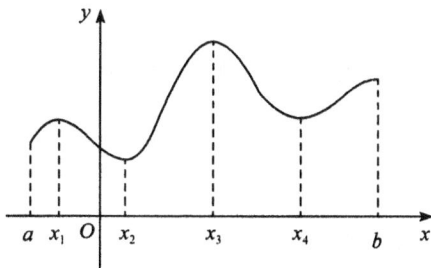

图 4.1

4.3.2 极值的判定

定理 4.3（极值的必要条件） 设函数 $f(x)$ 在点 x_0 的某邻域内有定义，如果函数 $f(x)$

在点 x_0 处可导,且在点 x_0 处取得极值,则函数在点 x_0 处的导数 $f'(x_0) = 0$.

该定理可根据 $f(x)$ 在 x_0 处可导的条件,运用导数定义及极值定义而证得.

由定理 4.3 表明可导函数的极值点必是驻点,但驻点可能是极值点,也可能不是极值点.例如函数 $f(x) = x^3$,在驻点 $x = 0$ 处并没有极值,如图 4.2 所示.

此外,函数的极值点还可能是导数不存在的点.例如函数 $f(x) = \sqrt[3]{x^2}$,在不可导点 $x = 0$ 处有极小值 $f(0) = 0$,如图 4.3 所示.

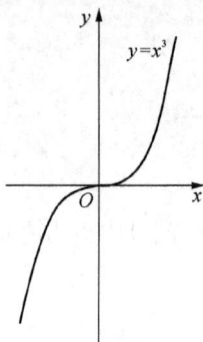
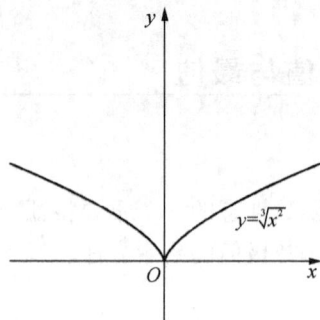

图 4.2　　　　　　　　　　　　图 4.3

定理 4.4(极值存在的第一充分条件)　设函数 $f(x)$ 在点 x_0 处连续,在 $N(\hat{x}_0, \delta)$ 内可导,

(1) 如果在 $(x_0 - \delta, x_0)$ 内 $f'(x) > 0$,在 $(x_0, x_0 + \delta)$ 内 $f'(x) < 0$,则函数 $f(x)$ 在点 x_0 处取得极大值;

(2) 如果在 $(x_0 - \delta, x_0)$ 内 $f'(x) < 0$,在 $(x_0, x_0 + \delta)$ 内 $f'(x) > 0$,则函数 $f(x)$ 在点 x_0 处取得极小值;

(3) 如果在 $(x_0 - \delta, x_0)$ 及 $(x_0, x_0 + \delta)$ 内 $f'(x)$ 符号相同,则函数 $f(x)$ 在点 x_0 处无极值.

证明　(1) 由假设知,$f(x)$ 在 x_0 的邻近左侧单调递增,在 x_0 的邻近右侧单调递减,即当 $x < x_0$ 时,$f(x) < f(x_0)$;当 $x > x_0$ 时,$f(x) < f(x_0)$,因此 x_0 是 $f(x)$ 的极大值点,$f(x_0)$ 是 $f(x)$ 的极大值.

类似地证明(2).

(3) 由假设知,$f(x)$ 在 x_0 的邻近左右两侧单调性相同,则函数 $f(x)$ 在点 x_0 处无极值.

根据定理 4.4,归纳出求极值的步骤:

① 求出函数的导数 $f'(x)$;

② 找出驻点和不可导点;

③ 根据定理 4.4 判别驻点和不可导点左右两侧的函数单调性,从而求出极值点;

④ 求出函数的极值.

【例 4.12】　求函数 $f(x) = \dfrac{1}{3}x^3 - 4x + 4$ 的极值.

解　因为 $f'(x) = x^2 - 4$,令 $f'(x) = 0$,得 $x_1 = -2, x_2 = 2$.用这两个点将函数的定义区间 $(-\infty, +\infty)$ 分成 3 个区间 $(-\infty, -2)$,$(-2, 2)$,$(2, +\infty)$,列表 4.2 讨论.

表 4.2

x	$(-\infty, -2)$	-2	$(-2, 2)$	2	$(2, +\infty)$
$f'(x)$	+	0	−	0	+
$f(x)$	↗	极大值 $\dfrac{28}{3}$	↘	极小值 $-\dfrac{4}{3}$	↗

由表 4.2 可知, $f(x)$ 在 $x=-2$ 处取得极大值 $\dfrac{28}{3}$, 在 $x=2$ 处取得极小值 $-\dfrac{4}{3}$.

【例 4.13】 求函数 $f(x)=2-(x-1)^{\frac{2}{3}}$ 的极值.

解 因为 $f'(x)=-\dfrac{2}{3}(x-1)^{-\frac{1}{3}}$, 而且 $x=1$ 时 $f'(x)$ 不存在. 用 $x=1$ 将函数的定义区间 $(-\infty, +\infty)$ 分成两个区间 $(-\infty, 1)$, $(1, +\infty)$, 列表 4.3 讨论.

表 4.3

x	$(-\infty, 1)$	1	$(1, +\infty)$
$f'(x)$	+	不存在	−
$f(x)$	↗	极大值 2	↘

由表 4.3 可知, $f(x)$ 在 $x=1$ 处取得极大值 2.

当函数 $f(x)$ 在驻点处的二阶导数存在且不为零时, 也可利用下列定理来判别 $f(x)$ 在驻点处取得极大值还是极小值.

定理 4.5(极值存在的第二充分条件) 设函数 $f(x)$ 在点 x_0 处具有二阶导数, 且 $f'(x_0)=0$, $f''(x_0)\neq 0$, 则

(1) 如果 $f''(x_0)<0$, 则 $f(x)$ 在点 x_0 处取得极大值;

(2) 如果 $f''(x_0)>0$, 则 $f(x)$ 在点 x_0 处取得极小值.

证明从略.

【例 4.14】 求函数 $f(x)=x^3+3x^2-24x-20$ 的极值.

解 因为 $f'(x)=3(x+4)(x-2)$, 令 $f'(x)=0$, 得 $x_1=-4$, $x_2=2$, 而且 $f''(x)=6x+6$, 故 $f''(-4)=-18<0$, 则 $x=-4$ 为极大值点且极大值 $f(-4)=60$, $f''(2)=18>0$, 则 $x=2$ 为极小值点且极小值 $f(2)=-48$.

注 当 $f'(x_0)=f''(x_0)=0$ 时, $f(x)$ 在点 x_0 处不一定有极值, 遇此情况仍用定理 4.4 进行判断.

4.3.3 闭区间上连续函数的最大值与最小值

在生产实践中, 经常会遇到"利润最大"、"成本最低"、"用料最省"等问题, 这类问题在数学上常常归结为最大值、最小值问题.

在第 2 章里讲到, 如果函数 $f(x)$ 在闭区间 $[a, b]$ 上连续, 由闭区间上连续函数的性质, $f(x)$ 在 $[a, b]$ 上存在最大值和最小值. 显然, 如果最大值(或最小值)在区间的内部取得, 那

么这个最大值(最小值)一定也是极大值(极小值),所以连续函数在闭区间$[a, b]$上的最大值和最小值只能在区间(a, b)内的极值点和区间的端点处取得.因此,求函数 $f(x)$在闭区间$[a, b]$上的最大值和最小值分两个步骤进行:

(1) 先求出函数在$[a, b]$上一切可能的极值点(包括驻点和导数不存在的点)的函数值以及区间端点处的函数值;

(2) 比较这些函数值的大小,即可得出函数的最大值和最小值.

【例 4.15】 求 $f(x) = x^4 - 2x^2 + 4$ 在$[-2, 2]$上的最大值和最小值.

解 因为$f'(x) = 4x(x+1)(x-1)$,令$f'(x) = 0$,得驻点 $x_1 = 0$,$x_2 = -1$,$x_3 = 1$.由于$f(0) = 4$,$f(-1) = 3$,$f(1) = 3$,$f(-2) = 12$,$f(2) = 12$,比较各函数值,可得函数 $f(x)$ 在$[-2, 2]$上的最大值为12,最小值为3.

如果函数 $f(x)$在一个区间(开区间、闭区间或无穷区间)内只有一个驻点,当在该点处函数 $f(x)$取得极大值时,则该极大值就是函数 $f(x)$在区间上的最大值;当在该点处函数 $f(x)$取得极小值时,则该极小值就是函数 $f(x)$在区间上的最小值.

4.3.4 实际问题的最值

在生产实践和科学实验中,我们经常会碰到最值问题.

【例 4.16】 欲做一个无盖的体积为 V 的圆柱形容器,问底半径与高的比例怎样设计时,可使制作容器所用的材料最省?

解 设容器的底半径为 r,高为 h,则圆柱形容器的体积 $V = \pi r^2 h$,圆柱形容器的表面积为

$$S = \pi r^2 + 2\pi rh = \pi r^2 + \frac{2V}{r}$$

令 $S' = 2\pi r - \frac{2V}{r^2} = 0$,得 $r = \sqrt[3]{\frac{V}{\pi}}$.而 $S'' = 2\pi + \frac{4V}{r^3}$,因为 $\pi > 0$,$V > 0$,$r > 0$,所以 $S'' > 0$,因此,表面积 S 在点 $r = \sqrt[3]{\frac{V}{\pi}}$ 处取得极小值,也就是最小值,这时相应的高为 $h = \sqrt[3]{\frac{V}{\pi}}$.所以,当底半径与高的比例为 $1 : 1$ 时,容器的表面积最小,即制作容器所用的材料最省.

【例 4.17】 由直线 $y = 0$,$x = 8$ 及抛物线 $y = x^2$ 围成一个曲边三角形,在曲边 $y = x^2$ 上求一点,使曲线在该点处的切线与直线 $y = 0$,$x = 8$ 所围成的三角形面积最大?

解 如图 4.4 所示,因为切点 P 在抛物线 $y = x^2$ 上,于是设切点 P 的坐标为(x_0, x_0^2),则切线 PT 的方程为 $y - x_0^2 = 2x_0(x - x_0)$,$A$ 点的坐标为 $\left(\frac{1}{2}x_0, 0\right)$,$B$ 点的坐标为$(8, 16x_0 - x_0^2)$,C 点的坐标为$(8, 0)$,于是三角形的面积为

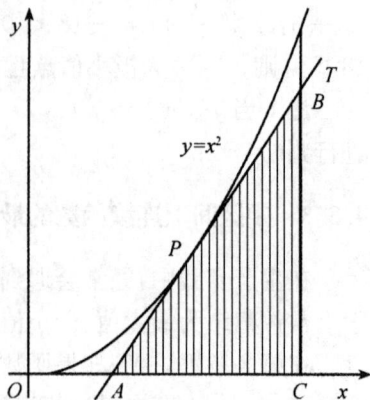

图 4.4

$$S(x_0) = \frac{1}{2}\left(8 - \frac{1}{2}x_0\right)(16x_0 - x_0^2) \quad (0 < x_0 < 8)$$

令 $S'(x_0) = \frac{1}{4}(3x_0^2 - 64x_0 + 256) = 0$，得 $x_1 = \frac{16}{3}$，$x_2 = 16$（不合题意，舍去），而 $S''(x_0)$ $= \frac{3}{2}x_0 - 16$，由 $S''\left(\frac{16}{3}\right) = -8 < 0$ 可知，$S(x_0)$ 在 $x_0 = \frac{16}{3}$ 处取得极大值，因而曲线在 $\left(\frac{16}{3}, \frac{256}{9}\right)$ 处的切线与直线 $y = 0$，$x = 8$ 所围成的三角形面积最大.

【例 4.18】 设某厂每批生产某种产品 x 个单位的总成本为 $C(x) = 2x^3 - 80x^2 + 1\,000x$，问每批生产多少个单位的产品时，其平均成本 $\frac{C(x)}{x}$ 最小？并求其最小平均成本和相应的边际成本.

解　设平均成本为 $f(x) = \frac{C(x)}{x} = 2x^2 - 80x + 1\,000\ (x > 0)$，且 $f'(x) = 4x - 80$，令 $f'(x) = 0$ 时，得 $x = 20$. 由 $f''(20) = 4 > 0$ 可知，$f(x)$ 在 $x = 20$ 处取得极小值，也就是最小值. 这时，最小平均成本 $f(20) = 200$，相应的边际成本 $C'(20) = 200$.

【例 4.19】 某厂生产某种产品 q 件时的总成本函数为 $C(q) = 20 + 4q + 0.01q^2$（元），单位销售价格为 $p = 14 - 0.01q$（元／件），问产量为多少时可使利润达到最大？最大利润是多少？

解　由已知得收益函数　$R(q) = pq = (14 - 0.01q)q = 14q - 0.01q^2$

利润函数 $L(q) = R(q) - C(q) = 14q - 0.01q^2 - 20 - 4q - 0.01q^2 = -20 + 10q - 0.02q^2$，则 $L'(q) = 10 - 0.04q$，令 $L'(q) = 10 - 0.04q = 0$，解出唯一驻点 $q = 250$.

因为利润函数存在着最大值，所以当产量为 250 件时可使利润达到最大，且最大利润为 $L(250) = -20 + 10 \times 250 - 0.02 \times 250^2 = 1\,230$（元）.

练习与思考 4.3

1. 函数的可能极值点有哪几种？
2. 如何判定函数的最值？
3. 求下列函数的极值：

(1) $f(x) = x^2 - x^3$；

(2) $f(x) = \dfrac{x}{1 + x^2}$；

(3) $f(x) = \dfrac{(\ln x)^2}{x}$；

(4) $f(x) = \text{arccot}\, x + \dfrac{1}{2}\ln(1 + x^2)$.

4. 求下列函数在给定区间上的最大值和最小值：

(1) $f(x) = x^5 - 5x^4 + 5x^3 + 1$　$x \in [-1, 2]$；

(2) $f(x) = x + 2\sqrt{x}$　$x \in [0, 4]$；

(3) $f(x) = \ln(x^2 + 2)$　$x \in [-1, 2]$；

(4) $f(x) = x - \cos x$　$x \in [0, 2\pi]$.

5. 有一个粮仓,上端是半球形,下端是圆柱形,它的容积是 V,问底半径与高的比例怎样设计时,粮仓的表面积最小?

6. 某厂每天生产某种产品 q 件的成本函数为 $C(q)=0.5q^2+36q+9\ 800$(元).为使平均成本最低,每天产量应为多少? 此时,每件产品平均成本为多少?

4.4 │ 曲线的凹凸与拐点

前面我们讨论了函数 $f(x)$ 的单调性和极值,这对于描绘函数的图形有很大的作用,但仅知道这些,还不能比较准确地作出函数的图形.下面我们将利用二阶导数的符号来讨论曲线 $f(x)$ 的弯曲方向,即函数的凹凸性.

4.4.1 曲线的凹凸及其判别

定义 4.2   如果在某区间 (a,b) 内曲线 $f(x)$ 上任意一点的切线总位于曲线的上方,则称曲线在 (a,b) 内是凸的(也称下凹),如图 4.5 所示;如果在区间 (a,b) 内曲线 $f(x)$ 上任意一点的切线总位于曲线的下方,则称曲线在 (a,b) 内是凹的(也称上凹),如图 4.6 所示.

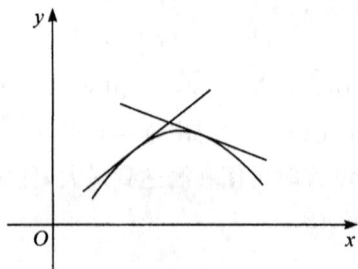

图 4.5

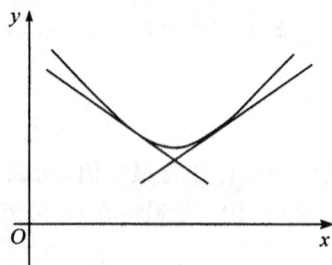

图 4.6

下面我们不加证明地给出曲线凹向的判别法则.

定理 4.6   设函数 $y=f(x)$ 在开区间 (a,b) 内具有二阶导数,

(1) 若在 (a,b) 内 $f''(x)>0$,则在 (a,b) 内曲线 $y=f(x)$ 是凹的;

(2) 若在 (a,b) 内 $f''(x)<0$,则在 (a,b) 内曲线 $y=f(x)$ 是凸的.

注   定理 4.6 中的区间改为无穷区间,结论仍然成立.

【例 4.20】   判断曲线 $y=x^3+x$ 的凹凸性.

解   函数 $y=x^3+x$ 的定义域为 $(-\infty,+\infty)$,因为 $y''=6x$,当 $x<0$ 时,$y''<0$,从而曲线 $y=x^3+x$ 在 $(-\infty,0)$ 是凸的;当 $x>0$ 时,$y''>0$,从而曲线 $y=x^3+x$ 在 $(0,+\infty)$ 是凹的.

4.4.2 曲线的拐点

在例 4.20 中,点 $(0,0)$ 是曲线由凸变凹的分界点,我们称之为曲线的拐点.一般地,连

续曲线 $y=f(x)$ 上的凹弧与凸弧的分界点,称为曲线 $y=f(x)$ 的拐点.如何寻求曲线 $y=f(x)$ 的拐点呢?

我们已经知道,由 $f''(x)$ 的符号可以判定曲线的凹凸性,如果 $f''(x)=0$,而 $f''(x)$ 在 x_0 的左右两侧附近异号,那么点 $(x_0,f(x_0))$ 就是一个拐点.此外,曲线拐点除了是使 $f''(x)=0$ 的点,还可能是 $f''(x)$ 不存在的点.因此,如果 $f(x)$ 在 (a,b) 内具有二阶导数,我们可按下列步骤来确定曲线 $y=f(x)$ 的拐点:

(1) 在 (a,b) 内求出使 $f''(x)=0$ 的点和 $f''(x)$ 不存在的点;

(2) 用这些点把区间 (a,b) 按从小到大的顺序分成若干个部分区间;

(3) 运用定理 4.6 分别考察在每个区间上 $f''(x)$ 的符号,从而判定函数的凹凸性;

(4) 若 $f''(x)$ 在某点 x_i 两侧异号,则该点 $(x_i,f(x_i))$ 是曲线 $y=f(x)$ 的拐点,否则就不是拐点.

【例 4.21】　讨论曲线 $f(x)=3x^4-4x^3+1$ 的拐点及凹凸区间.

解　函数 $f(x)=3x^4-4x^3+1$ 的定义域为 $(-\infty,+\infty)$,因为 $f'(x)=12x^3-12x^2$, $f''(x)=36x^2-24x$,令 $f''(x)=0$ 得 $x_1=0$,$x_2=\dfrac{2}{3}$,用这两点分割定义域,列表 4.4 讨论.

表 4.4

x	$(-\infty,0)$	0	$\left(0,\dfrac{2}{3}\right)$	$\dfrac{2}{3}$	$\left(\dfrac{2}{3},+\infty\right)$
$f''(x)$	$+$	0	$-$	0	$+$
$f(x)$	凹	拐点 $(0,1)$	凸	拐点 $\left(\dfrac{2}{3},\dfrac{11}{27}\right)$	凹

由表 4.4 可知,曲线 $f(x)$ 的凹区间为 $(-\infty,0)$,$\left(\dfrac{2}{3},+\infty\right)$,凸区间为 $\left(0,\dfrac{2}{3}\right)$,拐点为 $(0,1)$,$\left(\dfrac{2}{3},\dfrac{11}{27}\right)$.

【例 4.22】　讨论函数 $f(x)=\sqrt[3]{x}$ 的拐点及凹凸区间.

解　函数 $f(x)=\sqrt[3]{x}$ 的定义域为 $(-\infty,+\infty)$,因为 $f'(x)=\dfrac{1}{3}x^{-\frac{2}{3}}$,$f''(x)=-\dfrac{2}{9}x^{-\frac{5}{3}}$,而当 $x=0$ 时,$f''(x)$ 不存在.因此用 $x=0$ 分割定义域,列表 4.5 讨论.

表 4.5

x	$(-\infty,0)$	0	$(0,+\infty)$
$f''(x)$	$+$	不存在	$-$
$f(x)$	凹	拐点 $(0,0)$	凸

由表 4.5 可知,曲线 $f(x)$ 的凹区间为 $(-\infty,0)$,凸区间为 $(0,+\infty)$,拐点为 $(0,0)$.

练习与思考 4.4

1. 曲线的凹凸性是如何判定的?

2. 曲线的拐点包括哪几种点?

3. 拐点有无可能是极值点?

4. 确定下列函数的凹凸性及拐点:

(1) $y=x^3-x^2-x+1$；　　　　　　　(2) $y=3x^4-8x^2$；

(3) $y=\dfrac{x^2+1}{x}$；　　　　　　　　(4) $y=\dfrac{1}{x^2+1}$.

5. 当 a 和 b 为何值时,点 $(1,3)$ 为曲线 $y=ax^3+bx^2$ 的拐点?

6. 某公司生产成本的一个合理而实际的模型由 $C(q)=kq^{\frac{1}{a}}+C_0$ 给出,其中 a 是正常数,C_0 是固定成本,k 是公司在获取技术方面的支出. 试证明:若 $a>1$,则 $C(q)$ 是凸的.

7. 设总收入和总成本(以元为单位)分别由下列两式给出:

$$R(q)=5q-2q^{\frac{1}{k+1}}, \quad C(q)=1\,000+3q$$

证明:若 $k>0$,则总利润 $L(q)$ 是凹的.

4.5 函数图形的描绘

4.5.1 曲线的渐近线

由中学平面解析几何知道,双曲线 $\dfrac{x^2}{a^2}-\dfrac{y^2}{b^2}=1$ 有渐近线 $\dfrac{x}{a}+\dfrac{y}{b}=0$ 和 $\dfrac{x}{a}-\dfrac{y}{b}=0$,通过对渐近线的讨论可使我们了解双曲线在无限远处的伸展状况. 因此为了能够比较准确地作出函数的图形,我们还必须了解曲线的渐近线.

定义 4.3 若曲线上一点 P 沿着曲线无限远离原点时,该点与某一固定直线 L 的距离趋于零,则称此直线 L 为曲线的渐近线.

例如,x 轴与 y 轴就是曲线 $y=\dfrac{1}{x}$ 的两条渐近线,如图 4.7 所示.

下面我们讨论曲线的两种特殊的渐近线.

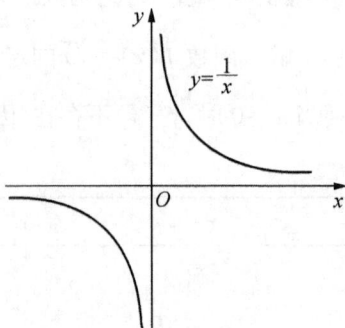

图 4.7

1. 水平渐近线

定义 4.4　当 $x \to \infty$（或 $x \to +\infty$，$x \to -\infty$）时，$f(x) \to C(C$ 为常数），则称直线 $y = C$ 是曲线 $y = f(x)$ 的水平渐近线.

【**例 4.23**】　因为当 $x \to \infty$ 时，$\dfrac{1}{x} \to 0$，则 $y = 0$ 就是曲线 $y = \dfrac{1}{x}$ 的水平渐近线.

2. 铅直渐近线

定义 4.5　当 $x \to x_0$（或 $x \to x_0^+$，$x \to x_0^-$）时，$f(x) \to \infty$，则称直线 $x = x_0$ 是曲线 $y = f(x)$ 的铅直渐近线.

【**例 4.24**】　因为当 $x \to 1^+$ 时，$\dfrac{1}{x-1} \to +\infty$，则 $x = 1$ 就是曲线 $y = \dfrac{1}{x-1}$ 的铅直渐近线.

注　并非所有曲线都有渐近线.

4.5.2　作函数图形的一般步骤

前面几节我们讨论了函数 $y = f(x)$ 的单调性、极值、凹凸性、拐点、曲线的渐近线，知道了这些，再结合中学里学过的知识，就可以比较准确地作出函数的图形. 现将作函数 $y = f(x)$ 的图形的步骤归纳如下：

（1）确定函数 $y = f(x)$ 的定义域、值域，对函数进行奇偶性、周期性等性态的分析，并求出函数的一阶导数 $f'(x)$ 和二阶导数 $f''(x)$；

（2）求出方程 $f'(x) = 0$ 和 $f''(x) = 0$ 在函数定义域内的全部实根和使 $f'(x)$、$f''(x)$ 不存在的点，用这些点将定义域划分为几个部分区间；

（3）确定在这些部分区间内 $f'(x)$ 和 $f''(x)$ 的符号，并由此确定函数的单调性、凹凸性，同时求出极值点和拐点；

（4）确定函数图形的渐近线以及其他变化趋势；

（5）根据以上讨论，适当补充一些点，画出函数的图形.

4.5.3　函数作图举例

下面举例说明怎样按照本节所提出的函数作图的一般步骤，作出函数图像.

【**例 4.25**】　描绘函数 $f(x) = \dfrac{4(x+1)}{x^2} - 2$ 的图形.

解　函数的定义域为 $(-\infty, 0) \bigcup (0, +\infty)$，而且函数是非奇非偶函数，无对称性.

$$f'(x) = -\frac{4(x+2)}{x^3}, \quad f''(x) = \frac{8(x+3)}{x^4}$$

令 $f'(x) = 0$，得 $x_1 = -2$；令 $f''(x) = 0$，得 $x_2 = -3$；用 $x_1 = -2$ 和 $x_2 = -3$ 将定义域分开，并列表 4.6 讨论.

表 4.6

x	$(-\infty, -3)$	-3	$(-3, -2)$	-2	$(-2, 0)$	$(0, +\infty)$
$f'(x)$	$-$	$-$	$-$	0	$+$	$-$
$f''(x)$	$-$	0	$+$	$+$	$+$	$+$
$f(x)$	↘	拐点 $\left(-3, -\dfrac{26}{9}\right)$	↘ ①	极值点 $(-2, -3)$	↗ ②	↘

因为 $\lim\limits_{x\to\infty}\left[\dfrac{4(x+1)}{x^2}-2\right]=-2$，所以 $y=-2$ 就是曲线的水平渐近线；又因为 $\lim\limits_{x\to 0}\left[\dfrac{4(x+1)}{x^2}-2\right]=+\infty$，所以 $x=0$ 就是曲线的铅直渐近线.

另外，作图的补充点有 $(1-\sqrt{3}, 0)$，$(1+\sqrt{3}, 0)$，$(-1, -2)$，$(1, 6)$，$(2, 1)$，最后作出图 4.8.

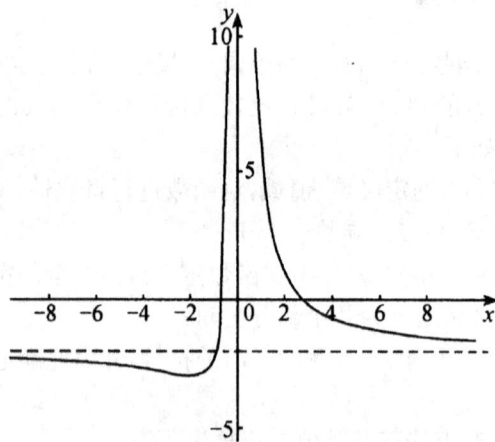

图 4.8

练习与思考 4.5

1. 作函数图形的一般步骤是什么？

2. 曲线的渐近线如何确定？

3. 求函数 $f(x)=\dfrac{x^3-x+7}{3x^3+4x-2}$ 的水平渐近线.

4. 求函数 $f(x)=\dfrac{3}{(x-2)^2}$ 的铅直渐近线.

5. 求函数 $f(x)=\dfrac{x^3-2x+3}{x^2}$ 的铅直渐近线.

---

① 符号"↘"表示曲线单调递减且凹；符号"↘"表示曲线单调递减且凸.

② 符号"↗"表示曲线单调递增且凹；符号"↗"表示曲线单调递增且凸.

6. 作出下列函数的图形:

(1) $y = \dfrac{1}{x^2 - 1}$;　　　　　　　　　　　(2) $y = \ln(x^2 + 1)$.

阅读材料 4

(一) 最佳决策

在日常生活和经济管理中,为了节省材源或是提高经济效益,我们常常面对解决问题的诸多方案,需要作出最佳的决策.

1. 怎样设计海报的版面才能既美观又经济?

【例 4.26】　现在要求设计一张单栏的竖向张贴的海报,它的印刷面积为 $128\ \mathrm{dm}^2$,上下空白各 $2\ \mathrm{dm}$,两边空白各 $1\ \mathrm{dm}$,如何确定海报尺寸可使四周空白面积最小?

解　这个问题可用求一元函数最小值的一般方法解决. 设印刷面积由从上到下长 $x\ \mathrm{dm}$ 和从左到右宽 $y\ \mathrm{dm}$ 构成,则 $xy = 128$,从而 $y = \dfrac{128}{x}$. 于是,四周空白面积为

$$S = 2x + 4y + 4 \times 2 = 2x + \frac{4 \times 128}{x} + 8,\ x > 0$$

两边同时对 x 求导,得

$$S' = 2 - \frac{512}{x^2}$$

令 $S' = 0$ 得唯一驻点 $x = 16$,此时 $y = 8$,又因为

$$S'' = \frac{1\,024}{x^3} > 0,\ x > 0$$

所以,当海报印刷部分为从上到下长 $16\ \mathrm{dm}$,从左到右宽 $8\ \mathrm{dm}$ 时,可使四周空白面积最小.

2. 如何让旅行社获得最大利润?

【例 4.27】　某旅行社组织去风景区的旅行团,如果每团人数不超过 30 人,飞机票每张收费 900 元;如果每团人数多于 30 人,则给予优惠,每多 1 人,机票每张减少 10 元,直至每张机票降为 450 元. 每团乘飞机,旅行社需付给航空公司包机费 $15\,000$ 元.

(1) 写出飞机票的价格函数;

(2) 每团人数为多少时,旅行社可获得最大利润? 最大利润是多少?

解　根据题意可知,对旅行社而言,机票收入是收益,付给航空公司的包机费是成本. 设 x 表示每团人数,p 表示飞机票的价格.

(1) 每团人数最多为 $30 + \dfrac{900 - 450}{10} = 75$(人),因此飞机票的价格函数为:

$$p(x) = \begin{cases} 900, & 1 \leqslant x \leqslant 30 \\ 900 - 10 \times (x - 30), & 30 < x \leqslant 75 \end{cases} \quad (x\ \text{取正整数});$$

（2）旅行社的利润函数为：

$$L(x) = R(x) - C(x) = xp - 15\,000$$

$$= \begin{cases} 900x - 15\,000 & 1 \leqslant x \leqslant 30 \\ 900x - 10 \times (x - 30)x - 15\,000, & 30 < x \leqslant 75 \end{cases}$$

因为

$$L'(x) = \begin{cases} 900, & 1 \leqslant x \leqslant 30 \\ 1\,200 - 20x, & 30 \leqslant x \leqslant 75 \end{cases}$$

由 $L'(x) = 0$，得 $x = 60$.

因为驻点唯一，故 $x = 60$ 人时利润最大，即每团为 60 人时可获得最大利润，最大利润是 $L(60) = 21\,000$（元）.

（二）洛必达法则的起源

洛必达（**Guillaume‐Francois-Antoine de L'Hospital，1661～1704**）　法国数学家. 曾在军队中任骑兵军官，因视力不佳退出，转向学术研究. 在早年就显露出数学才能，15 岁时解出 **B. 帕斯卡**提出的摆线难题，引起人们的注意. 以后又解出**约翰第一·伯努利**向欧洲挑战的"最速降曲线"问题.

洛必达法则发表在他最重要的著作、世界第一本系统的微分学教材《无穷小分析》（1696）的第 9 章中，但这一法则却是瑞士数学家**约翰第一·伯努利** 1694 年第一个发现的. 1691 年，**约翰第一·伯努利**在法国巴黎曾为**洛必达**的私人教师，当时正赶上微积分的初创时期，**伯努利**总有一些最新成果教给**洛必达**. 这些新成果更激起**洛必达**对数学的着迷，他继续请**伯努利**辅导，甚至当**伯努利**离开巴黎回到瑞士以后，还继续通过通信方式得到老师的指导. 这两位数学家达成一项有趣的协议，**洛必达**购买了**约翰第一·伯努利**的数学发现. 由于**伯努利**的发现，然后**洛必达**自己对法则进行描述，两位数学家从几何原理上提出了该法则，并用微分给出了解答. **洛必达**很聪明地在自己著作的前言中写道：我书中的许多结果都得益于**约翰·伯努利**和 **G. W. 莱布尼兹**，如果他们要来认领这本书里的任何一个结果，我都悉听尊便.

习题 4

1. 求下列函数极限：

（1）$\lim\limits_{x \to 0} \dfrac{e^x - 1}{\sin x}$；

（2）$\lim\limits_{x \to \frac{\pi}{3}} \dfrac{1 - 2\cos x}{\sin 3x}$；

（3）$\lim\limits_{x \to \frac{\pi}{2}} \dfrac{\tan x - 4}{\sec x + 3}$；

（4）$\lim\limits_{x \to 0^+} \dfrac{\ln \sin 5x}{\ln \sin 2x}$；

（5）$\lim\limits_{x \to 0} \sin x \cdot \ln x$；

（6）$\lim\limits_{x \to 0} \left(\dfrac{1}{x} - \dfrac{1}{e^x - 1} \right)$；

（7）$\lim\limits_{x \to 0^+} (\tan x)^{\sin x}$；

（8）$\lim\limits_{x \to 1} x^{\tan \frac{\pi x}{2}}$；

（9）$\lim\limits_{x \to 0^+} \left(\dfrac{1}{x} \right)^{\tan x}$.

2. 求下列函数的单调区间：

(1) $f(x)=2x-x^2$；　　　(2) $f(x)=(x-2)^{\frac{1}{3}}$；　　　(3) $f(x)=e^{x^2}$；

(4) $f(x)=\dfrac{x^2+1}{x}$；　　　(5) $f(x)=\sqrt{x-x^2}$；

(6) $f(x)=x+2\sin x\quad(0\leqslant x\leqslant 2\pi)$.

3. 求下列函数的极值：

(1) $f(x)=x^3-x^2$；　　　(2) $f(x)=x-\ln x$；　　　(3) $f(x)=x+\sqrt{1-x}$；

(4) $f(x)=\sin x+\cos x\quad(0\leqslant x\leqslant 2\pi)$.

4. 设函数 $f(x)=a\ln x+bx^2+2x$ 在 $x_1=1$，$x_2=2$ 取得极值，试求出 a，b 的值，问此时 $f(x)$ 在 x_1，x_2 是取得极大值还是极小值？

5. 求下列函数在给定区间上的最大值和最小值：

(1) $f(x)=\dfrac{2}{3}x^3-x^2+4$　$[-2,2]$；　　　(2) $f(x)=\dfrac{x^2}{1+x}$　$\left[-\dfrac{1}{2},2\right]$；

(3) $f(x)=\sin x+\cos x$　$[0,\pi]$；　　　(4) $f(x)=\sqrt{x}\ln x$　$(0,+\infty)$.

6. 周长为 l 的矩形中，求其中面积最大者.

7. 一块正方形铁皮，它的边长为 a，现从它的四角各截去一个小正方形后做成一个无盖的铁盒，为了使铁盒的容积最大，问截去的小正方形的边长应为多少？

8. 轮船 A 位于轮船 B 以西 50 海里，以每小时 10 海里的速度向南航行，同时轮船 B 以每小时 5 海里的速度向西航行，问经过多少小时两船距离最近？

9. 求下列函数的凹凸区间和拐点：

(1) $f(x)=x^4-x^3+2$；　　　(2) $f(x)=\dfrac{(x-2)^2}{x-1}$；

(3) $f(x)=\ln(1+x^2)$；　　　(4) $f(x)=e^{\arctan x}$.

10. 讨论下列曲线的渐近线：

(1) $y=2+e^{\frac{1}{x+3}}$；　　　(2) $y=\dfrac{x^3}{(x-2)^2}$.

11. 描绘下列函数的图像：

(1) $y=e^{-x^2}$；　　　(2) $y=\dfrac{2x-1}{(x-1)^2}$.

12. 设生产某种产品 x 个单位时的成本函数为：$C(x)=100+x^2+6x$（万元），求：(1) 当 $x=10$ 时的总成本和平均成本；(2) 当产量 x 为多少时，平均成本最小？

13. 已知某产品的销售价格 p（单位：元/件）是销量 q（单位：件）的函数 $p=400-\dfrac{q}{2}$，而总成本为 $C(q)=100q+1\,500$（单位：元），假设生产的产品全部售出，求产量为多少时，利润最大？最大利润是多少？

数字资源

第 5 章　不定积分

在实际问题中,并不都是由给定的函数关系去求它的导数.我们还会遇到相反的问题,即由某个函数的导数去求此函数.本章将从这一问题出发,引进不定积分的概念,介绍基本积分法.

5.1 | 不定积分的概念

5.1.1 原函数

在力学中,我们会遇到这样的问题:已知物体在任一时刻的速度 $v = v(t)$,求该物体的运动规律.问题的实质是要我们找出物体所经过的路程与时间的函数关系 $s = f(t)$,并且使这个函数 $f(t)$ 的导数 $f'(t)$ 等于已知的函数 $v(t)$.显然,这与微分学中所遇到的问题恰恰相反.我们抛开这个问题的本意,抽象出它的一般形式,即已知某函数的导函数 $F'(x) = f(x)$,求这个函数 $F(x)$.

定义 5.1　在某个区间 I 上定义一个函数 $f(x)$,如果存在一个函数 $F(x)$,在该区间上任何一点都有

$$F'(x) = f(x) \text{ 或 } dF(x) = f(x)dx.$$

那么函数 $F(x)$ 叫做已知函数 $f(x)$ 的原函数.

例如,$(-\cos x)' = \sin x$;$(\ln x + 3)' = \dfrac{1}{x}$,所以函数 $-\cos x$ 是函数 $\sin x$ 的原函数,$\ln x + 3$ 是 $\dfrac{1}{x}$ 的原函数.

又如,$\left(\dfrac{1}{2}gt^2\right)' = gt$,所以运动规律 $s = \dfrac{1}{2}gt^2$ 是速度 $v = gt$ 的原函数.当然,运动规律 $\dfrac{1}{2}gt^2 + \mathrm{e}$,$\dfrac{1}{2}gt^2 - 6$ 等形如 $\dfrac{1}{2}gt^2 + C$(C 是任意常数,下同),也都是速度 $v = gt$ 的原函数,因为它们的导数都是 gt.

一般地,如果已知函数 $f(x)$ 有原函数 $F(x)$,那么原函数不是唯一的,并且函数族 $F(x) + C$ 中任何一个函数都是 $f(x)$ 的原函数.那么在所有的原函数中,除了 $F(x) + C$ 的形

式外,是否还有另外形式的函数呢? 下面的定理回答了这个问题.

定理 5.1　如果函数 $f(x)$ 有原函数 $F(x)$,则函数 $f(x)$ 的无穷多个原函数仅限于 $F(x)+C$ 的形式.

证明　已知 $F(x)$ 是 $f(x)$ 的原函数,即

$$F'(x) = f(x) \tag{1}$$

又假定函数 $\Phi(x)$ 也是函数 $f(x)$ 的一个原函数,即

$$\Phi'(x) = f(x) \tag{2}$$

(以下证明函数 $\Phi(x)$ 必是 $F(x)+C$ 的形式)

(2)－(1),得

$$\Phi'(x) - F'(x) = \left[\Phi(x) - F(x)\right]' = f(x) - f(x) = 0$$

根据导数恒为零的函数必为常数函数,可知

$$\Phi(x) - F(x) = C,$$

即

$$\Phi(x) = F(x) + C.$$

这个定理告诉我们,同一函数的任何两个原函数之间最多相差一个常数. 因此,要求函数 $f(x)$ 的所有原函数,只需求出函数 $f(x)$ 的一个原函数,然后再加上任意常数 C 就可以了. 如 $-\cos x$ 是函数 $\sin x$ 的原函数,则 $-\cos x + C$ 是 $\sin x$ 的所有原函数.

5.1.2　不定积分的概念

定义 5.2　函数 $f(x)$ 的所有原函数 $F(x)+C$ 叫做 $f(x)$ 的不定积分,记作

$$\int f(x)\mathrm{d}x.$$

其中,符号 "$\int$" 是积分号,函数 $f(x)$ 叫被积函数,$f(x)\mathrm{d}x$ 叫被积表达式,x 叫积分变量. 于是

$$\int f(x)\mathrm{d}x = F(x) + C.$$

例如,由于 $(-\cos x)' = \sin x$,所以 $\sin x$ 的不定积分是 $-\cos x + C$,即

$$\int \sin x \mathrm{d}x = -\cos x + C;$$

由于 $(\ln x + \mathrm{e})' = \dfrac{1}{x}$,所以 $\dfrac{1}{x}$ 的不定积分是 $\ln x + \mathrm{e} + C'$,即

$$\int \frac{1}{x}\mathrm{d}x = \ln x + C, \quad (x > 0, C = \mathrm{e} + C')$$

求已知函数的原函数的方法称为积分法. 如果把积分法看成是一种运算,那么积分法与微分法就互为逆运算.

由不定积分的定义,可知

$$\left(\int f(x)\mathrm{d}x\right)' = f(x) \quad 或 \quad \mathrm{d}\left(\int f(x)\mathrm{d}x\right) = f(x)\mathrm{d}x;$$

反之,则有

$$\int F'(x)\mathrm{d}x = F(x) + C \quad 或 \quad \int \mathrm{d}F(x) = F(x) + C.$$

5.1.3 不定积分的几何意义

通过对下例的分析,我们可以看到不定积分的几何意义.

【例5.1】 求通过原点,且它在任意点 $M(x,y)$ 处的切线斜率为 $3x^2$ 的曲线.

解 设所求曲线的方程是 $y = F(x)$,依题意有 $y' = 3x^2$. 根据不定积分的定义,有

$$y = \int 3x^2 \mathrm{d}x = x^3 + C, \tag{1}$$

由于曲线经过原点$(0,0)$,故代入(1)式,得 $C = 0$,于是所求曲线的方程是

$$y = x^3. \tag{2}$$

因为(1)式中的 C 是任意常数,所以 $y=x^3+C$ 表示切线的斜率为 $3x^2$ 的所有曲线,它们的图形是无数多条形状相同而位置不同的曲线.并且任意两条曲线取相同的横坐标 x,对应的纵坐标 y 总是相差一个常数,即任一条曲线都可由另一条曲线沿 y 轴方向平移而得到(图5.1).在(1)式中取 $C=0$,便得到(2)式 $y=x^3$,表示通过原点的一条曲线.

由此可见,$f(x)$ 的不定积分 $\int f(x)\mathrm{d}x = F(x)+C$ 是 $f(x)$ 的原函数族,对于 C 每取一个值 C_0,就确定 $f(x)$ 的一个原函数.相应地,在直角坐标系中确定一条曲线 $y = F(x)+C_0$,这条曲线叫做 $f(x)$ 的一条积分曲线,而 $y = F(x)+C$ 则构成了一个积分曲线族.

又因为不论常数 C 取何值时,都有 $[F(x)+C]' = f(x)$,所以在每一条积分曲线上横坐标相同的点处作切线,这些切线必然互相平行(图5.2).

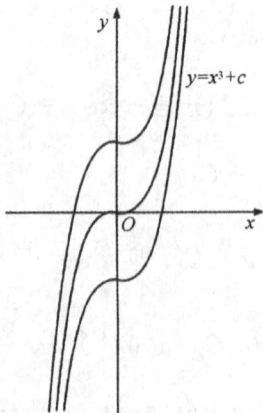

图 5.1

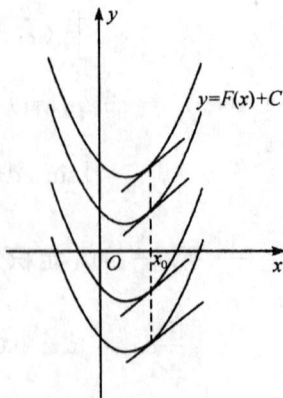

图 5.2

练习与思考 5.1

1. 一个质点以速度 $v(t) = t^2 e^{-t}$(m/s)沿直线运动,问质点的位移 $s(t)$ 如何表示?

2. 火箭发射以加速度竖直上升(图 5.3),而后减速入轨.设火箭以速度 $v(t)$(m/s)上升运行,上升 120 s 后火箭开始下落.

(1) 画出你所想象的"速度-时间"草图;

(2) $h(t) = \int v(t) \mathrm{d}t$ 表示什么?

(3) $t = 120$ s 时,$h(t)$ 是什么值?

3. 已知电路上任一时刻 t 的电流为 $i(t)$,时刻 t 的电量为 $Q(t)$,想一想 $i(t)$ 与 $Q(t)$ 之间的关系? 何为原函数? 何为导函数?

图 5.3

4. 已知 $\int \dfrac{f(x)}{x} \mathrm{d}x = 2e^{2x} + C$, 想一想,如何求 $f(x)$?

5. 已知函数 $f(x)$ 的图形(即图 5.4 中的 f 曲线),观察分析(a)与(b)中哪条曲线分别是 $f(x)$ 的原函数对应的图形,为什么?

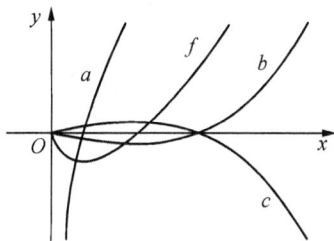

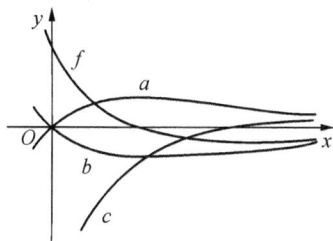

(a)   (b)

图 5.4

6. 一个函数的原函数与该函数的不定积分有何区别? 原函数的图形与不定积分的几何意义有何联系?

7. 对不定积分的结果求导,验证下列等式:

(1) $\int e^{-x} \mathrm{d}x = -e^{-x} + C$;

(2) $\int (4x^3 + 3x^2 + 2x + 1) \mathrm{d}x = x^4 + x^3 + x^2 + x + C$;

(3) $\int \cos(2x + 3) \mathrm{d}x = \dfrac{1}{2}\sin(2x + 3) + C$;

(4) $\int \ln x \mathrm{d}x = x \ln x - x + C$.

8. 已知曲线上每一点处的切线斜率都等于该点的横坐标的 2 倍:

(1) 写出曲线族方程,并画出草图;

(2) 若该曲线通过点 $(-2,3)$,写出该曲线的方程.

9. 甲、乙两人求不定积分 $\int \sin 2x \, dx$ 时,得到了两个不同的结果:甲求得的结果为 $\sin^2 x + C$,乙求得的结果为 $-\dfrac{1}{2}\cos 2x + C$,请你用微分法判断它们的结果是否正确.

10. 设某物体的运动速度 $v = \cos t \,(\text{m/s})$,当 $t = \dfrac{\pi}{2}\, \text{s}$ 时,物体位于 $s = 10 \,\text{m}$ 处,求该物体的运动规律.

11. 证明函数 $y = \ln(ax)$ 和 $y = \ln x$ 是同一函数的原函数.

5.2 基本积分公式及不定积分的性质

5.2.1 基本积分公式

由不定积分定义可见,任何一个导数(或微分)公式,只要反过来从右向左推导,就可得到相应的积分公式. 因此,我们从前面已掌握的导数公式或微分公式中,不难推出下列不定积分的基本积分公式:

1. $\displaystyle\int 0\,dx = C$;

2. $\displaystyle\int k\,dx = kx + C$ (k 为常数);

3. $\displaystyle\int x^a\,dx = \dfrac{x^{a+1}}{a+1} + C$ ($a \neq -1$);

4. $\displaystyle\int \dfrac{1}{x}\,dx = \ln|x| + C$;

5. $\displaystyle\int e^x\,dx = e^x + C$;

6. $\displaystyle\int a^x\,dx = \dfrac{a^x}{\ln a} + C$ ($a>0,\ a\neq 1$);

7. $\displaystyle\int \sin x\,dx = -\cos x + C$;

8. $\displaystyle\int \cos x\,dx = \sin x + C$;

9. $\displaystyle\int \sec^2 x\,dx = \tan x + C$;

10. $\displaystyle\int \csc^2 x\,dx = -\cot x + C$;

11. $\displaystyle\int \dfrac{1}{\sqrt{1-x^2}}\,dx = \arcsin x + C = -\arccos x + C$;

12. $\displaystyle\int \dfrac{1}{1+x^2}\,dx = \arctan x + C = -\operatorname{arccot} x + C$.

基本积分公式是学习与掌握不定积分运算方法和技巧的基础,读者必须熟记.

【例 5.2】 求(1) $\displaystyle\int \dfrac{1}{x^2}\,dx$; (2) $\displaystyle\int x\sqrt[3]{x}\,dx$.

解 (1) $\displaystyle\int \dfrac{1}{x^2}\,dx = \int x^{-2}\,dx = \dfrac{x^{-2+1}}{-2+1} + C = -\dfrac{1}{x} + C$;

(2) $\int x \sqrt[3]{x}\mathrm{d}x = \int x^{\frac{4}{3}}\mathrm{d}x = \dfrac{x^{\frac{4}{3}+1}}{\frac{4}{3}+1}+C = \dfrac{3}{7}x^{\frac{7}{3}}+C.$

5.2.2 不定积分的性质

性质 1 被积函数的常数因子可以提到积分号的前面,即

$$\int kf(x)\mathrm{d}x = k\int f(x)\mathrm{d}x \quad (k \text{ 为非零常数}).$$

性质 2 有限个函数代数和的积分等于每个函数积分的代数和,即

$$\int [f_1(x) \pm f_2(x) \pm \cdots \pm f_n(x)]\mathrm{d}x = \int f_1(x)\mathrm{d}x \pm \int f_2(x)\mathrm{d}x \pm \cdots \pm \int f_n(x)\mathrm{d}x.$$

这两个公式很容易证明,只需对右端求导等于左端的被积函数即可得证. 同样,我们可运用这一方法检验积分结果是否正确.

【例 5.3】 求 $\int (1-2x)^2 \sqrt{x}\mathrm{d}x.$

解 $\int (1-2x)^2 \sqrt{x}\mathrm{d}x = \int (x^{\frac{1}{2}} - 4x^{\frac{3}{2}} + 4x^{\frac{5}{2}})\mathrm{d}x = \int x^{\frac{1}{2}}\mathrm{d}x - \int 4x^{\frac{3}{2}}\mathrm{d}x + \int 4x^{\frac{5}{2}}\mathrm{d}x$

$$= \dfrac{x^{\frac{3}{2}}}{\frac{3}{2}} - 4 \cdot \dfrac{x^{\frac{5}{2}}}{\frac{5}{2}} + 4 \cdot \dfrac{x^{\frac{7}{2}}}{\frac{7}{2}} + C = \dfrac{2}{3}x^{\frac{3}{2}} - \dfrac{8}{5}x^{\frac{5}{2}} + \dfrac{8}{7}x^{\frac{7}{2}} + C.$$

想一想:为什么不在每项积分后面各加上一个积分常数?

【例 5.4】 求 $\int \dfrac{2x^2+1}{x^2(x^2+1)}\mathrm{d}x.$

解 $\int \dfrac{2x^2+1}{x^2(x^2+1)}\mathrm{d}x = \int \dfrac{(x^2+1)+x^2}{x^2(x^2+1)}\mathrm{d}x = \int \dfrac{1}{x^2}\mathrm{d}x + \int \dfrac{1}{x^2+1}\mathrm{d}x$

$$= -\dfrac{1}{x} + \arctan x + C.$$

【例 5.5】 求 $\int \dfrac{1}{\sin^2 x \cos^2 x}\mathrm{d}x.$

解 $\int \dfrac{1}{\sin^2 x \cos^2 x}\mathrm{d}x = \int \dfrac{\sin^2 x + \cos^2 x}{\sin^2 x \cos^2 x}\mathrm{d}x = \int \left(\dfrac{1}{\cos^2 x} + \dfrac{1}{\sin^2 x}\right)\mathrm{d}x$

$$= \int \sec^2 x\mathrm{d}x + \int \csc^2 x\mathrm{d}x = \tan x - \cot x + C.$$

【例 5.6】 求 $\int (10^x + \cot^2 x)\mathrm{d}x.$

解 $\int (10^x + \cot^2 x)\mathrm{d}x = \int 10^x\mathrm{d}x + \int (\csc^2 x - 1)\mathrm{d}x = \int 10^x\mathrm{d}x + \int \csc^2 x\mathrm{d}x - \int \mathrm{d}x$

$$= \frac{10^x}{\ln 10} - \cot x - x + C.$$

上述各例都是直接(或经简单的恒等变形后)运用积分基本公式与性质求出不定积分的结果,这种求积分的方法叫做直接积分法.

练习与思考 5.2

1. 一玩具车由静止开始运动,经 t s 后的速度是 $2t\,(\mathrm{m/s})$,问:

(1) 该玩具车的运动方程是什么?

(2) 在 3 s 后玩具车离开出发点的距离是多少?

(3) 玩具车走完 121 m 需要多少时间?

2. 若 $f(x)$ 是奇函数,则 $F(x) = \int f(x)\mathrm{d}x$ 是偶函数. 想一想,若 $f(x)$ 是偶函数,那么 $F(x) = \int f(x)\mathrm{d}x$ 是奇函数吗?

3. 在积分公式 $\int \frac{1}{x}\mathrm{d}x = \ln|x| + C$ 中,为何在等式的右边加绝对值符号? 请根据导函数与原函数的关系,分别当 $x > 0$ 及 $x < 0$ 时加以讨论.

4. 根据微分和积分的逆运算关系,试写出 $\int \sec x \cdot \tan x\mathrm{d}x$ 和 $\int \csc x \cdot \cot x\mathrm{d}x$ 的结果.

5. 求下列各不定积分:

(1) $\int (3x^{0.4} - 5x^{-0.7} + 1)\mathrm{d}x$;　　(2) $\int \frac{\mathrm{d}h}{\sqrt{2gh}}$;　　(3) $\int (a - bx^2)^3\mathrm{d}x$;

(4) $\int \left(\frac{\sqrt[m]{y^n}}{3} - \frac{1}{y} \right)\mathrm{d}y$;　　(5) $\int \frac{x^4}{1 + x^2}\mathrm{d}x$;　　(6) $\int \frac{2 \cdot 3^x - 5 \cdot 2^x}{3^x}\mathrm{d}x$;

(7) $\int 2\sin^2 \frac{x}{2}\mathrm{d}x$;　　(8) $\int \frac{\cos 2x}{\cos x - \sin x}\mathrm{d}x$;　　(9) $\int (\tan^2 x + 2)\mathrm{d}x$;

(10) $\int \frac{\mathrm{d}x}{1 + \cos 2x}$;　　(11) $\int \sec x(\sec x - \tan x)\mathrm{d}x$;

(12) $\int \frac{(x - \sqrt{x})(1 + \sqrt{x})}{\sqrt[3]{x}}\mathrm{d}x$;　　(13) $\int \left(\frac{4}{1 + x^2} - \frac{1}{\sqrt{1 - x^2}} \right)\mathrm{d}x$;

(14) $\int \frac{2x - 2}{x^2 - 2x - 3}\mathrm{d}x$　$\left[\text{提示：} \frac{2x - 2}{x^2 - 2x - 3} = \frac{(x + 1) + (x - 3)}{(x + 1)(x - 3)} \right]$.

6. 已知某函数的导数是 $\sin x + \cos x$,又知当 $x = \frac{\pi}{2}$ 时,函数的值等于 2,求此函数.

7. 一质点作直线运动,其速度为 $3t^2 + 2t\,(\mathrm{cm/s})$.且经过 $t = 3$ s 后,它离出发点 35 cm,求质点的运动方程.

8. 求过点 $(0, 2)$ 且在每一点处的切线斜率 $k = e^x - x$ 的曲线方程.

9. 某产品 t 时的产量为 $Q(t)$,已知该产品的变化率为 $3t + 2$,且满足 $Q(0) = 0$,求 $Q(t)$.

10. 某工厂生产某产品的总成本 C 的变化率(边际成本)是产量的函数,即 $C'(x) = 4 + \dfrac{15}{\sqrt{x}}$,且已知固定成本为 $1\,000$ 元,求总成本函数.

11. 某商品的边际成本 $C'(x) = \dfrac{1}{2\,000} + \dfrac{1}{\sqrt{x}}$,边际收入为 $R'(x) = 100 - 0.01x$,又固定成本为 $C_0 = 10$,求总成本函数及总收入函数.

5.3 | 换元积分法

事实上,能用直接积分法计算的不定积分是非常有限的,为解决众多不定积分的求解问题,我们进一步研究求已知函数的原函数的方法——积分法.

5.3.1　第一类换元积分法

先看下面的例子.

求 $\displaystyle\int e^{3x} \mathrm{d}x$.

由于被积函数 e^{3x} 是一个复合函数,我们不能直接应用积分公式 $\displaystyle\int e^x \mathrm{d}x = e^x + C$.

为此,先作如下变形,然后再利用公式计算.

$$\int e^{3x} \mathrm{d}x = \frac{1}{3}\int e^{3x} \cdot 3\mathrm{d}x = \frac{1}{3}\int e^{3x}\mathrm{d}(3x)$$

$$\xrightarrow{\text{设 } 3x = u} \frac{1}{3}\int e^u \mathrm{d}u = \frac{1}{3}e^u + C \xrightarrow{\text{还 } u = 3x} \frac{1}{3}e^{3x} + C.$$

可以验证: $\left(\dfrac{1}{3}e^{3x} + C\right)' = e^{3x}$. 可见 $\dfrac{1}{3}e^{3x} + C$ 确实是 e^{3x} 的原函数,所以上述方法是正确的.

上述解法中,将被积函数中的 $3x$ 看作变量 u,把原积分化为积分变量 u 的积分,再利用积分公式 $\displaystyle\int e^u \mathrm{d}u = e^u + C$ 求得 $\displaystyle\int e^u \mathrm{d}u = e^u + C$,最后将 $u = 3x$ 回代,还积分变量 u 为 x.

一般地,若不定积分的被积表达式能写成

$$f[\varphi(x)]\varphi'(x)\mathrm{d}x = f[\varphi(x)]\mathrm{d}\varphi(x)$$

的形式,则设 $\varphi(x) = u$,如果不定积分 $\displaystyle\int f(u)\mathrm{d}u = F(u) + C$ 能直接积分求得,那么可按以下过程计算不定积分:

$$\int f[\varphi(x)]\varphi'(x)\mathrm{d}x = \int f[\varphi(x)]\mathrm{d}\varphi(x) \xrightarrow{\text{设 } \varphi(x) = u} \int f(u)\mathrm{d}u$$

$$= F(u) + C \xrightarrow{\text{还}\, u = \varphi(x)} F[\varphi(x)] + C.$$

我们把这样的积分方法叫做第一类换元积分法,它的实质就是把被积表达式凑成两个部分,使其中一部分为 $\varphi(x)$ 的微分 $\mathrm{d}\varphi(x)$,另一部分为 $\varphi(x)$ 的函数 $f[\varphi(x)]$,因此,这种方法又叫凑微分法.

【例 5. 7】 求 $\int \dfrac{1}{x^2}\mathrm{e}^{\frac{1}{x}}\mathrm{d}x$.

解 被积函数中含 $\dfrac{1}{x}$ 和 $\dfrac{1}{x^2}$,由于 $\mathrm{d}\left(\dfrac{1}{x}\right) = -\dfrac{1}{x^2}\mathrm{d}x$,所以

$$\int \frac{1}{x^2}\mathrm{e}^{\frac{1}{x}}\mathrm{d}x = -\int \mathrm{e}^{\frac{1}{x}}\left(-\frac{1}{x^2}\right)\mathrm{d}x = -\int \mathrm{e}^{\frac{1}{x}}\mathrm{d}\left(\frac{1}{x}\right)$$

$$\xrightarrow{\text{设}\, \frac{1}{x} = u} -\int \mathrm{e}^{u}\mathrm{d}u = -\mathrm{e}^{u} + C \xrightarrow{\text{还}\, u = \frac{1}{x}} -\mathrm{e}^{\frac{1}{x}} + C.$$

【例 5. 8】 求 $\int (5x^2 + 11)^5 x\mathrm{d}x$.

解 考虑到被积函数中含 x^2 和 x,将函数 $5x^2 + 11$ 看作一个变量. 由于 $\mathrm{d}(5x^2 + 11) = 10x\mathrm{d}x$,所以

$$\int (5x^2 + 11)^5 x\mathrm{d}x = \frac{1}{10}\int (5x^2 + 11)^5 \cdot 10x\mathrm{d}x \tag{1}$$

$$= \frac{1}{10}\int (5x^2 + 11)^5 \mathrm{d}(5x^2 + 11) \tag{2}$$

$$\xrightarrow{\text{设}\, 5x^2 + 11 = u} \frac{1}{10}\int u^5\mathrm{d}u = \frac{1}{60}u^6 + C$$

$$\xrightarrow{\text{还}\, u = 5x^2 + 11} \frac{1}{60}(5x^2 + 11)^6 + C.$$

在凑微分的过程中,若相差系数,则通过乘除加以调整,见上式(1);若相差常数项,则可以随意添加,见上式(2).

【例 5. 9】 求 $\int \cos^2 x \sin x\mathrm{d}x$.

解 被积函数中含 $\cos x$ 和 $\sin x$,并且 $\mathrm{d}(\cos x) = -\sin x\mathrm{d}x$. 于是

$$\int \cos^2 x \sin x\mathrm{d}x = -\int \cos^2 x(-\sin x)\mathrm{d}x = -\int \cos^2 x\mathrm{d}(\cos x)$$

$$\xrightarrow{\text{设}\, \cos x = u} -\int u^2\mathrm{d}u = -\frac{1}{3}u^3 + C$$

$$\xrightarrow{\text{还}\, u = \cos x} -\frac{1}{3}\cos^3 x + C.$$

当运算比较熟练后,新变量的表达式可不必写出,仅须记住即可.

【例 5. 10】 求下列不定积分:

(1) $\displaystyle\int \frac{1}{4x-3}\mathrm{d}x$；　　　　　　　　　　(2) $\displaystyle\int x^2\sqrt{4-3x^3}\,\mathrm{d}x$；

(3) $\displaystyle\int \frac{\sin(\sqrt{x}+1)}{\sqrt{x}}\mathrm{d}x$；　　　　　　　　(4) $\displaystyle\int \frac{\mathrm{d}x}{x\ln x}$．

解　(1) $\displaystyle\int \frac{1}{4x-3}\mathrm{d}x = \frac{1}{4}\int \frac{1}{4x-3}\mathrm{d}(4x-3) = \frac{1}{4}\ln|4x-3|+C$；

(2) 由于 $\mathrm{d}(4-3x^3)=-9x^2\mathrm{d}x$，所以

$$\int x^2\sqrt{4-3x^3}\,\mathrm{d}x = -\frac{1}{9}\int \sqrt{4-3x^3}(-9x^2)\mathrm{d}x = -\frac{1}{9}\int \sqrt{4-3x^2}\,\mathrm{d}(4-3x^3)$$

$$= -\frac{1}{9}\cdot\frac{(4-3x^3)^{\frac{3}{2}}}{\frac{3}{2}}+C = -\frac{2}{27}(4-3x^3)^{\frac{3}{2}}+C$$

$$= -\frac{2}{27}(4-3x^3)\sqrt{4-3x^3}+C;$$

(3) 由于 $\mathrm{d}(\sqrt{x}+1)=\dfrac{1}{2\sqrt{x}}\mathrm{d}x$，所以

$$\int \frac{\sin(\sqrt{x}+1)}{\sqrt{x}}\mathrm{d}x = 2\int \frac{\sin(\sqrt{x}+1)}{2\sqrt{x}}\mathrm{d}x = 2\int\sin(\sqrt{x}+1)\mathrm{d}(\sqrt{x}+1) = -2\cos(\sqrt{x}+1)+C;$$

(4) $\displaystyle\int \frac{\mathrm{d}x}{x\ln x} = \int \frac{1}{\ln x}\mathrm{d}(\ln x) = \ln|\ln x|+C.$

【例 5.11】　求下列不定积分：

(1) $\displaystyle\int \frac{\mathrm{d}x}{a^2+x^2}$；　　　　　　　　　(2) $\displaystyle\int \frac{\mathrm{d}x}{x^2-a^2}$；

(3) $\displaystyle\int \tan x\mathrm{d}x$；　　　　　　　　　(4) $\displaystyle\int \sec x\mathrm{d}x$．

解　(1) $\displaystyle\int \frac{\mathrm{d}x}{a^2+x^2} = \frac{1}{a^2}\int \frac{\mathrm{d}x}{1+\left(\frac{x}{a}\right)^2} = \frac{1}{a}\int \frac{\mathrm{d}\left(\frac{x}{a}\right)}{1+\left(\frac{x}{a}\right)^2} = \frac{1}{a}\arctan\frac{x}{a}+C$

类似地，可得　　　　　　$\displaystyle\int \frac{\mathrm{d}x}{\sqrt{a^2-x^2}}(a>0) = \arcsin\frac{x}{a}+C;$

(2) $\displaystyle\int \frac{\mathrm{d}x}{x^2-a^2} = \int \frac{\mathrm{d}x}{(x+a)(x-a)} = \frac{1}{2a}\int \frac{(x+a)-(x-a)}{(x+a)(x-a)}\mathrm{d}x$

$$= \frac{1}{2a}\int\left(\frac{1}{x-a}-\frac{1}{x+a}\right)\mathrm{d}x = \frac{1}{2a}\left[\int \frac{\mathrm{d}(x-a)}{x-a}-\int \frac{\mathrm{d}(x+a)}{x+a}\right]$$

$$= \frac{1}{2a}(\ln|x-a|-\ln|x+a|)+C = \frac{1}{2a}\ln\left|\frac{x-a}{x+a}\right|+C;$$

(3) $\displaystyle\int \tan x \mathrm{d}x = \int \frac{\sin x}{\cos x} \mathrm{d}x = -\int \frac{\mathrm{d}(\cos x)}{\cos x} = -\ln |\cos x| + C,$

类似地,可得 $\displaystyle\int \cot x \mathrm{d}x = \ln |\sin x| + C;$

(4) $\displaystyle\int \sec x \mathrm{d}x = \int \frac{\sec x(\sec x + \tan x)}{\tan x + \sec x} \mathrm{d}x = \int \frac{\sec^2 x + \sec x \tan x}{\tan x + \sec x} \mathrm{d}x$

$\displaystyle = \int \frac{1}{(\tan x + \sec x)} \mathrm{d}(\tan x + \sec x) = \ln |\sec x + \tan x| + C,$

类似地,可得 $\displaystyle\int \csc x \mathrm{d}x = \ln |\csc x - \cot x| + C.$

在求某一个函数的不定积分时,有时可用多种方法求得,其结果在形式上也常常不相同.

【例 5. 12】 求 $\displaystyle\int \sin x \cos x \mathrm{d}x.$

解 1 $\displaystyle\int \sin x \cos x \mathrm{d}x = \int \sin x \mathrm{d}(\sin x) = \frac{1}{2} \sin^2 x + C;$

解 2 $\displaystyle\int \sin x \cos x \mathrm{d}x = -\int \cos x \mathrm{d}(\cos x) = -\frac{1}{2} \cos^2 x + C;$

解 3 $\displaystyle\int \sin x \cos x \mathrm{d}x = \frac{1}{2} \int \sin 2x \mathrm{d}x = -\frac{1}{4} \cos 2x + C.$

我们可以验证,上述 3 种解法的结果都是正确的,答案只是形式上不同. 事实上,3 个结果彼此仅相差一个常数(可用三角公式变形后得以验证). 这说明,不定积分的结果有时具有多重性,在求得一个函数的不定积分后,如果它与答案不相同,不要轻易加以否定,应该进行验证,然后再作决定.

5.3.2 第二类换元积分法

第一类换元积分法的特点是将被积函数中某一个函数 $\varphi(x)$ 看作一个变量,进行了 $\varphi(x) = u$ 的代换,在这一过程中,新变量 u 是原变量 x 的函数. 现在介绍另一种换元积分法,在 $\int f(x)\mathrm{d}x$ 中,适当地选择 $x = \varphi(t)$ 进行代换,这里原变量 x 是新变量 t 的函数.

一般地,在计算 $\int f(x)\mathrm{d}x$ 时,设 $x = \varphi(t)$,如果不定积分 $\int f[\varphi(t)]\varphi'(t)\mathrm{d}t$ 能直接积分求得,那么可按以下过程计算不定积分:

$$\int f(x)\mathrm{d}x \xrightarrow{\text{设}\, x = \varphi(t)} \int f[\varphi(t)]\varphi'(t)\mathrm{d}t = F(t) + C \xrightarrow{\text{还}\, t = \varphi^{-1}(x)} F[\varphi^{-1}(x)] + C.$$

我们把这样的积分方法叫做第二类换元积分法,这里 $t = \varphi^{-1}(x)$ 是函数 $x = \varphi(t)$ 的反函数.

应该注意,运用第二类换元积分法是有条件的. 首先,作变量代换之后的不定积分要存在，就是说 $f[\varphi(t)]\varphi'(t)$ 必须有原函数；其次，当 $\int f[\varphi(t)]\varphi'(x)\mathrm{d}t$ 求出后需要用 $x=\varphi(t)$ 的反函数 $t=\varphi^{-1}(x)$ 把变量 t 还原为变量 x，即要保证反函数存在. 因此，我们在作变量代换时，通常假定 $x=\varphi(t)$ 在 t 的某一个区间上是单调的，并且存在 $\varphi'(t)\neq0$.

【例 5.13】 求下列不定积分：

$(1) \displaystyle\int \frac{\mathrm{d}x}{1+\sqrt{2x+1}}$;
$\qquad\qquad\qquad (2) \displaystyle\int \frac{\mathrm{d}x}{\sqrt{x}+\sqrt[3]{x}}$.

解 (1) 为了去掉被积函数中的根式 $\sqrt{2x+1}$，容易想到设 $\sqrt{2x+1}=t$，取 $x=\dfrac{t^2-1}{2}$. 则 $\mathrm{d}x=t\mathrm{d}t$，于是

$$\int \frac{\mathrm{d}x}{1+\sqrt{2x+1}}=\int \frac{t}{1+t}\mathrm{d}t=\int \frac{(t+1)-1}{t+1}\mathrm{d}t=\int\left(1-\frac{1}{1+t}\right)\mathrm{d}t$$

$$=t-\ln(1+t)+C=\sqrt{2x+1}-\ln(1+\sqrt{2x+1})+C.$$

这里给出了 $t>0$ 的条件，显然保证了 $x=t^2$ 的反函数是单值的 $t=\sqrt{x}$.

(2) 设 $x=t^6(t>0)$，取 $t=\sqrt[6]{x}$，则 $\sqrt{x}=t^3$，$\sqrt[3]{x}=t^2$，$\mathrm{d}x=6t^5\mathrm{d}t$. 所以

$$\int \frac{\mathrm{d}x}{\sqrt{x}+\sqrt[3]{x}}=6\int \frac{t^5}{t^3+t^2}\mathrm{d}t=6\int \frac{t^3}{t+1}\mathrm{d}t=6\int \frac{t^3+1-1}{t+1}\mathrm{d}t$$

$$=6\int\left(t^2-t+1-\frac{1}{t+1}\right)\mathrm{d}t=6\left[\frac{1}{3}t^3-\frac{1}{2}t^2+t-\ln(t+1)\right]+C$$

$$=2t^3-3t^2+6t-6\ln(t+1)+C=2\sqrt{x}-3\sqrt[3]{x}+6\sqrt[6]{x}-6\ln(\sqrt[6]{x}+1)+C.$$

下面介绍被积函数中含有根式 $\sqrt{a^2-x^2}$、$\sqrt{a^2+x^2}$ 及 $\sqrt{x^2-a^2}$ 时的代换方法. 为了去掉根号，我们设想将根号下的平方差或平方和化为某一变量或某一函数的完全平方. 如果像上面的例子那样设 $a^2-x^2=t^2$，$a^2+x^2=t^2$，$x^2-a^2=t^2$，不但不能使表达式有理化，而且更加累赘了. 而运用三角恒等式

$$1-\sin^2x=\cos^2x;\ 1+\tan^2x=\sec^2x;\ \sec^2x-1=\tan^2x.$$

可以消去根式，将使问题大大简化.

【例 5.14】 求 $\displaystyle\int \sqrt{a^2-x^2}\mathrm{d}x$ $(a>0)$.

解 设 $x=a\sin t\left(-\dfrac{\pi}{2}<t<\dfrac{\pi}{2}\right)$，取 $t=\arcsin\dfrac{x}{a}$，则 $\mathrm{d}x=a\cos t\,\mathrm{d}t$，所以

$$\int \sqrt{a^2-x^2}\mathrm{d}x=\int \sqrt{a^2-a^2\sin^2t}\cdot a\cos t\mathrm{d}t=a^2\int \cos^2t\mathrm{d}t$$

$$=\frac{a^2}{2}\int(1+\cos 2t)\mathrm{d}t=\frac{a^2}{2}\left(t+\frac{1}{2}\sin 2t\right)+C$$

$$=\frac{a^2}{2}\cdot t+\frac{a^2}{2}\sin t\cos t+C.$$

为将 $\sin t$ 与 $\cos t$ 换成 x 的函数,根据 $\sin t = \dfrac{x}{a}$ 作辅助直角三角形(图

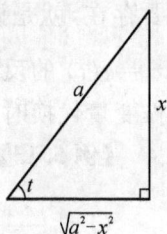

5.5). 于是 $\cos t = \dfrac{\sqrt{a^2-x^2}}{a}$,代入上式得

$$\int \sqrt{a^2-x^2}\,\mathrm{d}x = \frac{a^2}{2}\arcsin\frac{x}{a} + \frac{x}{2}\sqrt{a^2-x^2} + C.$$

注 本例也可以作 $x = a\cos t$ 代换.

图 5.5

【例 5.15】 求 $\displaystyle\int \dfrac{\mathrm{d}x}{\sqrt{a^2+x^2}}$ $(a>0)$.

解 设 $x = a\tan t$ $\left(-\dfrac{\pi}{2} < t < \dfrac{\pi}{2}\right)$,则 $\mathrm{d}x = a\sec^2 t\,\mathrm{d}t$,于是

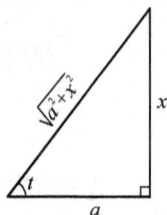

$$\int \frac{\mathrm{d}x}{\sqrt{a^2+x^2}} = \int \frac{a\sec^2 t\,\mathrm{d}t}{\sqrt{a^2+a^2\tan^2 t}} = \int \frac{a\sec^2 t\,\mathrm{d}t}{a\sec t} = \int \sec t\,\mathrm{d}t$$

$$= \ln|\sec t + \tan t| + C' \quad \text{(利用例 5.11(4)的结果)}$$

由图 5.6 所示的直角三角形得

图 5.6

$$\sec t = \frac{\sqrt{a^2+x^2}}{a},$$

所以
$$\int \frac{\mathrm{d}x}{\sqrt{a^2+x^2}} = \ln\left|\frac{\sqrt{a^2+x^2}}{a} + \frac{x}{a}\right| + C' = \ln\left|\frac{x+\sqrt{a^2+x^2}}{a}\right| + C'$$

$$= \ln|x+\sqrt{a^2+x^2}| + C \quad (C = C' - \ln a).$$

为解题简便起见,我们约定在今后的积分过程中,所设 $x = \varphi(t)$ 都是指在某一区间上的 t,符合第二类换元积分法的条件,不再写出 t 的范围.

通过例 5.14 和例 5.15 的分析,利用三角函数作变量代换,概括如下:

(1) 被积函数含有 $\sqrt{a^2-x^2}$ 时,作 $x = a\sin t$ 或 $x = a\cos t$ 代换;

(2) 被积函数含有 $\sqrt{a^2+x^2}$ 时,作 $x = a\tan t$ 或 $x = a\cot t$ 代换;

(3) 被积函数含有 $\sqrt{x^2-a^2}$ 时,作 $x = a\sec t$ 或 $x = a\csc t$ 代换.

我们把这种代换叫做三角代换.

综上所述,选择适当的变量代换是换元积分法的关键. 选择代换式时应根据被积函数的具体情况而定,不必拘于上述规定. 例如,$\displaystyle\int \dfrac{x\,\mathrm{d}x}{\sqrt{a^2-x^2}}$ 用第一类换元积分法比较简便,

$\displaystyle\int \sqrt{a^2-x^2}\,\mathrm{d}x$ 却要用三角代换,而有些积分用两类换元法都能求出结果.

【例 5.16】 求 $\displaystyle\int \dfrac{\mathrm{d}x}{\mathrm{e}^x+1}$.

解 1 用第一类换元积分法.

$$\int \frac{\mathrm{d}x}{\mathrm{e}^x+1} = \int \frac{(\mathrm{e}^x+1)-\mathrm{e}^x}{\mathrm{e}^x+1}\mathrm{d}x = \int \left(1-\frac{\mathrm{e}^x}{\mathrm{e}^x+1}\right)\mathrm{d}x$$
$$=\int \mathrm{d}x - \int \frac{1}{\mathrm{e}^x+1}\mathrm{d}(\mathrm{e}^x+1) = x-\ln(\mathrm{e}^x+1)+C.$$

解 2　用第二类换元积分法.

设 $x=\ln t$（由 $\mathrm{e}^x=t$ 得），则 $\mathrm{d}x=\frac{1}{t}\mathrm{d}t$，所以

$$\int \frac{\mathrm{d}x}{\mathrm{e}^x+1} = \int \frac{\mathrm{d}t}{t(t+1)} = \int \left(\frac{1}{t}-\frac{1}{t+1}\right)\mathrm{d}t = \ln t-\ln(t+1)+C$$
$$=\ln \mathrm{e}^x-\ln(\mathrm{e}^x+1)+C = x-\ln(\mathrm{e}^x+1)+C.$$

练习与思考 5.3

1. 第一类换元积分法与第二类换元积分法的区别是什么？各有何规律？

2. 已知 $\int f(t)\mathrm{d}t = F(t)+C$，求下列不定积分：

(1) $\int f(ax+b)\mathrm{d}x$；　　　　　　　(2) $\int f(\sin\theta)\cos\theta\mathrm{d}\theta$.

3. 已知 $\int f(x)\mathrm{d}x = 3x^2+C$，求下列不定积分：

(1) $\int f(\ln x)\frac{1}{x}\mathrm{d}x$；　　　　　(2) $\int f(x^2)x\mathrm{d}x$.

4. 把下列各式凑成微分的形式：

(1) $4x^3\mathrm{d}x = \mathrm{d}(\quad)$；　　　　(2) $\frac{\mathrm{d}x}{\sqrt{x}} = \mathrm{d}(\quad)$；

(3) $\frac{\mathrm{d}x}{x^2} = \mathrm{d}(\quad)$；　　　　(4) $\frac{\mathrm{d}x}{x} = \mathrm{d}(\quad)$；

(5) $(2-x)\mathrm{d}x = \mathrm{d}(\quad)$；　　　(6) $\mathrm{e}^{-x}\mathrm{d}x = \mathrm{d}(\quad)$；

(7) $\frac{\mathrm{d}x}{\cos^2 x} = \mathrm{d}(\quad)$；　　　(8) $\frac{\mathrm{d}x}{1+4x^2} = \mathrm{d}(\quad)$；

(9) $x\mathrm{e}^{-x^2}\mathrm{d}x = \mathrm{d}(\quad)$；　　　(10) $\varphi'(ax+b)\mathrm{d}x = \mathrm{d}(\quad)$.

5. 求下列各不定积分：

(1) $\int \frac{\mathrm{d}x}{2-x}$；　　(2) $\int \frac{\mathrm{d}u}{(2+u)^2}$；　　(3) $\int \frac{x}{\sqrt{x^2+1}}\mathrm{d}x$；

(4) $\int (x^2-3x-12)^3(2x-3)\mathrm{d}x$；　　　　(5) $\int \frac{1}{\sin x \cdot \cos x}\mathrm{d}x$；

(6) $\int \frac{\sec^2 a\theta}{1-\tan a\theta}\mathrm{d}\theta$；　　(7) $\int \frac{\sqrt{\tan x}}{\cos^2 x}\mathrm{d}x$；　　(8) $\int \frac{\cos^3 x}{\sin^4 x}\mathrm{d}x$；

(9) $\int \frac{x\mathrm{d}x}{\sqrt{1-x^4}}$；　　(10) $\int \frac{\mathrm{d}x}{x\ln^2 x}$；　　(11) $\int \frac{\mathrm{d}x}{\mathrm{e}^x+\mathrm{e}^{-x}}$；

(12) $\int e^{\tan\theta}\sec^2\theta d\theta$;   (13) $\int e^{ax}b^x dx$;   (14) $\int \dfrac{\ln(\ln x)}{x\ln x}dx$;

(15) $\int \cos^3 x dx$;   (16) $\int \dfrac{dx}{\cos^2(a-bx)}$;   (17) $\int \sin^2 \dfrac{x}{2}dx$;

(18) $\int \cos^2(\omega t+\varphi)\sin(\omega t+\varphi)dt$;   (19) $\int \dfrac{dx}{x^2+9}$.

6. 求下列各不定积分:

(1) $\int \dfrac{x}{\sqrt{a+x}}dx$;   (2) $\int \dfrac{1}{1+\sqrt[3]{x}}dx$;   (3) $\int \dfrac{\sqrt{1+x}}{1+\sqrt{1+x}}dx$;

(4) $\int \dfrac{x^2}{\sqrt{2-x}}dx$;   (5) $\int \sqrt{1-4x^2}dx$;   (6) $\int \dfrac{dx}{\sqrt{1+e^x}}$.

7. 求下列各不定积分:

(1) $\int \dfrac{\sin\sqrt{x}}{\sqrt{x}}dx$;   (2) $\int \dfrac{dx}{\sqrt{x}(1+x)}$;   (3) $\int \dfrac{dx}{\sqrt{1+2x}}$;

(4) $\int \dfrac{x dx}{\sqrt{a^2+x^2}}$;   (5) $\int \dfrac{x dx}{(1+x^2)^2}$;   (6) $\int x^2 \sqrt[5]{x^3+2}dx$.

5.4 分部积分法

与换元积分法的意义一样,分部积分法也是求不定积分最基本而有效的方法之一,它在求不定积分的过程中,起到了化繁为简、化难为易的作用.

设 u、v 是关于 x 的可微函数,由微分运算法则,有

$$d(uv) = udv + vdu.$$

移项,得

$$udv = d(uv) - vdu$$

两边积分,得

$$\int udv = vu - \int vdu \tag{5.1}$$

式(5.1)叫做分部积分公式.如果求 $\int udv$ 如有困难,而求 $\int vdu$ 又比较容易,利用这个公式,可把求不定积分 $\int udv$ 转化为求不定积分 $\int vdu$,使问题发生转化.

分部积分法虽不能对任何不定积分都奏效,但有些函数的不定积分,非靠它求得不可.究竟求哪些函数的不定积分要应用分部积分法? 这个问题不易给出圆满解答.但是,求下列不定积分:

$$\int x^k \sin bx \, \mathrm{d}x, \int x^k \cos bx \, \mathrm{d}x, \int x^k \ln x \, \mathrm{d}x,$$

$$\int x^k \mathrm{e}^{ax} \, \mathrm{d}x, \int x^k \arctan x \, \mathrm{d}x, \int x^k \arcsin x \, \mathrm{d}x$$

等(其中 k 是非负整数, a、b 是常数),可考虑使用分部积分法.

【例 5. 17】　求 $\int x \sin x \, \mathrm{d}x$.

解　为了应用分部积分公式,必须将被积表达式分为 2 个部分:一部分是 u;另一部分是 $\mathrm{d}v$. 我们不妨将两种选取方法都试一试.

(1) 如果选取 $u = x$, $\mathrm{d}v = \sin x \mathrm{d}x = \mathrm{d}(-\cos x)$,则 $\mathrm{d}u = \mathrm{d}x$, $v = -\cos x$,代入公式,得

$$\int x \sin x \, \mathrm{d}x = -x\cos x + \int \cos x \, \mathrm{d}x = -x\cos x + \sin x + C.$$

显然,这种选取 u 和 $\mathrm{d}v$ 的方法是成功的,它把求 $\int x \sin x \, \mathrm{d}x$ 化简为容易求出的 $\int \cos x \, \mathrm{d}x$,达到了求出积分结果的目的.

(2) 如果选取 $u = \sin x$, $\mathrm{d}v = x\mathrm{d}x$,则 $\mathrm{d}u = \cos x \mathrm{d}x$, $v = \dfrac{x^2}{2}$,代入公式,得

$$\int x \sin x \, \mathrm{d}x = \frac{1}{2}x^2 \sin x - \frac{1}{2}\int x^2 \cos x \, \mathrm{d}x.$$

按照这种方法选取 u 和 $\mathrm{d}v$,问题不但没有得到简化,反而化成了一个更为复杂的不定积分 $\int x^2 \cos x \, \mathrm{d}x$,所以这种选取方法是不合适的.

由此可见,在应用分部积分法求不定积分时,恰当地选取 u 和 $\mathrm{d}v$ 是解决问题的关键.

【例 5. 18】　求 $\int \ln x \, \mathrm{d}x$.

解　由于被积函数仅是对数函数,被积表达式自然形成 $u\mathrm{d}v$ 的形式. 于是

$$\int \ln x \, \mathrm{d}x = x\ln x - \int x\mathrm{d}(\ln x) = x\ln x - \int x \cdot \frac{1}{x}\mathrm{d}x = x\ln x - x + C.$$

熟练分部积分法后, u、$\mathrm{d}v$ 及 $\mathrm{d}u$、v 不必写出,可心算完成.

【例 5. 19】　求 $\int x^2 \mathrm{e}^x \, \mathrm{d}x$.

解　$\int x^2 \mathrm{e}^x \, \mathrm{d}x = \int x^2 \mathrm{d}(\mathrm{e}^x) = x^2 \mathrm{e}^x - 2\int x \cdot \mathrm{e}^x \, \mathrm{d}x$

对于等式右端的 $\int x\mathrm{e}^x \, \mathrm{d}x$,可再次分部积分

$$\int x\mathrm{e}^x \, \mathrm{d}x = \int x\mathrm{d}(\mathrm{e}^x) = x\mathrm{e}^x - \int \mathrm{e}^x \, \mathrm{d}x = x\mathrm{e}^x - \mathrm{e}^x + C'$$

所以
$$\int x^2 e^x dx = x^2 e^x - 2x e^x + 2e^x + C \quad (C = -2C')$$
$$= e^x (x^2 - 2x + 2) + C.$$

该例表明,有时需要多次分部积分才能求出结果.

【例 5.20】 求 $\int x \arctan x dx$.

解 $\int x \arctan x dx = \dfrac{1}{2} \int \arctan x d(x^2) = \dfrac{x^2}{2} \arctan x - \dfrac{1}{2} \int \dfrac{x^2}{1+x^2} dx$

$$= \dfrac{x^2}{2} \arctan x - \dfrac{1}{2} \int \left(1 - \dfrac{1}{1+x^2}\right) dx$$

$$= \dfrac{x^2}{2} \arctan x - \dfrac{1}{2} (x - \arctan x) + C$$

$$= \dfrac{1}{2} (x^2 + 1) \arctan x - \dfrac{1}{2} x + C.$$

一般地,如果被积函数是幂函数与指数函数(或正弦、余弦函数)之积时,应把幂函数选作 u;如果被积函数是幂函数与对数函数(或反三角函数)之积时,应把对数函数(或反三角函数)选作 u;如果被积函数是指数函数与正弦(或余弦)函数之积时,则可任选一个函数作为 u.

【例 5.21】 求 $I = \int e^{2x} \cos 3x dx$.

解 选取指数函数 e^{2x} 作为 u,则

$$I = \int e^{2x} \cos 3x dx = \dfrac{1}{3} \int e^{2x} d(\sin 3x) = \dfrac{1}{3} e^{2x} \sin 3x - \dfrac{2}{3} \int e^{2x} \sin 3x dx$$

对于 $\int e^{2x} \sin 3x dx$,再次分部积分

$$\int e^{2x} \sin 3x dx = -\dfrac{1}{3} \int e^{2x} d(\cos 3x) = -\dfrac{1}{3} e^{2x} \cos 3x + \dfrac{2}{3} \int e^{2x} \cos 3x dx$$

于是
$$I = \dfrac{1}{3} e^{2x} \sin 3x + \dfrac{2}{9} e^{2x} \cos 3x - \dfrac{4}{9} \int e^{2x} \cos 3x dx$$

$$= \dfrac{1}{9} e^{2x} (3 \sin 3x + 2 \cos 3x) - \dfrac{4}{9} I$$

从中解出 I,得

$$I = \int e^{2x} \cos 3x dx = \dfrac{1}{13} e^{2x} (3 \sin 3x + 2 \cos 3x) + C.$$

另一种选取 u 的方法,请读者自己尝试.

有些不定积分既可以用换元积分法,也可以用分部积分法求得. 例如计算积分 $\int \dfrac{\ln x}{x} dx$,两种积分法均可使用.

还有些不定积分需要分部积分法与换元积分法交替使用.

【例 5.22】　求 $\int \ln(x + \sqrt{1 + x^2})\mathrm{d}x$.

解　先由分部积分法,得

$$\int \ln(x + \sqrt{1 + x^2})\mathrm{d}x = x\ln(x + \sqrt{1 + x^2}) - \int \frac{x}{\sqrt{1 + x^2}}\mathrm{d}x$$

对于 $\int \dfrac{x}{\sqrt{1 + x^2}}\mathrm{d}x$,则用换元积分法

$$\int \frac{x}{\sqrt{1 + x^2}}\mathrm{d}x = \frac{1}{2}\int \frac{\mathrm{d}(1 + x^2)}{\sqrt{1 + x^2}} = \sqrt{1 + x^2} + C'.$$

所以　$\int \ln(x + \sqrt{1 + x^2})\mathrm{d}x = x\ln(x + \sqrt{1 + x^2}) - \sqrt{1 + x^2} + C \quad (C = -C')$.

练习与思考 5.4

1. 应用分部积分公式 $\int u\mathrm{d}v = uv - \int v\mathrm{d}u$ 的关键是什么?对于积分 $\int f(x)g(x)\mathrm{d}x$,一般应按什么规律去设 u 和 $\mathrm{d}v$?

2. 求下列各不定积分:

(1) $\int x^2 \cos 2x\mathrm{d}x$;

(2) $\int x\ln x\mathrm{d}x$;

(3) $\int x\mathrm{e}^{-x}\mathrm{d}x$;

(4) $\int \arccos x\mathrm{d}x$;

(5) $\int x^2 a^x\mathrm{d}x$;

(6) $\int x\cos \dfrac{x}{2}\mathrm{d}x$;

(7) $\int \ln(1 + x^2)\mathrm{d}x$;

(8) $\int x\tan^2 x\mathrm{d}x$;

(9) $\int x^5 \sin x^2\mathrm{d}x$;

(10) $\int \dfrac{\ln x}{\sqrt{x}}\mathrm{d}x$;

(11) $\int x\sin x\cos x\mathrm{d}x$;

(12) $\int \mathrm{e}^{3x}\sin 2x\mathrm{d}x$;

(13) $\int \mathrm{e}^{\sqrt{x}}\mathrm{d}x$;

(14) $\int \sqrt{x^2 - a^2}\mathrm{d}x$;

(15) $\int x\sin^2 x\mathrm{d}x$;

(16) $\int u\sqrt{1 + u}\mathrm{d}u$;

(17) $\int \cos(\ln x)\mathrm{d}x$;

(18) $\int \dfrac{x\mathrm{d}x}{\sin^2 x}$.

3. 求通过点 $(1, 0)$,而它的切线斜率为 $x^2 \ln x$ 的曲线.

---

*5.5　常微分方程简介

许多实际问题只能先列出所求函数及其导数(或微分)的等式,然后得到所求的函数关系.作为不定积分的一个应用,我们将从解决这类问题入手,引进微分方程的基本概念,并讨

论几种简单的微分方程的解法.

5.5.1　微分方程的基本概念

先看下面的例子.

【例5.23】　已知一条曲线过点$(1, 2)$,且曲线上任一点$M(x, y)$处切线的斜率等于$2x$,求该曲线的方程.

解　设所求曲线方程为$y = F(x)$,由题设条件,有

$$\frac{\mathrm{d}y}{\mathrm{d}x} = 2x \text{ 或 } \mathrm{d}y = 2x\mathrm{d}x \tag{1}$$

因此$y = F(x)$是$2x$的原函数.(1)式两边积分,得

$$y = x^2 + C \quad (C \text{ 为任意常数}) \tag{2}$$

由于曲线过点$(1, 2)$,即$y \big|_{x=1} = 2$代入(2)式得

$$C = 1$$

所以,所求曲线的方程是

$$y = x^2 + 1 \tag{3}$$

例5.23中,关系式(1)含有未知函数的导数(或微分),对于这类关系式,给出下面的定义.

定义5.3　凡含有自变量、自变量的未知函数以及未知函数的导数(或微分)的方程叫做微分方程.

未知函数为一元函数的微分方程叫做常微分方程.我们只研究常微分方程,为方便起见,今后将"常微分方程"都简称为"微分方程",有时也简称为"方程".

根据定义,方程(1)显然是微分方程,又如,

$$y' = x^2 + y \tag{4}$$

$$\frac{\mathrm{d}^2 y}{\mathrm{d}x^2} + \frac{\mathrm{d}y}{\mathrm{d}x} = 0 \tag{5}$$

$$y''(x^2 + 1) = 2xy' \tag{6}$$

也都是微分方程.

出现在微分方程中未知函数的导数的最高阶数,叫做微分方程的阶.例如,上面的方程(1)和(4)是一阶微分方程,方程(5)和(6)是二阶微分方程.

满足微分方程的函数,即代入微分方程后,能使之成为恒等式的函数叫做微分方程的解.如在例5.23中,(2)式和(3)式都是微分方程(1)的解.

如果微分方程的解中含有任意常数,且独立的任意常数的个数与微分方程的阶数相同,那么这样的解叫做微分方程的通解,当通解中的任意常数取某一定值时,所得到的解叫做微分方程的特解.通解中的任意常数的取值通常是由附加条件来确定,这种附加条件叫做初值

条件.

例如,在例 5.23 中,$y = x^2 + C$ 是通解;初值条件是 $y |_{x=1} = 2$;而 $y = x^2 + 1$ 是满足初值条件的特解.

【例 5.24】　验证函数 $y = C_1 \sin 2t + C_2 \cos 2t$ 是微分方程

$$\frac{\mathrm{d}^2 y}{\mathrm{d}t^2} + 4y = 0 \tag{7}$$

的通解,并求出满足初值条件 $y |_{t=0} = 1$ 和 $y' |_{t=0} = -1$ 的特解.

解　因为 $y = C_1 \sin 2t + C_2 \cos 2t$,所以

$$y' = 2C_1 \cos 2t - 2C_2 \sin 2t$$

$$y'' = -4C_1 \sin 2t - 4C_2 \cos 2t$$

将 y、y'' 代入原方程(7)有

$$-4C_1 \sin 2t - 4C_2 \cos 2t + 4(C_1 \sin 2t + C_2 \cos 2t) \equiv 0$$

即函数 $y = C_1 \sin 2t + C_2 \cos 2t$ 满足微分方程(7),又因为这个函数含有两个独立的任意常数(与方程阶数相同),所以它是微分方程(7)的通解.

将初值条件 $y |_{t=0} = 1$ 和 $y' |_{t=0} = -1$ 代入 y 及 y' 的表达式,得

$$\begin{cases} C_1 \sin 0 + C_2 \cos 0 = 1 \\ 2C_1 \cos 0 - 2C_2 \sin 0 = -1 \end{cases}$$

解之,得 $C_1 = -\dfrac{1}{2}$,$C_2 = 1$.

因此,方程(7)满足初值条件的特解是

$$y = -\frac{1}{2} \sin 2t + \cos 2t$$

我们看到,像例 5.23 这类微分方程可用直接积分法求解. 在后面内容中,我们还将看到,每一种特定类型的微分方程都有其特定的解法.

5.5.2　可分离变量的微分方程

先看下例.

【例 5.25】　解微分方程 $\dfrac{\mathrm{d}y}{\mathrm{d}x} = -\dfrac{x}{y}$.

解　这个微分方程不能像例 5.23 中那样对方程两端直接积分的方法求解,但如果将方程变形,写成下面的形式

$$y\mathrm{d}y = -x\mathrm{d}x$$

这时,方程的左边只含未知函数 y 及其微分,右边只含自变量 x 及其微分,也就是变量 y 和 x 已经分离,两边积分,得

$$\frac{1}{2}y^2 = -\frac{1}{2}x^2 + C \quad \text{或} \quad x^2 + y^2 = 2C$$

该式所确定的隐函数即为微分方程的通解.

例 5.25 的解法具有普遍意义,这种解法把未知函数 y 及其微分 dy 移到方程的一边,而把自变量 x 及其微分 dx 移到方程的另一边,然后积分,求出通解. 这种方法叫做分离变量法,能分离变量的微分方程叫做可分离变量的微分方程,它的一般形式为

$$\frac{dy}{dx} = f(x) \cdot g(y)$$

其求解步骤如下:

(1) 分离变量　得 $$\frac{dy}{g(y)} = f(x)dx$$

(2) 两边积分　得 $$\int \frac{dy}{g(y)} = \int f(x)dx$$

(3) 求出积分　得通解 $$G(y) = F(x) + C$$

其中,$G(y)$、$F(x)$ 分别是 $\frac{1}{g(y)}$ 和 $f(x)$ 的原函数.

【例 5.26】 解微分方程 $xy^2 dx + (1+x^2)dy = 0$.

解　原方程可改写为 $$(1+x^2)dy = -xy^2 dx$$

分离变量,得 $$\frac{dy}{y^2} = \frac{-x}{1+x^2}dx$$

两边积分,得 $$\int \frac{1}{y^2}dy = \int \frac{-x}{1+x^2}dx$$

$$\frac{1}{y} = \frac{1}{2}\ln(1+x^2) + C_1$$

为了简化通解,令 $C_1 = \ln C$,于是有

$$\frac{1}{y} = \ln(C\sqrt{1+x^2}) \quad \text{或} \quad y = \frac{1}{\ln(C\sqrt{1+x^2})}$$

这就是所求的通解.

【例 5.27】 求微分方程 $\frac{dy}{dx} = 10^{x+y}$ 满足初值条件 $y\,|_{x=1} = 0$ 的特解.

解　原方程可改写为 $$\frac{dy}{dx} = 10^x \cdot 10^y$$

分离变量,得 $$10^{-y}dy = 10^x dx$$

两边积分,得 $$\int 10^{-y}dy = \int 10^x dx$$

$$-10^{-y}\frac{1}{\ln 10}=10^x\frac{1}{\ln 10}+C_1$$

化简,得通解
$$10^x+10^{-y}=C \quad (C=-C_1\ln 10)$$

把初值条件 $y\mid_{x=1}=0$ 代入上式,求得 $C=11$,于是所求特解为
$$10^x+10^{-y}=11.$$

5.5.3　一阶线性微分方程

形如
$$\frac{\mathrm{d}y}{\mathrm{d}x}+P(x)y=Q(x) \tag{1}$$

的方程叫做一阶线性微分方程,其中 $P(x)$、$Q(x)$ 都是 x 的已知连续函数.

"线性"是指方程中含未知函数及其导数的项都是一次的.

当 $Q(x)\equiv 0$ 时,方程(1)叫做一阶齐次线性微分方程;当 $Q(x)\neq 0$ 时,方程(1)叫做一阶非齐次线性微分方程,$Q(x)$ 叫做该方程的非齐次项.

例如,下列微分方程
$$3y'+2y=x^2;\ y'+\frac{1}{x}y=\frac{\sin x}{x};\ y'+(\sin x)\cdot y=0$$

都是一阶线性微分方程,其中前两个是非齐次的,而第三个是齐次的.

又如,下列微分方程
$$y'-y^2=0 \quad (y^2\text{ 不是 }y\text{ 的一次式})$$
$$yy'+y=x \quad (yy'\text{ 不是 }y\text{ 或 }y'\text{ 的一次式})$$
$$y'-\sin y=0 \quad (\sin y\text{ 不是 }y\text{ 的一次式})$$

都不是一阶线性微分方程.

为了求方程(1)的解,我们先来求对应的齐次线性微分方程
$$\frac{\mathrm{d}y}{\mathrm{d}x}+P(x)y=0 \tag{2}$$

的解.方程(2)是可分离变量的微分方程,分离变量,得
$$\frac{\mathrm{d}y}{y}=-P(x)\mathrm{d}x$$

两边积分,得
$$\ln|y|=-\int P(x)\mathrm{d}x+C_1 \tag{3}$$

这里写出积分常数 C_1,只是为了方便地写出齐次线性微分方程(2)的通解公式,而积分 $\int P(x)\mathrm{d}x$ 只表示 $P(x)$ 的一个原函数.由(3)式,有
$$y=\pm e^{C_1}e^{-\int P(x)\mathrm{d}x}$$

从而,得方程(2)的通解公式

$$y = C e^{-\int P(x)dx} \quad (C = \pm e^{C_1}) \tag{5.2}$$

其中 C 是任意常数.

下面再来讨论非齐次线性微分方程(1)的解法.

如果仍按齐次线性微分方程的求解方法求解,那么由(1)式可得

$$\frac{dy}{y} = \left[\frac{Q(x)}{y} - P(x)\right]dx$$

两边积分,得

$$\ln|y| = \int \frac{Q(x)}{y}dx - \int P(x)dx$$

即

$$y = \pm e^{\int \frac{Q(x)}{y}dx} \cdot e^{-\int P(x)dx} \tag{4}$$

由于 y 是 x 的函数,因而 $\pm e^{\int \frac{Q(x)}{y}dx}$ 可看作是 x 的一个函数. 不妨设 $\pm e^{\int \frac{Q(x)}{y}dx} = C(x)$,于是 (4)式可表示为

$$y = C(x)e^{-\int P(x)dx} \tag{5}$$

虽然方程(1)的解尚未求出,但已经知道解的形式为(5)式,将(5)式与齐次线性方程通解公式(5.2)比较,可以发现,只要把对应齐次线性微分方程的通解中的任意常数 C 用一个待定函数 $C(x)$ 来代替,就可以得到非齐次线性微分方程(1)的解的形式.

为了确定出 $C(x)$,我们将(5)式对 x 求导,得

$$y' = C'(x)e^{-\int P(x)dx} - C(x)P(x)e^{-\int P(x)dx} \tag{6}$$

将(5)、(6)两式代入方程(1),得

$$C'(x)e^{-\int P(x)dx} - C(x)P(x)e^{-\int P(x)dx} + P(x)C(x)e^{-\int P(x)dx} = Q(x)$$

化简,得

$$C'(x)e^{-\int P(x)dx} = Q(x), \quad 即 C'(x) = Q(x)e^{\int P(x)dx}$$

两边积分,得

$$C(x) = \int Q(x)e^{\int P(x)dx}dx + C$$

将上式代入(5)式,得

$$y = e^{-\int P(x)dx}\left[\int Q(x)e^{\int P(x)dx}dx + C\right] \tag{5.3}$$

这就是一阶非齐次线性微分方程(1)的通解公式,其中的各个不定积分都只表示对应被积函数的一个原函数.

上述求一阶非齐次线性微分方程通解的方法,是将对应齐次线性微分方程的通解中的常数 C 用一个待定函数 $C(x)$ 来代替,然后确定出函数 $C(x)$,从而求得原非齐次线性微分方程的通解,这种方法叫做解一阶微分方程的常数变易法.

今后求一阶非齐次线性微分方程的通解时,既可以用常数变易法,也可以直接应用通解公式(5.3).

【例 5.28】 用常数变易法和公式法解微分方程 $y' - \dfrac{2}{x}y = x^2\cos 3x$.

解 常数变易法:先求对应齐次线性微分方程

$$y' - \frac{2}{x}y = 0$$

的通解,由齐次线性微分方程的通解公式得

$$y = Ce^{-\int \frac{-2}{x}dx} = Ce^{\ln x^2} = Cx^2$$

设原方程的通解为

$$y = C(x)x^2 \tag{7}$$

则　　$C'(x)e^{-\int \frac{-2}{x}dx} = x^2\cos 3x$,即 $C'(x) = \cos 3x$

两边积分,得　　　　　　$C(x) = \dfrac{1}{3}\sin 3x + C$

代入(7)式,得原方程的通解为

$$y = \left(\frac{1}{3}\sin 3x + C\right)x^2.$$

公式法:将 $P(x) = -\dfrac{2}{x}$、$Q(x) = x^2\cos 3x$ 代入非齐次线性微分方程的通解公式(5.3)得

$$y = e^{-\int \frac{-2}{x}dx}\left[\int x^2\cos 3x e^{\int \frac{-2}{x}dx}dx + C\right] = x^2\left(\int \cos 3x dx + C\right) = x^2\left(\frac{1}{3}\sin 3x + C\right).$$

【例 5.29】 求微分方程 $xy' + 2y = x^4$ 满足初值条件 $y\big|_{x=1} = \dfrac{1}{6}$ 的特解.

解 原方程可改写为　　　　$y' + \dfrac{2}{x}y = x^3$

这是一阶非齐次线性微分方程,其对应的齐次线性微分方程是　　$y' + \dfrac{2}{x}y = 0$

用分离变量法求得它的通解为　　　　$y = \dfrac{C}{x^2}$

用常数变易法,设原方程的通解为　　$y = \dfrac{C(x)}{x^2}$

则　　　　　　$C'(x)e^{-\int \frac{2}{x}dx} = x^3$,即 $C'(x) = x^5$

两边积分,得　　　　　　$C(x) = \dfrac{1}{6}x^6 + C$

因此，原非齐次线性微分方程的通解为 $\quad y = \dfrac{1}{6}x^4 + \dfrac{C}{x^2}$

将初值条件 $y\mid_{x=1} = \dfrac{1}{6}$ 代入上式，求得 $C = 0$，故所求微分方程的特解为

$$y = \frac{1}{6}x^4.$$

现将一阶微分方程的几种类型和解法归纳如表 5.1 所示.

表 5.1

类　　型		方　　程	解　　法
可分离变量的微分方程		$\dfrac{\mathrm{d}y}{\mathrm{d}x} = f(x) \cdot g(y)$	分离变量，两边积分
一阶线性微分方程	齐次	$\dfrac{\mathrm{d}y}{\mathrm{d}x} + P(x)y = 0$	分离变量，两边积分
	非齐次	$\dfrac{\mathrm{d}y}{\mathrm{d}x} + P(x)y = Q(x)$	常数变易法或用公式 $y = \mathrm{e}^{-\int P(x)\mathrm{d}x}\left[\int Q(x)\mathrm{e}^{\int P(x)\mathrm{d}x}\mathrm{d}x + C\right]$

练习与思考 5.5

1. 判断下列各题中的函数是否为所给微分方程的解？

(1) $xy' = 2y$，$y = 5x^2$；

(2) $\dfrac{\mathrm{d}^2 x}{\mathrm{d}t^2} + \omega^2 x = 0$，$x = C_1\cos\omega t + C_2\sin\omega t$（$C_1$，$C_2$ 为常数）.

2. 求下列微分方程的通解：

(1) $\dfrac{\mathrm{d}y}{\mathrm{d}x} = \dfrac{1}{x}$；　　(2) $\dfrac{\mathrm{d}^2 y}{\mathrm{d}x^2} = \sin x$；　　(3) $\dfrac{\mathrm{d}^2 y}{\mathrm{d}x^2} = x^2$；　　(4) $y'' = \dfrac{1}{1+x^2}$.

3. 求下列微分方程满足所给初值条件的特解：

(1) $\dfrac{\mathrm{d}y}{\mathrm{d}x} = \mathrm{e}^x$，$y\mid_{x=0} = 5$；　　　　(2) $\dfrac{\mathrm{d}y}{\mathrm{d}x} = \sin x$，$y\mid_{x=0} = 1$.

4. 运用分离变量法求解下列微分方程：

(1) $y\mathrm{d}y + x\mathrm{d}x = 0$ 的通解；　　　　(2) $\dfrac{\mathrm{d}y}{\mathrm{d}x} = \dfrac{\cos x}{\sin x}$，$y\left(\dfrac{\pi}{2}\right) = 0$ 的特解；

(3) $\dfrac{\mathrm{d}y}{\mathrm{d}x} - 3y = 0$，$y(1) = 2$ 的特解.

5. 求下列微分方程的通解：

(1) $(1+y)\mathrm{d}x + (x-1)\mathrm{d}y = 0$；　　　　(2) $\sqrt{1-y^2}\mathrm{d}x = \sqrt{1+x^2}\mathrm{d}y$；

(3) $y'=\dfrac{x^3}{y^3}$；

(4) $\mathrm{d}y-y\sin^2 x\mathrm{d}x=0$；

(5) $(1+x^2)y'-y\ln y=0$；

(6) $y'+\mathrm{e}^x y=0$.

6. 求下列微分方程的特解：

(1) $xy'-y=0$，$y|_{x=1}=2$；

(2) $2y'\sqrt{x}=y$，$y|_{x=1}=1$.

7. 求解一阶线性微分方程：

(1) $y'+y=0$；

(2) $\dfrac{\mathrm{d}y}{\mathrm{d}x}-\dfrac{y}{x}=x$，$y|_{x=1}=2$.

8. K. R. Allen(1971)建议用下列方程来描述南极磷光虾的种群的改变

$$\frac{\mathrm{d}N}{\mathrm{d}t}=-aN_0$$

这里 $a>0$ 是一个常数. 已知在 $t=0$ 时，种群为 N_0，求 N 的表达式，并评论这个模型的界限.

阅读材料 5

（一）求生物生长规律的方法

现在研究含 N 个生物体的一个群体的生长（或衰减，即负的生长）情况，显然生长量 N 是一个随时间而变的连续变量 $N=N(t)$. 一般地，细菌数目 N 随着时间按指数规律增长（或衰减）（详见后面例 5.30 及例 5.31 的结果）.

【例 5.30】 某细菌的菌落的相对生长率(RGR)

$$\mathrm{RGR}=\frac{\mathrm{d}N}{\mathrm{d}t}\cdot\frac{1}{N}$$

是常数，给出菌落的最初大小 N_0，求在 t 时菌落 N 的数值($t\geqslant 0$).

解 这是求菌落的增长规律，即 N 的表达式.

设 $$\frac{\mathrm{d}N}{\mathrm{d}t}\cdot\frac{1}{N}=r \quad (r\text{ 为常数})$$

则 $$\frac{1}{N}\mathrm{d}N=r\mathrm{d}t$$

为了解出 N，我们对这个方程两边同时积分 $\quad\displaystyle\int\frac{1}{N}\mathrm{d}N=\int r\mathrm{d}t$

于是，得 $\quad\ln N+C_1=rt+C_2 \quad (C_1，C_2\text{ 为积分常数})$

即 $\quad\ln N=rt+C \quad (\text{令 }C=C_2-C_1) \hfill (1)$

由于 $t=0$ 时，$N=N_0$（菌落初始数目），代入(1)式

得 $$C=\ln N_0$$

(1)式即 $$\ln N=rt+\ln N_0$$

所以 $N = N_0 e^{rt}$ 为菌落的增长规律.

【例 5.31】 通过加热、冷冻、药剂、紫外线照射等方法杀死细菌的消毒过程的动态通常用下列方程表示之

$$\frac{dN}{dt} = -kN$$

其中 N 代表存活的菌数，k 是单位时间的死亡率. 假定有一个每毫升含 8×10^5 个病菌的悬浮液用 5% 的酚溶液处理它，其中 $k = 0.9/min$，试问到 10 min 后存活的细菌还剩多少？ 到 20 min 后呢？

解 所求消毒过程，即病菌在常用的消毒药剂酚溶液中存活的菌数随时间增加而减少（即所谓负生长）的规律.

将方程 $$\frac{dN}{dt} = -kN$$

改写为 $$\frac{1}{N}dN = -kdt$$

两边积分 $$\int \frac{1}{N}dN = \int (-k)dt$$

得 $$\ln N + C_1 = -kt + C_2$$

即 $$\ln N = -kt + C \quad (\text{令 } C = C_2 - C_1)$$

已知 $t = 0$ 时，被消毒液的菌数 $N_0 = 8 \times 10^5$ 个病菌

则 $$C = \ln(8 \times 10^5)$$

所以 $N = 8 \times 10^5 e^{-kt}$ 为消毒过程中病菌数随时间增加而减少的规律.

当 $k = 0.9/min$，$t = 10$ min 或 20 min 时，

$$N = \begin{cases} 8 \times 10^5 e^{-9} \approx 10^2 \text{ 个病菌 /mL,当 } t = 10 \text{ min} \\ 8 \times 10^5 e^{-18} \approx 10^{-2} \text{ 个病菌 /mL,当 } t = 20 \text{ min} \end{cases}$$

由此我们看到了积分在生物学中也有着非常重要的应用.

*（二）人口数学模型

我们可利用微分方程来探求事物的规律，其一般步骤如下：
（1）分析问题，建立微分方程，并确定初值条件；
（2）求出微分方程的通解；
（3）根据初值条件求出特解；
（4）根据需要对特解所表征的现象作出解释.
现以人口增长模型为例，介绍微分方程的应用.

【例 5.32】 设在 t 时刻的人口数为 $P = P(t)$，在 t 到 $t+dt$ 这段时间内出生人数与死亡人数均与 P 和 dt 成正比，且它们的比例系数分别为出生率 m 和死亡率 n. 假定初始人口为

$P\mid_{t=0}=P_0$，在资源充分供应及不发生意外情况（如灾害、战争、移民等）的条件下，试确定人口数 P 与时间 t 的函数关系.

解　（1）建立微分方程，确定初值条件.

在不发生意外情况的条件下，从 t 到 $t+\mathrm{d}t$ 这段时间内，人口增长额（即人口数的微分）$\mathrm{d}P$ 应等于 $\mathrm{d}t$ 这段时间内的出生人数与死亡人数之差，由题设可知，$\mathrm{d}t$ 时间内的出生人数为 $mP\mathrm{d}t$，死亡人数为 $nP\mathrm{d}t$，从而得人口函数 $P(t)$ 应满足的微分方程为

$$\mathrm{d}P=(m-n)P\mathrm{d}t$$

若令 $k=m-n$，则称 k 为人口自然增长率，上述方程变为

$$\mathrm{d}P=kP\mathrm{d}t$$

初值条件为 $P\mid_{t=0}=P_0$.

（2）求通解.

分离变量，得

$$\frac{\mathrm{d}P}{P}=k\mathrm{d}t$$

两边积分并整理，得通解

$$P=C\mathrm{e}^{kt}$$

（3）求特解.

将初值条件 $P\mid_{t=0}=P_0$ 代入通解，解得 $C=P_0$，于是

$$P=P_0\mathrm{e}^{kt}$$

为人口数 P 与时间 t 的函数关系.

由此可见，人口增长也符合生物生长的指数规律（见阅读材料 5：（一））.

由上面的解 $P=P_0\mathrm{e}^{kt}$，可以讨论参数 k 对人口总数 P 随时间变化的发展趋势：

当 $k>0$（出生率＞死亡率）时，人口总数 P 呈指数函数形式增长（指数底 $\mathrm{e}>1$）；

当 $k<0$（出生率＜死亡率）时，人口总数 P 呈指数函数形式下降（指数底 $\frac{1}{\mathrm{e}}<1$）；

当 $k=0$ 时，$P=P_0$，人口总数不变（图 5.7）.

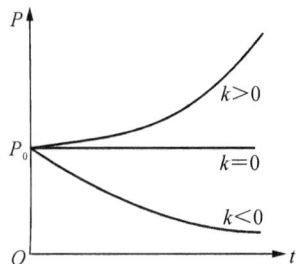

图 5.7

（三）"巴罗让贤"——历史佳话

巴罗（Isaac Barrow，1630～1677）　英国数学家. 是英国剑桥大学首届卢卡斯讲座教授，**I. 牛顿**的老师. 在无穷小分析上，他和 **J. 沃利斯**一起，给 **I. 牛顿**的微积分思想的形成以很大的影响.

I. 巴罗最重要的科学著作是《光学讲义》（1669）和《几何学讲义》（1670），后者包含了他对无穷小分析的卓越贡献，特别是利用微分三角形来构造切线，同现在的求导过程已十分相

近. 他是第一个将求导和积分理解为互逆关系的. 但执着于几何思维妨碍了他进一步逼近微积分的基本定理, 微积分的最终制定后来由其学生 I. 牛顿完成.

I. 巴罗精通希腊文和阿拉伯文, 曾编译过**欧几里得**、**阿基米德**、**阿波罗尼奥斯**等希腊数学家的著作, 其中欧几里得的《几何原本》作为英国标准几何教本达半个世纪之久.

I. 巴罗还是一位伟大的伯乐, 是他最先发现了 I. 牛顿的天才, 认为 I. 牛顿比自己更适合担任卢卡斯教授之职. 于 1669 年 10 月 29 日, 39 岁的 I. 巴罗主动将卢卡斯教授的职位让给了 26 岁的 I. 牛顿, 而自己转向神学研究, 不久即任皇家教师. 他的伟大举措不只是成就了一位伟人, 更重要的是使人类的科学、文明与发展向前迈进了一大步. "巴罗让贤"成为千古佳话.

习题 5

1. 在积分曲线族 $y = \int 5x^2 \, dx$ 中, 求经过点 $(\sqrt{3}, 5\sqrt{3})$ 的曲线.

2. 若曲线通过点 $(e^2, 3)$, 且在任一点处的切线的斜率等于该点横坐标的倒数, 求该曲线方程.

3. 平面上有一运动着的质点, 如果它在 x 轴方向和 y 轴方向的速度分量分别为 $v_x = 5\sin t$, $v_y = 2\cos t$, 又知 $x|_{t=0} = 5$, $y|_{t=0} = 0$, 求:

(1) 时间 t 时质点所在的位置;

(2) 该质点运动的轨迹方程.

4. 求下列各不定积分:

(1) $\displaystyle\int \frac{x-1}{\sqrt[3]{x-1}} \, dx$;

(2) $\displaystyle\int 3^x e^x \, dx$;

(3) $\displaystyle\int \frac{dx}{\sqrt[3]{1-3x}}$;

(4) $\displaystyle\int \sqrt{4x-1} \, dx$;

(5) $\displaystyle\int \frac{dx}{\cos^2 x \sqrt{\tan x}}$;

(6) $\displaystyle\int \frac{\sin\theta \, d\theta}{3\cos\theta - \cos^2\theta}$;

(7) $\displaystyle\int \frac{dx}{(\arcsin x)^2 \sqrt{1-x^2}}$;

(8) $\displaystyle\int \sin^3 x \, dx$;

(9) $\displaystyle\int e^x \sqrt{1+e^x} \, dx$;

(10) $\displaystyle\int \frac{dx}{x \sqrt{1-\ln^2 x}}$;

(11) $\displaystyle\int \frac{\sin x \cos x}{1+\sin x} \, dx$;

(12) $\displaystyle\int \cos^4 x \sin^3 x \, dx$;

(13) $\displaystyle\int \frac{1+\tan x}{\sin 2x} \, dx$;

(14) $\displaystyle\int \frac{dx}{a^2 \sin^2 x \cdot b^2 \cos^2 x}$;

(15) $\displaystyle\int \frac{e^x+1}{e^x-1} \, dx$;

(16) $\displaystyle\int \frac{x^2}{\sqrt{9-x^2}} \, dx$;

(17) $\displaystyle\int \frac{\sqrt[3]{x}}{x(\sqrt{x}+\sqrt[3]{x})} \, dx$;

(18) $\displaystyle\int \frac{dx}{\sqrt{1-2x-x^2}}$;

(19) $\displaystyle\int \frac{\sqrt{x^2-9}}{x} \, dx$;

(20) $\displaystyle\int \frac{\sqrt{x+1}-1}{\sqrt{x+1}+1} \, dx$;

(21) $\int \dfrac{2x+5}{x^2+4x+7}dx$　$\left[\text{提示：原式}=\int\left(\dfrac{2x+4}{x^2+4x+7}+\dfrac{1}{x^2+4x+7}\right)dx\right]$；

(22) $\int \dfrac{dx}{x(x^6+4)}$　$\left[\text{提示：}\int\dfrac{dx}{x(x^6+4)}=\dfrac{1}{4}\int\dfrac{(4+x^6)-x^6}{x(x^6+4)}dx\right]$；

(23) $\int \dfrac{dx}{(x^2+a^2)^2}$　$(a>0)$；　(24) $\int \tan^4 x\,dx$；　(25) $\int x^2\cos\omega x\,dx$；

(26) $\int e^{ax}\cos bx\,dx$；　(27) $\int x^2\ln(1+x)dx$；　(28) $\int \sin(\ln x)dx$；

(29) $\int \sin(\sqrt{x})dx$；　(30) $\int \dfrac{\sin x}{e^x}dx$.

5. 在下列各题中，先求 A、B，然后求不定积分：

(1) $\dfrac{3}{(x-1)(x-2)}=\dfrac{A}{x-1}+\dfrac{B}{x-2}$，求 $\int \dfrac{3dx}{(x-1)(x-2)}$；

(2) $\dfrac{x+5}{x^2-1}=\dfrac{A}{x+1}+\dfrac{B}{x-1}$，求 $\int \dfrac{x+5}{x^2-1}dx$；

(3) $\dfrac{x+5}{x^2-2x-3}=\dfrac{A}{x-3}+\dfrac{B}{x+1}$，求 $\int \dfrac{x+5}{x^2-2x-3}dx$.

6. 已知某曲线上任一点的切线斜率 $k=\dfrac{1}{2}(e^{\frac{x}{a}}-e^{-\frac{x}{a}})$，又知曲线经过点 $M(0,a)$，求此曲线的方程.

7. 物体由静止开始运动，在任意时刻 t 的速度 $v=5t^2$ m/s，求在 3 s 末时物体离出发点的距离. 又问需要多少时间，物体才能离开出发点 360 m？

8. 求下列微分方程的通解：

(1) $\dfrac{dy}{dx}+y=e^{-x}$；　(2) $\dfrac{dy}{dx}-3xy=2x$；　(3) $y'+\dfrac{2y}{x}=\dfrac{e^{-x^2}}{x}$；

(4) $y'-\dfrac{2y}{x}=x^2\sin 3x$；　(5) $(1+t^2)ds-2tsdt=(1+t^2)^2dt$.

9. 求下列微分方程满足初值条件的特解：

(1) $y'-y=\cos x$，　$y|_{x=0}=0$；　(2) $\dfrac{dy}{dx}-\dfrac{y}{x}=x^2$，　$y|_{x=1}=1$.

10. 已知物体在空气中冷却的速率与该物体及空气两者的温差成正比，设有一个温度为 100℃的物体置于 20℃的恒温室中冷却，经过 20 min，物体的温度降为 60℃. 求物体温度的变化规律.

第6章 定积分及其应用

> 定积分是积分学的又一个重要概念,在科学技术和生产实践中,常常遇到求面积、体积、变力做功等问题,都可以归结为定积分问题.本章在分析典型实例的基础上,引出定积分的概念,进而讨论它的性质及计算方法,最后介绍定积分的应用.

6.1 定积分的概念与性质

6.1.1 定积分问题举例

1. 曲边梯形的面积问题

设连续函数 $y = f(x)$ 定义在区间 $[a, b]$ 上,由曲线 $y = f(x)$ 及三条直线 $x = a$, $x = b$, $y = 0$ 所围成的图形(图 6.1)叫曲边梯形.

现在来求曲边梯形的面积 S,假设 $f(x) \geqslant 0$.

由于曲边梯形的顶部是一条曲线,其高 $f(x)$ 是变量,它的面积不能直接用矩形面积公式来计算.如果我们用一组垂直于 x 轴的直线把该曲边梯形

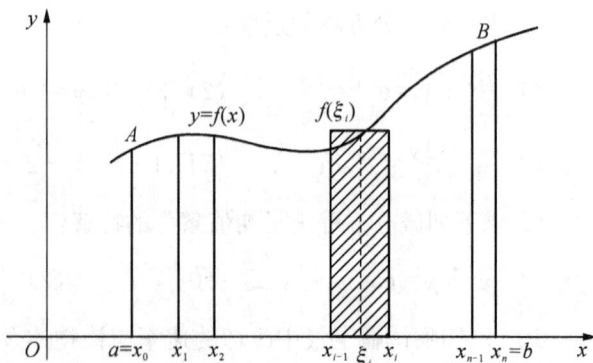

图 6.1

分成许多窄曲边梯形,而对于每一个窄曲边梯形来说,由于底边很窄,$f(x)$ 又是连续变化的,高度变化很小,近似于不变,则可用窄曲边梯形的底边上任意一点处的高来近似代替该区间上的变高,用相应的窄矩形的面积近似代替窄曲边梯形的面积.显然,分割得越细,所有窄矩形面积之和就越接近曲边梯形的面积.当分割无限细密时,所有窄矩形面积之和的极限值就是曲边梯形面积的精确值.

根据上面的分析,曲边梯形的面积可按下述 4 个步骤进行计算:

(1) 分割 在曲边梯形的底边所在区间 $[a, b]$ 上,插入 $n-1$ 个分点

$$a = x_0 < x_1 < x_2 < \cdots < x_{n-1} < x_n = b$$

把区间$[a,b]$分割成 n 个小区间$[x_0,x_1]$，$[x_1,x_2]$，$\cdots$，$[x_{i-1},x_i]$，$\cdots$，$[x_{n-1},x_n]$，第 i $(i=1,2,\cdots,n)$个小区间$[x_{i-1},x_i]$的长度记为 $\Delta x_i = x_i - x_{i-1}$.

过每个分点作垂直于 x 轴的直线，把整个曲边梯形分割成 n 个窄曲边梯形，以 $\Delta S_i (i = 1,2,\cdots,n)$ 表示第 i 个窄曲边梯形的面积.

（2）替代　"以直代曲". 在小区间$[x_{i-1},x_i]$上任取一点$\xi_i (x_{i-1} \leqslant \xi_i \leqslant x_i)$，计算出对应的函数值 $f(\xi_i)$. 用以 $f(\xi_i)$ 为高，Δx_i 为底长的窄矩形面积 $f(\xi_i) \cdot \Delta x_i$ 来近似代替这个窄曲边梯形的面积 ΔS_i，即

$$\Delta S_i \approx f(\xi_i) \cdot \Delta x_i.$$

（3）求和　将 n 个窄矩形的面积相加，所得和即为原曲边梯形面积 S 的近似值，即

$$S \approx f(\xi_1) \cdot \Delta x_1 + f(\xi_2) \cdot \Delta x_2 + \cdots + f(\xi_n) \cdot \Delta x_n = \sum_{i=1}^{n} f(\xi_i) \cdot \Delta x_i.$$

（4）取极限　当$[a,b]$分割越细，即当 n 越大且每个小区间的长度 Δx_i 越小时，窄矩形的面积将越接近窄曲边梯形的面积，我们使 n 无限增大，且为了保证所有小区间的长度都无限变小，引进记号 $\lambda = \max\{\Delta x_1, \Delta x_2, \cdots, \Delta x_n\}$，当 $\lambda \to 0$ 时，便得 S 的精确值

$$S = \lim_{\lambda \to 0} \sum_{i=1}^{n} f(\xi_i) \cdot \Delta x_i.$$

可见，曲边梯形的面积是一个和式的极限.

2. 变速直线运动的路程问题

设物体 M 作直线运动，其速度 $v = v(t)$ 是时间间隔$[T_1, T_2]$上关于 t 的连续函数，且 $v(t) \geqslant 0$，现在计算这段时间内物体所经过的路程 s.

由于该问题中的速度不是常量，所求路程 s 不能按匀速直线运动的路程公式来计算. 如果把时间间隔分成许多段小时间间隔，对于每个小段时间内，物体运动的速度函数 $v(t)$ 是连续的，速度的变化很小，近似于匀速，那么可把小段时间内的速度近似看成不变，即以等速运动代替变速运动，先得到部分路程的近似值. 显然，分法越细，所有部分路程的近似值之和就越接近所求物体经过的路程. 当分法无限变细时，所有部分路程的近似值之和的极限，就是所求变速直线运动的路程的精确值.

类似于求解曲边梯形的面积问题，仍然按以下 4 个步骤计算：

（1）分割　在时间间隔$[T_1, T_2]$内插入 $n-1$ 个时间分点

$$T_1 = t_0 < t_1 < t_2 < \cdots < t_{n-1} < t_n = T_2$$

把$[T_1, T_2]$分成 n 个小段，且记第 i $(i=1,2,\cdots,n)$ 个小段时间的长为 $\Delta t_i = t_i - t_{i-1}$，以 $\Delta s_i (i = 1,2,\cdots,n)$ 表示第 i 段时间$[t_{i-1}, t_i]$内物体经过的路程.

（2）替代　"以不变代变". 在时间间隔$[t_{i-1}, t_i]$上任取一个时刻$\tau_i (t_{i-1} \leqslant \tau_i \leqslant t_i)$，以 τ_i 时的速度 $v(\tau_i)$ 来代替$[t_{i-1}, t_i]$上各个时刻的速度，得到部分路程 Δs_i 的近似值，即

$$\Delta s_i \approx v(\tau_i) \Delta t_i \quad (i = 1, 2, \cdots, n).$$

（3）求和　将 n 段部分路程相加，所得和即为所求变速直线运动路程 s 的近似值，即

$$s \approx v(\tau_1)\Delta t_1 + v(\tau_2)\Delta t_2 + \cdots + v(\tau_n)\Delta t_n = \sum_{i=1}^{n} v(\tau_i)\Delta t_i.$$

(4) 取极限　记 $\lambda = \max\{\Delta t_1, \Delta t_2, \cdots, \Delta t_n\}$，当 $\lambda \to 0$ 时，便得变速直线运动的路程的精确值

$$s = \lim_{\lambda \to 0} \sum_{i=1}^{n} v(\tau_i)\Delta t_i.$$

如果我们运用上述"分割、替代、求和、取极限"的思想方法研究某阶段上的生物生长量及产品的总产量等问题，均能归结为上述和式的极限，这种和式的极限即为定积分.

6.1.2　定积分的定义

定义 6.1　设函数 $f(x)$ 定义在区间 $[a, b]$ 上，用分点 $a = x_0 < x_1 < \cdots < x_n = b$ 将区间 $[a, b]$ 分为 n 个小区间 $[x_0, x_1]$，$[x_1, x_2]$，$\cdots$，$[x_{i-1}, x_i]$，$\cdots$，$[x_{n-1}, x_n]$，小区间 $[x_{i-1}, x_i]$ 的长度记为 $\Delta x_i = x_i - x_{i-1}(i = 1, 2, \cdots, n)$，在 $[x_{i-1}, x_i]$ 上任取一点 ξ_i，作乘积 $f(\xi_i)\Delta x_i$，并取总和 $\sum\limits_{i=1}^{n} f(\xi_i)\Delta x_i$.

记　　　　　　　　　　　　　$\lambda = \max\{\Delta x_1, \Delta x_2, \cdots, \Delta x_n\}$

若极限　　　　　　　　　　　　$\lim\limits_{\lambda \to 0} \sum\limits_{i=1}^{n} f(\xi_i)\Delta x_i$

存在，且极限值与区间 $[a, b]$ 的分法及点 ξ_i 的取法都无关，那么称此极限值为函数 $f(x)$ 在区间 $[a, b]$ 上的定积分，记作 $\int_a^b f(x)\mathrm{d}x$.

即　　　　　　　　　　$\int_a^b f(x)\mathrm{d}x = \lim_{\lambda \to 0} \sum_{i=1}^{n} f(\xi_i)\Delta x_i$

其中 $f(x)$ 叫被积函数，$f(x)\mathrm{d}x$ 叫被积表达式，x 叫积分变量，a 叫积分下限，b 叫积分上限，$[a, b]$ 叫积分区间.

如果定积分 $\int_a^b f(x)\mathrm{d}x$ 存在，则称 $f(x)$ 在 $[a, b]$ 上可积.

由以上定义可知，曲边梯形的面积是曲边 $y = f(x)$ 在区间 $[a, b]$ 上的定积分，即 $S = \int_a^b f(x)\mathrm{d}x$，其中 $f(x) \geqslant 0$；物体变速直线运动所经过的路程是速度 $v(t)$ 在时间区间 $[T_1, T_2]$ 上的定积分，即 $s = \int_{T_1}^{T_2} v(t)\mathrm{d}t$.

关于定积分，我们还要不加证明地指出：

(1) 如果函数 $f(x)$ 在区间 $[a, b]$ 上是连续的，则定积分 $\int_a^b f(x)\mathrm{d}x$ 一定存在. 在后面的内容中，若不作特别说明，我们总假定被积函数在积分区间上是连续的；

(2) 定积分 $\int_a^b f(x)\mathrm{d}x$ 既然是和式的极限，那么它是常量，这个常量只与被积函数 $f(x)$

和积分区间 $[a, b]$ 有关,而与积分变量用什么字母表示无关,即

$$\int_a^b f(x) \mathrm{d}x = \int_a^b f(t) \mathrm{d}t = \int_a^b f(u) \mathrm{d}u;$$

(3) 在定积分的定义中是假定的 $a < b$,为今后应用方便,作如下规定:

当 $a > b$ 时,规定 $\qquad \int_a^b f(x) \mathrm{d}x = -\int_b^a f(x) \mathrm{d}x;$

当 $a = b$ 时,规定 $\qquad \int_a^b f(x) \mathrm{d}x = 0.$

6.1.3 定积分的几何意义

由上述讨论可知,当 $f(x) \geqslant 0$ 时, $\int_a^b f(x) \mathrm{d}x$ 表示由曲线 $y = f(x)$,直线 $x = a$, $x = b$, $y = 0$ 所围成的曲边梯形的面积 S(图 6.2),即 $\int_a^b f(x) \mathrm{d}x = S.$

不难知道,当 $f(x) \leqslant 0$ 时, $\int_a^b f(x) \mathrm{d}x$ 等于由曲线 $y = f(x)$ 和直线 $x = a$, $x = b$, $y = 0$ 所围曲边梯形面积 S 的负值(图 6.3),则 $\int_a^b f(x) \mathrm{d}x = -S.$

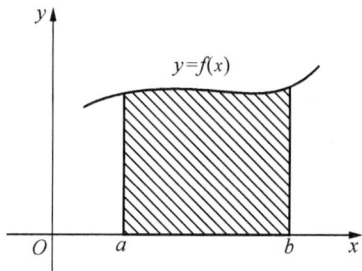

图 6.2

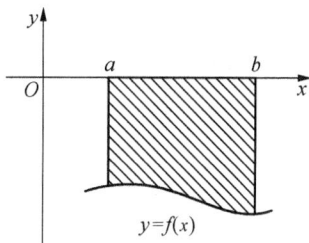

图 6.3

一般地,若 $f(x)$ 在 $[a, b]$ 上有时为正,有时为负,则曲线有的部分在 x 轴上方,有的部分在 x 轴下方(图 6.4),这时 $\int_a^b f(x) \mathrm{d}x$ 等于在 x 轴上方的所有图形的面积之和减去 x 轴下方的所有图形的面积之和,即

$$\int_a^b f(x) \mathrm{d}x = S_1 - S_2 + S_3 - S_4.$$

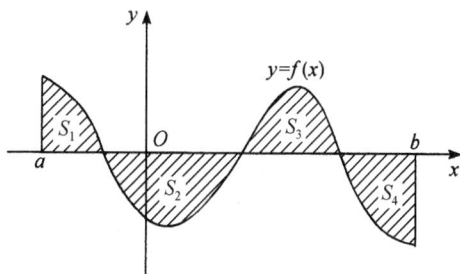

图 6.4

由定积分的几何意义,不难得到以下结论:

若 $f(x)$ 在 $[-a, a]$ 上连续且为奇函数,则

$$\int_{-a}^a f(x) \mathrm{d}x = 0;$$

若 $f(x)$ 在 $[-a,a]$ 上连续且为偶函数，则

$$\int_{-a}^{a} f(x)\mathrm{d}x = 2\int_{0}^{a} f(x)\mathrm{d}x.$$

【例 6.1】 利用定积分的几何意义，求下列定积分的值.

(1) $\int_{0}^{a} \sqrt{a^2-x^2}\,\mathrm{d}x$； (2) $\int_{0}^{2\pi} \sin x\,\mathrm{d}x$.

解 (1) 函数 $y = \sqrt{a^2-x^2}$ $(-a \leqslant x \leqslant a)$ 的图像是以坐标原点为圆心，a 为半径且位于 x 轴上方的半圆（图 6.5），而 $\int_{0}^{a} \sqrt{a^2-x^2}\,\mathrm{d}x$ 为所在圆的面积的 $\frac{1}{4}$，故

$$\int_{0}^{a} \sqrt{a^2-x^2}\,\mathrm{d}x = \frac{1}{4}\pi a^2;$$

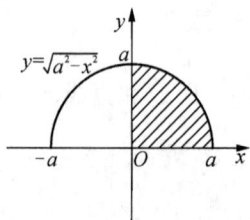

图 6.5

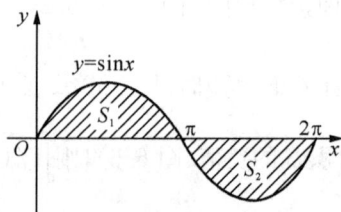

图 6.6

(2) 函数 $y = \sin x$ 在 $[0,\pi]$ 及 $[\pi,2\pi]$ 上的曲线与 x 轴所围成的面积完全相等（图 6.6），且当 $x \in [0,\pi]$ 时，$\sin x \geqslant 0$；当 $x \in [\pi,2\pi]$ 时，$\sin x \leqslant 0$，故

$$\int_{0}^{2\pi} \sin x\,\mathrm{d}x = S_1 - S_2 = 0.$$

6.1.4 定积分的性质

假定函数 $f(x)$，$g(x)$ 在所讨论的区间上都连续，我们不难得到定积分的一些性质.

性质 1 被积函数的常数因子可提到积分号的外面，即

$$\int_{a}^{b} kf(x)\mathrm{d}x = k\int_{a}^{b} f(x)\mathrm{d}x \quad (k \text{ 为常数}).$$

性质 2 函数的代数和的积分等于各函数的积分的代数和

$$\int_{a}^{b} [f(x) \pm g(x)]\mathrm{d}x = \int_{a}^{b} f(x)\mathrm{d}x \pm \int_{a}^{b} g(x)\mathrm{d}x.$$

性质 3 已知实数 a,b,c，有

$$\int_{a}^{b} f(x)\mathrm{d}x = \int_{a}^{c} f(x)\mathrm{d}x + \int_{c}^{b} f(x)\mathrm{d}x.$$

其几何解析如图 6.7 所示.

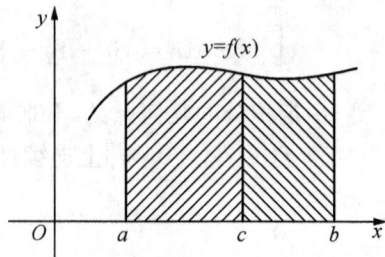

图 6.7

性质 4 如果在区间$[a, b]$上，$f(x) \equiv 1$，则

$$\int_a^b 1 \mathrm{d}x = \int_a^b \mathrm{d}x = b - a.$$

性质 5 如果在区间$[a, b]$上，$f(x) \leqslant g(x)$，则

$$\int_a^b f(x) \mathrm{d}x \leqslant \int_a^b g(x) \mathrm{d}x.$$

该性质的几何意义，留给读者解析。

性质 6（积分估值性质）设 M 与 m 分别是函数 $f(x)$ 在区间$[a, b]$上的最大与最小值，则

$$m(b-a) \leqslant \int_a^b f(x) \mathrm{d}x \leqslant M(b-a).$$

事实上，由 $m \leqslant f(x) \leqslant M$ 及性质 5 得

$$\int_a^b m \mathrm{d}x \leqslant \int_a^b f(x) \mathrm{d}x \leqslant \int_a^b M \mathrm{d}x.$$

再根据性质 1 及性质 4 便可证得该性质。

性质 7（积分中值定理）如果函数 $f(x)$ 在闭区间 $[a, b]$ 上连续，则在$[a, b]$上至少存在一点 ξ，使得

$$\int_a^b f(x) \mathrm{d}x = f(\xi)(b-a) \quad (a \leqslant \xi \leqslant b).$$

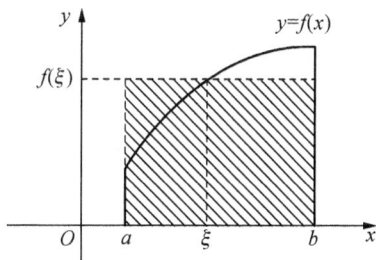

图 6.8

性质 7 的几何意义是：曲边梯形的面积 $\int_a^b f(x) \mathrm{d}x$ 等于以区间$[a, b]$的长 $b - a$ 为底，以区间内某点 ξ 处的纵坐标 $f(\xi)$ 为高的矩形的面积（图 6.8）。

练习与思考 6.1

1. 定积分是常量还是变量？定积分的值与什么无关？与什么有关？

2. 设 x 轴上有根细棒，位于 $x = a$ 到 $x = b$ 区间上，这棒在 x 处的线密度为 $\rho = f(x)$，试用定积分表达此棒的质量。

3. 如果石油在时刻 t 以 $r(t)$（L/min）的速度渗漏，那么 $\int_0^{120} r(t) \mathrm{d}t$ 表示什么？

4. 一个蜜蜂种群开始有 200 只蜜蜂，并以每周增加 $n'(t)$ 只的速度增长，那么 $200 + \int_0^{15} n'(t) \mathrm{d}t$ 表示什么？

5. 如图 6.9 所示，函数 $g(x)$ 对应两条直线和一个半圆，问以下积分值各是多少？

(1) $\int_0^2 g(x) \mathrm{d}x$;   (2) $\int_2^6 g(x) \mathrm{d}x$;   (3) $\int_0^7 g(x) \mathrm{d}x$.

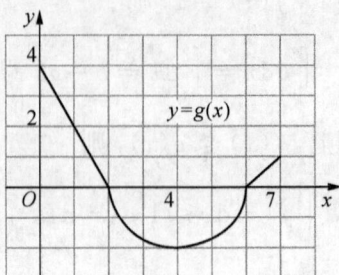

图 6.9

6. 如果 x 的单位是 m，$f(x)$ 的单位是 N，那么 $\displaystyle\int_0^{100} f(x)\,\mathrm{d}x$ 的单位是什么？

7. 用定积分表示：

(1) 由曲线 $y=x^2+1$ 与直线 $x=1$，$x=3$ 及 x 轴所围成的曲边梯形的面积；

(2) 曲线 $y=\cos x$ 在区间 $\left[-\dfrac{\pi}{2},\ \pi\right]$ 上与 x 轴所围成的曲边梯形的面积；

(3) 曲线 $y=(x-1)^2-1$ 在区间 $[-1,\ 2]$ 上与 x 轴所围成的曲边梯形的面积.

8. 由定积分的几何意义，求下列定积分的值：

(1) $\displaystyle\int_1^3 x\,\mathrm{d}x$；　　　　(2) $\displaystyle\int_1^5 3\,\mathrm{d}x$；　　　　(3) $\displaystyle\int_{-1}^1 (1-x)\,\mathrm{d}x$；

(4) $\displaystyle\int_0^1 \sqrt{1-x^2}\,\mathrm{d}x$；　　(5) $\displaystyle\int_\pi^{3\pi} \sin x\,\mathrm{d}x$；　　(6) $\displaystyle\int_{-\pi}^\pi x^2\sin x\,\mathrm{d}x$.

9. 已知 $g(x)$ 是偶函数，并且 $\displaystyle\int_{-3}^3 g(x)\,\mathrm{d}x=132$，求 $\displaystyle\int_{-3}^0 g(x)\,\mathrm{d}x$ 的值.

10. 已知 $\displaystyle\int_1^4 f(x)\,\mathrm{d}x=5$，$\displaystyle\int_1^2 g(x)\,\mathrm{d}x=2$，$\displaystyle\int_2^4 g(x)\,\mathrm{d}x=-1$，求：

(1) $\displaystyle\int_1^4 g(x)\,\mathrm{d}x$；　　　　　　　(2) $\displaystyle\int_1^4 [3f(x)-2g(x)]\,\mathrm{d}x$.

11. 已知 $f(x)\geqslant 0$，并且 $f(x)$ 在 $[a,b]$ 上连续（图 6.10），u 是区间 $[a,b]$ 上任意一点，试用定积分表示由曲线 $f(x)$、直线 $x=a$，$x=u$ 界定的左侧阴影区域的面积；想一想，随着 u 的位置不同，阴影区域的面积如何改变？当 u 为变量时，阴影面积 $S(u)$ 与积分上限什么关系？

12. 不定积分与定积分都是积分，它们有何异同？

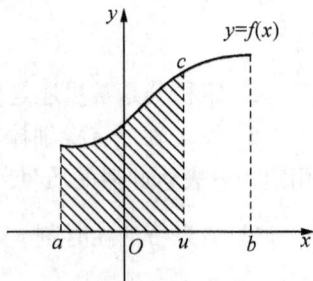

图 6.10

6.2 | 定积分的计算

我们知道，不定积分是求原函数的问题，而定积分是求和式的极限，二者概念完全不同. 但是，它们之间确实存在着密切的联系，这一联系为定积分的计算提供了简捷而有效的方法.

6.2.1　牛顿-莱布尼兹公式

我们再来分析变速直线运动的路程问题.

已知物体 M 的运动方程为 $s = s(t)$，其速度 $v = v(t) = s'(t)$，根据定积分的定义，物体 M 在时间间隔 $[T_1, T_2]$ 内所通过的路程

$$s = \int_{T_1}^{T_2} v(t)\mathrm{d}t$$

另一方面，由运动方程 $s = s(t)$ 知，当 $t = T_1$ 时，路程为 $s(T_1)$；$t = T_2$ 时，路程为 $s(T_2)$. 如图 6.11，容易看出，物体 M 从 T_1 到 T_2 这段时间内所经过的路程

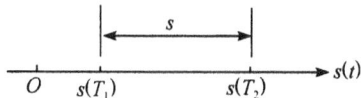

$$s = s(T_2) - s(T_1)$$

图 6.11

于是，得

$$\int_{T_1}^{T_2} v(t)\mathrm{d}t = s(T_2) - s(T_1)$$

上式表明，速度函数 $v(t)$ 在区间 $[T_1, T_2]$ 上的定积分恰好等于 $v(t)$ 的原函数 $s(t)$ 在相应的 $t = T_1$ 与 $t = T_2$ 两个时刻取值之差 $s(T_2) - s(T_1)$.

如果抽去以上具体问题的物理意义，就得到如下定理.

定理 6.1（微积分基本定理）　设 $f(x)$ 在 $[a, b]$ 上连续，$F(x)$ 为 $f(x)$ 的一个原函数，那么

$$\int_a^b f(x)\mathrm{d}x = F(b) - F(a).$$

证明从略.

此公式叫做牛顿-莱布尼兹公式，也叫做微积分基本公式. 为了方便起见，通常把 $F(b) - F(a)$ 记为 $F(x)\Big|_a^b$，于是

$$\int_a^b f(x)\mathrm{d}x = F(x)\Big|_a^b = F(b) - F(a) \tag{6.1}$$

公式(6.1)在定积分与原函数这两个本不相干的概念之间，建立起了定量关系. 通过它，定积分的计算问题被转化为求不定积分的问题，从而寻找到了计算定积分的方法.

【例 6.2】　求定积分 $\int_0^1 x^2 \mathrm{d}x$.

解　由于 $\dfrac{1}{3}x^3$ 是 x^2 的一个原函数，则

$$\int_0^1 x^2 \mathrm{d}x = \frac{1}{3}x^3\Big|_0^1 = \frac{1}{3}(1^3 - 0^3) = \frac{1}{3}.$$

【例 6.3】 求定积分 $\int_1^e \left(2x - \dfrac{1}{x}\right) \mathrm{d}x$.

解 由于 $(x^2 - \ln x)' = 2x - \dfrac{1}{x}$, 所以

$$\int_1^e \left(2x - \frac{1}{x}\right)\mathrm{d}x = (x^2 - \ln x)\Big|_1^e = (e^2 - \ln e) - (1^2 - \ln 1) = e^2 - 2.$$

【例 6.4】 计算正弦曲线 $y = \sin x$ 在 $[0, \pi]$ 上与 x 轴所围成的平面图形(图 6.12)的面积.

解 该图形正是曲边梯形的一个特例. 其面积

$$S = \int_0^\pi \sin x \mathrm{d}x$$

由于 $-\cos x$ 是 $\sin x$ 的一个原函数, 所以

图 6.12

$$S = \int_0^\pi \sin x \mathrm{d}x = (-\cos x)\Big|_0^\pi = -(-1) - (-1) = 2.$$

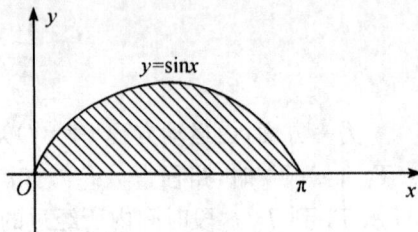

6.2.2 定积分的换元积分法

我们可以将任意一个连续函数 $f(x)$ 的定积分 $\int_a^b f(x)\mathrm{d}x$ 的计算分为两个步骤: 首先运用积分法求出 $f(x)$ 的不定积分, 然后应用牛顿-莱布尼兹公式得到所求的定积分值.

例如, 计算定积分 $\int_0^a \sqrt{a^2 - x^2}\,\mathrm{d}x$ $(a > 0)$.

解 首先用三角代换法, 像第 5 章中的例 5.14 的解法, 设 $x = a\sin t$, 取 $t = \arcsin\dfrac{x}{a}$, 求得 $\sqrt{a^2 - x^2}$ 的不定积分:

$$\int \sqrt{a^2 - x^2}\,\mathrm{d}x = \frac{a^2}{2}\arcsin\frac{x}{a} + \frac{x}{2}\sqrt{a^2 - x^2} + C$$

然后应用牛顿-莱布尼兹公式, 得所求的定积分:

$$\int_0^a \sqrt{a^2 - x^2}\,\mathrm{d}x = \left(\frac{a^2}{2}\arcsin\frac{x}{a} + \frac{x}{2}\sqrt{a^2 - x^2}\right)\Big|_0^a = \frac{\pi a^2}{4}.$$

由例 5.14 可见, 该不定积分的计算量很大, 如果在换元的同时, 我们将变量 x 的上、下限按 $t = \arcsin\dfrac{x}{a}$ 相应地换成 t 的上、下限, 即

当 $x = 0$ 时, $t = 0$; 当 $x = a$ 时, $t = \dfrac{\pi}{2}$, 代入原式

$$\int_0^a \sqrt{a^2 - x^2}\,\mathrm{d}x = \int_0^{\frac{\pi}{2}} a^2\cos^2 t\,\mathrm{d}t = a^2\int_0^{\frac{\pi}{2}} \frac{1 + \cos 2t}{2}\mathrm{d}t = \frac{a^2}{2}\int_0^{\frac{\pi}{2}}\mathrm{d}t + \frac{a^2}{4}\int_0^{\frac{\pi}{2}}\cos 2t\,\mathrm{d}(2t)$$

$$= \frac{a^2}{2}t \Big|_0^{\frac{\pi}{2}} + \frac{a^2}{4}\sin 2t \Big|_0^{\frac{\pi}{2}} = \frac{\pi a^2}{4}.$$

这里省掉了变量回代的过程,解题步骤得到简化,这便是定积分的换元积分法.

一般地,如果 $f(x)$ 在区间 $[a,b]$ 上连续,而 $x = \varphi(t)$ 在区间 $[\alpha,\beta]$(或$[\beta,\alpha]$)上有连续导数,且存在反函数 $t = \varphi^{-1}(x)$,其中 $\alpha = \varphi^{-1}(a)$, $\beta = \varphi^{-1}(b)$,则

$$\int_a^b f(x)\mathrm{d}x = \int_\alpha^\beta f[\varphi(t)]\varphi'(t)\mathrm{d}t \tag{6.2}$$

公式(6.2)为定积分换元公式.

关于此公式的应用,我们强调指出:

(1) 被积函数在相应区间上要连续;

(2) 坚持"换元必换限,限限相对应"(上对上,下对下)的原则.

【例 6.5】　计算 $\displaystyle\int_0^{\ln 2}\sqrt{\mathrm{e}^x - 1}\,\mathrm{d}x$.

解　设 $\sqrt{\mathrm{e}^x - 1} = t$,取 $x = \ln(t^2 + 1)$,则 $\mathrm{d}x = \dfrac{2t}{t^2 + 1}\mathrm{d}t$,且

当 $x = 0$ 时,$t = 0$;当 $x = \ln 2$ 时,$t = 1$. 于是

$$\int_0^{\ln 2}\sqrt{\mathrm{e}^x - 1}\,\mathrm{d}x = \int_0^1 t \cdot \frac{2t}{t^2+1}\mathrm{d}t = 2\int_0^1\left(1 - \frac{1}{t^2+1}\right)\mathrm{d}t = 2(t - \arctan t)\Big|_0^1 = 2 - \frac{\pi}{2}.$$

【例 6.6】　计算 $\displaystyle\int_0^{\frac{\pi}{2}}\cos^5 x\sin x\,\mathrm{d}x$.

解　设 $\cos x = t$,则 $\mathrm{d}t = -\sin x\mathrm{d}x$,且当 $x = 0$ 时,$t = 1$;当 $x = \dfrac{\pi}{2}$ 时,$t = 0$,于是

$$\int_0^{\frac{\pi}{2}}\cos^5 x\sin x\mathrm{d}x = -\int_1^0 t^5\mathrm{d}t = \int_0^1 t^5\mathrm{d}t = \frac{t^6}{6}\Big|_0^1 = \frac{1}{6}.$$

对于例 6.6,也可不必写出新变量 t,采用不引入新变量的凑微分法. 此时定积分的上、下限就不要改变了,即

$$\int_0^{\frac{\pi}{2}}\cos^5 x\sin x\mathrm{d}x = -\int_0^{\frac{\pi}{2}}\cos^5 x\mathrm{d}(\cos x) = -\frac{1}{6}\cos^6 x\Big|_0^{\frac{\pi}{2}} = \frac{1}{6}.$$

【例 6.7】　计算 $\displaystyle\int_1^2\frac{\sqrt{x^2-1}}{x^4}\mathrm{d}x$.

解　设 $x = \sec t$,则 $\mathrm{d}x = \sec t \cdot \tan t\mathrm{d}t$,且当 $x = 1$ 时,$t = 0$;当 $x = 2$ 时,$t = \dfrac{\pi}{3}$,于是

$$\int_1^2\frac{\sqrt{x^2-1}}{x^4}\mathrm{d}x = \int_0^{\frac{\pi}{3}}\frac{\tan t}{\sec^4 t} \cdot \sec t \cdot \tan t\mathrm{d}t = \int_0^{\frac{\pi}{3}}\sin^2 t \cdot \cos t\mathrm{d}t$$

$$= \int_0^{\frac{\pi}{3}}\sin^2 t\mathrm{d}(\sin t) = \frac{1}{3}\sin^3 t\Big|_0^{\frac{\pi}{3}} = \frac{\sqrt{3}}{8}.$$

【例 6.8】 计算 $\int_0^R h \sqrt{R^2 - h^2} \mathrm{d}h$.

解 由于 $h\mathrm{d}h = \dfrac{1}{2}\mathrm{d}(h^2) = -\dfrac{1}{2}\mathrm{d}(R^2 - h^2)$，所以

$$\int_0^R h \sqrt{R^2 - h^2}\mathrm{d}h = -\frac{1}{2}\int_0^R \sqrt{R^2 - h^2}\mathrm{d}(R^2 - h^2) = -\frac{1}{2} \cdot \frac{2}{3}(R^2 - h^2)^{\frac{3}{2}}\Big|_0^R$$

$$= -\frac{1}{3}(0 - R^3) = \frac{R^3}{3}.$$

【例 6.9】 试证 $\int_0^{\frac{\pi}{2}} \cos^n x\, \mathrm{d}x = \int_0^{\frac{\pi}{2}} \sin^n x\, \mathrm{d}x$.

证明 设 $x = \dfrac{\pi}{2} - t$，则 $t = \dfrac{\pi}{2} - x$，$\mathrm{d}x = -\mathrm{d}t$，且

当 $x = 0$ 时，$t = \dfrac{\pi}{2}$；当 $x = \dfrac{\pi}{2}$ 时，$t = 0$，于是

$$\int_0^{\frac{\pi}{2}} \cos^n x\, \mathrm{d}x = \int_{\frac{\pi}{2}}^0 \cos^n\left(\frac{\pi}{2} - t\right)\mathrm{d}\left(\frac{\pi}{2} - t\right) = -\int_{\frac{\pi}{2}}^0 \sin^n t\, \mathrm{d}t = \int_0^{\frac{\pi}{2}} \sin^n t\, \mathrm{d}t = \int_0^{\frac{\pi}{2}} \sin^n x\, \mathrm{d}x.$$

6.2.3 定积分的分部积分法

类似于定积分的换元法的作用，定积分的分部积分法也比完全把原函数求出来再代入上下限简便许多.

设 $u(x)$、$v(x)$ 在 $[a, b]$ 上具有连续导数，则有

$$\int_a^b u\mathrm{d}v = uv\Big|_a^b - \int_a^b v\mathrm{d}u \tag{6.3}$$

公式(6.3)为定积分的分部积分公式，公式表明已经积出来的那部分可以先用上下限代入求值，余下的部分继续积分.

【例 6.10】 计算 $\int_1^{\mathrm{e}} \ln x\mathrm{d}x$.

解 $\int_1^{\mathrm{e}} \ln x\mathrm{d}x = x\ln x\Big|_1^{\mathrm{e}} - \int_1^{\mathrm{e}} x\mathrm{d}(\ln x) = \mathrm{e} - \int_1^{\mathrm{e}} x \cdot \dfrac{1}{x}\mathrm{d}x = \mathrm{e} - \int_1^{\mathrm{e}} \mathrm{d}x = \mathrm{e} - x\Big|_1^{\mathrm{e}} = 1.$

【例 6.11】 计算 $\int_0^{\pi} x^2 \cos x\mathrm{d}x$.

解 $\int_0^{\pi} x^2 \cos x\mathrm{d}x = \int_0^{\pi} x^2 \mathrm{d}(\sin x) = x^2 \sin x\Big|_0^{\pi} - 2\int_0^{\pi} x\sin x\mathrm{d}x$

$$= 0 + 2\int_0^{\pi} x\mathrm{d}(\cos x) = 2x\cos x\Big|_0^{\pi} - 2\int_0^{\pi} \cos x\mathrm{d}x$$

$$= -2\pi - 2\sin x\Big|_0^{\pi} = -2\pi.$$

*【例 6.12】　证明定积分公式

$$I_n = \int_0^{\frac{\pi}{2}} \sin^n x \, \mathrm{d}x = \begin{cases} \dfrac{n-1}{n} \cdot \dfrac{n-3}{n-2} \cdot \cdots \cdot \dfrac{3}{4} \cdot \dfrac{1}{2} \cdot \dfrac{\pi}{2}, & n \text{ 为正偶数} \\ \dfrac{n-1}{n} \cdot \dfrac{n-3}{n-2} \cdot \cdots \cdot \dfrac{4}{5} \cdot \dfrac{2}{3}, & n \text{ 为大于 1 的正奇数} \end{cases}.$$

证明　$I_n = \int_0^{\frac{\pi}{2}} \sin^n x \, \mathrm{d}x = \int_0^{\frac{\pi}{2}} \sin^{n-1} x (\sin x) \mathrm{d}x = -\int_0^{\frac{\pi}{2}} \sin^{n-1} x \, \mathrm{d}(\cos x)$

由分部积分公式,得

$$I_n = -\cos x \cdot \sin^{n-1} x \Big|_0^{\frac{\pi}{2}} + (n-1) \int_0^{\frac{\pi}{2}} \sin^{n-2} x \cos^2 x \, \mathrm{d}x$$

$$= 0 + (n-1) \int_0^{\frac{\pi}{2}} \sin^{n-2} x (1 - \sin^2 x) \mathrm{d}x$$

$$= (n-1) \int_0^{\frac{\pi}{2}} \sin^{n-2} x \, \mathrm{d}x - (n-1) \int_0^{\frac{\pi}{2}} \sin^n x \, \mathrm{d}x$$

$$= (n-1) I_{n-2} - (n-1) I_n$$

移项,得

$$I_n = \frac{n-1}{n} \cdot I_{n-2} \quad (n \geqslant 2)$$

这是一个计算 I_n 的递推公式,于是

$$I_{n-2} = \frac{n-3}{n-2} I_{n-4} \, , \ I_{n-4} = \frac{n-5}{n-4} I_{n-6} \, , \ \cdots\cdots$$

依次进行下去,直到 I_n 的下标递减到 0 或 1 为止,于是
当 n 为偶数时,

$$I_n = \frac{n-1}{n} \cdot \frac{n-3}{n-2} \cdot \cdots \cdot \frac{3}{4} \cdot \frac{1}{2} \cdot I_0$$

当 n 为奇数时,

$$I_n = \frac{n-1}{n} \cdot \frac{n-3}{n-2} \cdot \cdots \cdot \frac{4}{5} \cdot \frac{2}{3} \cdot I_1$$

而　　　　$I_0 = \int_0^{\frac{\pi}{2}} \mathrm{d}x = \dfrac{\pi}{2}$；$I_1 = \int_0^{\frac{\pi}{2}} \sin x \, \mathrm{d}x = -\cos x \Big|_0^{\frac{\pi}{2}} = 1$

所以

$$I_n = \int_0^{\frac{\pi}{2}} \sin^n x \, \mathrm{d}x = \begin{cases} \dfrac{n-1}{n} \cdot \dfrac{n-3}{n-2} \cdot \cdots \cdot \dfrac{3}{4} \cdot \dfrac{1}{2} \cdot \dfrac{\pi}{2}, & n \text{ 为正偶数} \\ \dfrac{n-1}{n} \cdot \dfrac{n-3}{n-2} \cdot \cdots \cdot \dfrac{4}{5} \cdot \dfrac{2}{3}, & n \text{ 为大于 1 的正奇数} \end{cases}.$$

由例 6.9 可知,$\int_0^{\frac{\pi}{2}} \cos^n x \, \mathrm{d}x$ 与 $\int_0^{\frac{\pi}{2}} \sin^n x \, \mathrm{d}x$ 有相同的结果.

【例 6. 13】 计算 $\int_{-2}^{2} (x-2) \sqrt{(4-x^2)^3} \mathrm{d}x$.

解 这里积分区间 $[-2,2]$ 为对称区间,应考虑被积函数有否奇偶性,于是

$$\int_{-2}^{2} (x-2) \sqrt{(4-x^2)^3} \mathrm{d}x = \int_{-2}^{2} x \sqrt{(4-x^2)^3} \mathrm{d}x - 2\int_{-2}^{2} \sqrt{(4-x^2)^3} \mathrm{d}x$$

$$= 0 - 4\int_{0}^{2} \sqrt{(4-x^2)^3} \mathrm{d}x$$

用换元法,设 $x = 2\sin t$,取 $t = \arcsin \dfrac{x}{2}$,则 $\mathrm{d}x = 2\cos t \mathrm{d}t$,且

当 $x = 0$ 时,$t = 0$;当 $x = 2$ 时,$t = \dfrac{\pi}{2}$,所以

$$\int_{-2}^{2} (x-2) \sqrt{(4-x^2)^3} \mathrm{d}x = -4\int_{0}^{\frac{\pi}{2}} (2\cos t)^3 \cdot 2\cos t \mathrm{d}t = -64\int_{0}^{\frac{\pi}{2}} \cos^4 t \mathrm{d}t$$

$$= -64 \cdot \dfrac{3}{4} \cdot \dfrac{1}{2} \cdot \dfrac{\pi}{2} = -12\pi.$$

练习与思考 6. 2

1. 定积分与不定积分的换元积分法有何区别与联系?

2. 指出下面计算中的错误步骤:

(1) $\int_{0}^{\pi} \sqrt{\sin^3 x - \sin^5 x} \mathrm{d}x = \int_{0}^{\pi} \sqrt{\sin^3 x(1 - \sin^2 x)} \mathrm{d}x = \int_{0}^{\pi} \sin^{\frac{3}{2}} x \cos x \mathrm{d}x$

$$= \int_{0}^{\pi} \sin^{\frac{3}{2}} x \mathrm{d}(\sin x) = \dfrac{2}{5} \sin^{\frac{5}{2}} x \Big|_{0}^{\pi} = 0;$$

(2) $\int_{1}^{2} \dfrac{\mathrm{e}^x}{1+\mathrm{e}^x} \mathrm{d}x \xrightarrow[\text{则 } \mathrm{e}^x \mathrm{d}x = \mathrm{d}t]{\text{设 } 1+\mathrm{e}^x = t} \int_{1}^{2} \dfrac{\mathrm{d}t}{t} = \ln t \Big|_{1}^{2} = \ln 2;$

(3) 根据"换元必换限"的原则,有

$$\int_{0}^{\frac{\pi}{2}} \sin^2 x \cos x \mathrm{d}x = \int_{1}^{0} u^2 \mathrm{d}u = \dfrac{1}{3} u^3 \Big|_{1}^{0} = -\dfrac{1}{3}.$$

3. 用"牛顿-莱布尼兹公式"计算下列定积分:

(1) $\int_{1}^{2} \dfrac{1+x^4}{x^2} \mathrm{d}x$;   (2) $\int_{4}^{9} \sqrt{x}(1+\sqrt{x}) \mathrm{d}x$;   (3) $\int_{1}^{\mathrm{e}} \left(x+\dfrac{1}{x}\right) \mathrm{d}x$;

(4) $\int_{\frac{\pi}{6}}^{\frac{\pi}{3}} \dfrac{1-\sin^2 x}{\cos x} \mathrm{d}x$;   (5) $\int_{0}^{1} \dfrac{x^2}{1+x^2} \mathrm{d}x$;   (6) $\int_{0}^{\frac{\pi}{2}} 2\sin^2 \dfrac{x}{2} \mathrm{d}x$;

(7) $\int_{0}^{\sqrt{3}a} \dfrac{\mathrm{d}x}{a^2+x^2}$;   (8) $\int_{-\mathrm{e}-1}^{-2} \dfrac{\mathrm{d}x}{1+x}$;   (9) $\int_{-\frac{1}{2}}^{\frac{1}{2}} \dfrac{\mathrm{d}x}{\sqrt{1-x^2}}$.

4. 计算下列定积分[提示:利用定积分的性质3,先去掉绝对值符号,再计算]:

(1) $\int_{0}^{5} |1-x| \mathrm{d}x$;   (2) $\int_{0}^{2\pi} |\sin x| \mathrm{d}x$;   (3) $\int_{0}^{3} \sqrt{(2-x)^2} \mathrm{d}x$.

5. 计算下列定积分:

(1) $\displaystyle\int_{\frac{\pi}{3}}^{\pi}\sin\left(x+\frac{\pi}{3}\right)\mathrm{d}x$;

(2) $\displaystyle\int_{-2}^{1}\frac{\mathrm{d}x}{(11+5x)^3}$;

(3) $\displaystyle\int_{\frac{\pi}{6}}^{\frac{\pi}{2}}\cos^2 u\,\mathrm{d}u$;

(4) $\displaystyle\int_{1}^{\sqrt{3}}\frac{\mathrm{d}x}{x^2\sqrt{1+x^2}}$;

(5) $\displaystyle\int_{-1}^{1}\frac{x\,\mathrm{d}x}{\sqrt{5-4x}}$;

(6) $\displaystyle\int_{1}^{4}\frac{\mathrm{d}x}{1+\sqrt{x}}$;

(7) $\displaystyle\int_{0}^{1}t\mathrm{e}^{-\frac{t^2}{2}}\mathrm{d}t$;

(8) $\displaystyle\int_{1}^{\mathrm{e}}\frac{(\ln x)^4}{x}\mathrm{d}x$;

(9) $\displaystyle\int_{0}^{1}\frac{\mathrm{d}x}{\mathrm{e}^x+\mathrm{e}^{-x}}$.

6. 计算下列定积分:

(1) $\displaystyle\int_{0}^{1}x\mathrm{e}^{-x}\mathrm{d}x$;

(2) $\displaystyle\int_{0}^{2\mathrm{e}}\ln(2x+1)\mathrm{d}x$;

(3) $\displaystyle\int_{0}^{1}(5x+1)\mathrm{e}^{5x}\mathrm{d}x$;

(4) $\displaystyle\int_{0}^{\frac{\pi}{2}}\mathrm{e}^x\cos x\,\mathrm{d}x$;

(5) $\displaystyle\int_{0}^{\frac{1}{2}}\arcsin x\,\mathrm{d}x$;

(6) $\displaystyle\int_{1}^{4}\frac{\ln x}{\sqrt{x}}\mathrm{d}x$.

6.3　定积分的应用

定积分是一种实用性很强的数学方法,其应用极其广泛,如平面图形面积、立体体积、物体运动通过的路程及生物生长量的计算等都可以转化为定积分的计算,而这种转化一般是通过微元法来实现的.

6.3.1　定积分应用的微元法

在 6.1.1 中,我们曾用定积分概念解决了曲边梯形的面积 S 的计算问题,都采用以下 4 个步骤:

第一步　分割,将所求量 S 分为部分量之和,即

$$S=\sum_{i=1}^{n}\Delta S_i\quad(i=1,2,\cdots,n)$$

第二步　替代,求出每个部分量 ΔS_i 的近似值,即

$$\Delta S_i\approx f(\xi_i)\Delta x_i\quad(i=1,2,\cdots,n)$$

第三步　求和,写出整体量 S 的近似值,即

$$S=\sum_{i=1}^{n}\Delta S_i\approx\sum_{i=1}^{n}f(\xi_i)\Delta x_i$$

第四步　取极限,即取 $\lambda=\max\{\Delta x_i\}\to 0$ 时的极限,即

$$S=\lim_{\lambda\to 0}\sum_{i=1}^{n}f(\xi_i)\Delta x_i=\int_{a}^{b}f(x)\mathrm{d}x$$

观察上述 4 步,我们发现第二步是关键,因为最后的被积表达式的形式都是在这一步被

确认的,这只要把近似式 $f(\xi_i)\Delta x_i$ 中的变量记号改变一下即可(ξ_i 换为 x;Δx_i 换为 $\mathrm{d}x$). 而第三、第四两步可以合并成一步:在区间 $[a,b]$ 上无限累加,即在 $[a,b]$ 上积分. 至于第一步,它只是指明所求量具有可加性,这是 S 能用定积分计算的前提,于是上述 4 步就简化成了实用的两步:

(1) 求微分 在区间 $[a,b]$ 上任取一个微小区间 $[x,x+\mathrm{d}x]$,取这个微小区间上的部分量 ΔS 的近似值: $\Delta S \approx \mathrm{d}S$,其中 $\mathrm{d}S = f(x)\mathrm{d}x$ 称为整体量 S 的微分元素,简称 S 的微元.

(2) 求积分 在 $[a,b]$ 上将微元 $\mathrm{d}S$ 无限累加(即积分),得

$$S = \int_a^b \mathrm{d}S = \int_a^b f(x)\mathrm{d}x$$

这种方法称为微元法,下面用微元法来介绍定积分的一些应用.

6.3.2 用定积分求平面图形的面积

前面已经解决了曲边梯形面积的计算,即由曲线 $y = f(x)$ ($f(x) \geqslant 0$) 及直线 $x = a$,$x = b$,$y = 0$ 所围曲边梯形的面积为 $S = \int_a^b f(x)\mathrm{d}x$.

现在讨论一般情形.

设在 $[a,b]$ 上的连续函数 $f(x)$ 与 $g(x)$ 满足 $f(x) \geqslant g(x)$,计算曲线 $y = f(x)$,$y = g(x)$ 及两直线 $x = a$,$x = b$ 所围成的平面图形的面积 S(图 6.13).

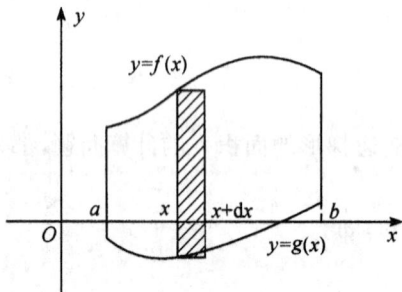

图 6.13

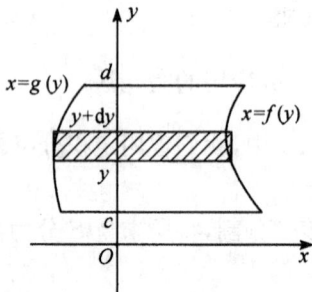

图 6.14

利用微元法,在区间 $[a,b]$ 上任取一微小区间 $[x,x+\mathrm{d}x]$,它所对应的小竖条的面积的近似值为 $[f(x)-g(x)]\mathrm{d}x$,图 6.13 中带阴影的部分. 取 $\mathrm{d}S = [f(x)-g(x)]\mathrm{d}x$ 作为面积 S 的微元,从 a 到 b 进行积分,得到该平面图形的面积

$$S = \int_a^b [f(x)-g(x)]\mathrm{d}x \tag{6.4}$$

同样,图 6.14 所给由曲线 $x = f(y)$,$x = g(y)$($f(y) \geqslant g(y)$)和直线 $y = c$,$y = d$ 所围成的图形的面积 S 可表示为(取 y 为积分变量)

$$S = \int_c^d [f(y)-g(y)]\mathrm{d}y \tag{6.5}$$

【例 6.14】 计算由曲线 $y = x^2$ 与 $y^2 = x$ 所围成图形的面积.

解 两曲线所围成的图形如图 6.15 所示,两曲线的交点为$(0,0)$和$(1,1)$,选取 x 为积分变量,于是由公式(6.4)得所求图形的面积

$$S = \int_0^1 (\sqrt{x} - x^2)\mathrm{d}x = \left(\frac{2}{3}x^{\frac{3}{2}} - \frac{1}{3}x^3\right)\Big|_0^1 = \frac{1}{3}.$$

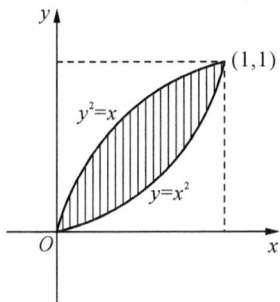
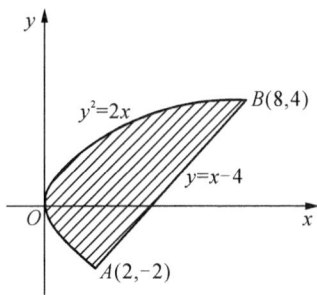

图 6.15   图 6.16

【例 6.15】 计算由抛物线 $y^2 = 2x$ 及直线 $y = x - 4$ 所围成图形的面积.

解 抛物线 $y^2 = 2x$ 与直线 $y = x - 4$ 所围成图形如图 6.16 所示.解方程组

$$\begin{cases} y^2 = 2x \\ y = x - 4 \end{cases}$$

得抛物线与直线的交点为 $(2,-2)$ 和$(8,4)$,以 y 为积分变量,由公式(6.5)得所求面积

$$S = \int_{-2}^4 \left[(y+4) - \frac{y^2}{2}\right]\mathrm{d}y = \left(\frac{y^2}{2} + 4y - \frac{y^3}{6}\right)\Big|_{-2}^4 = 18.$$

对于例 6.16,如果取 x 为积分变量,计算会比较复杂(读者可自行计算比较之). 由此可见,在计算面积时,应根据图的形状恰当选取积分变量.

一般地,若所围图形的两条曲线是上下关系,则选择 x 为积分变量;若所围图形的两条曲线是左右关系,则选择 y 为积分变量.

【例 6.16】 计算星形线 $\begin{cases} x = a\cos^3 t \\ y = a\sin^3 t \end{cases}$ $(a > 0, 0 \leqslant t \leqslant 2\pi)$ 所围成的图形面积(图 6.17).

解 选取 x 为积分变量,根据图形的对称性,只需计算图形在第一象限部分的面积 S_1

$$S_1 = \int_0^a y\mathrm{d}x$$

应用定积分的换元积分法,由 $x = a\cos^3 t$,取 $t = \arccos\sqrt[3]{\frac{x}{a}}$ $\left(0 \leqslant t \leqslant \frac{\pi}{2}\right)$,则

$$\mathrm{d}x = -3a\cos^2 t \cdot \sin t\mathrm{d}t$$

当 $x = 0$ 时,$t = \frac{\pi}{2}$;当 $x = a$ 时,$t = 0$,于是

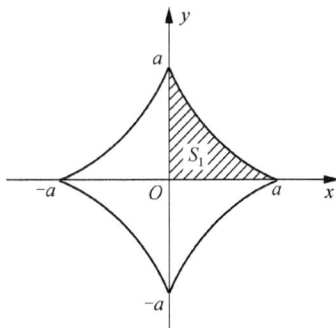

图 6.17

$$S_1 = \int_{\frac{\pi}{2}}^{0} a\sin^3 t(-3a\cos^2 t \cdot \sin t)\mathrm{d}t = 3a^2 \int_{0}^{\frac{\pi}{2}} \sin^4 t \cdot \cos^2 t\mathrm{d}t$$

$$= 3a^2 \int_{0}^{\frac{\pi}{2}} (\sin^4 t - \sin^6 t)\mathrm{d}t = 3a^2 \left(\int_{0}^{\frac{\pi}{2}} \sin^4 t\mathrm{d}t - \int_{0}^{\frac{\pi}{2}} \sin^6 t\mathrm{d}t \right)$$

$$= 3a^2 \left(\frac{3}{4} \cdot \frac{1}{2} \cdot \frac{\pi}{2} - \frac{5}{6} \cdot \frac{3}{4} \cdot \frac{1}{2} \cdot \frac{\pi}{2} \right) = \frac{3\pi a^2}{32}$$

故所求面积

$$S = 4S_1 = \frac{3\pi a^2}{8}.$$

6.3.3　用定积分求旋转体的体积

一个平面图形绕着这平面内的一条直线旋转一周而成的立体,叫做旋转体,这直线叫旋转轴. 圆柱、圆锥、圆台、球体可以分别看成是由矩形绕它的一条边、直角三角形绕它的直角边、直角梯形绕它的直角腰、半圆绕它的直径旋转一周而成的立体,所以它们都是旋转体,车床上切削加工出来的工件,很多都是旋转体.

如图 6.18 所示的旋转体是由曲线 $y = f(x)$,直线 $x = a$、$x = b$ 及 x 轴所围成的曲边梯形 $aMNb$ 绕 x 轴旋转一周而形成的. 它的主要特点是,垂直于曲边梯形底边的平面截旋转体所得的都是圆截面. 现在我们用定积分来计算它的体积,取 x 为积分变量,在区间 $[a, b]$ 上任取一微小区间 $[x, x+\mathrm{d}x]$,与它对应的薄片体积近似于以 $y = f(x)$ 为半径、$\mathrm{d}x$ 为高的薄片圆柱的体积,从而得到体积微元

$$\mathrm{d}V = \pi y^2 \mathrm{d}x = \pi[f(x)]^2 \mathrm{d}x$$

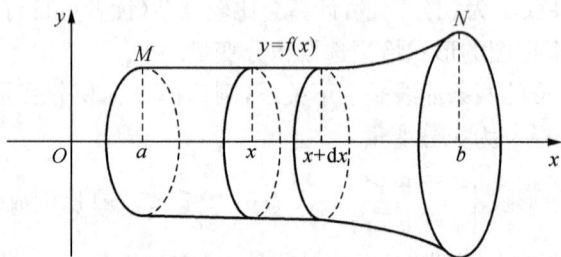

图 6.18

在积分区间 $[a, b]$ 上把无穷多个这样的薄片体积累加起来,就是所求旋转体的体积,即

$$V = \pi \int_{a}^{b} [f(x)]^2 \mathrm{d}x \tag{6.6}$$

同样,图 6.19 所给由曲线 $x = \varphi(y)$,直线 $y = c$,$y = d$ 和 y 轴围成的曲边梯形绕 y 轴旋转而成的旋转体的体积为(取 y 为积分变量)

$$V = \int_{c}^{d} \pi x^2 \mathrm{d}y = \pi \int_{c}^{d} [\varphi(y)]^2 \mathrm{d}y \tag{6.7}$$

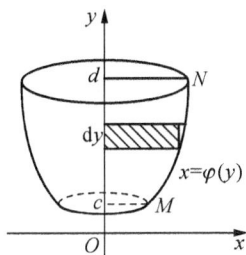

图 6.19

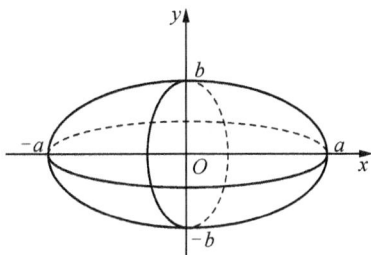

图 6.20

【例 6.17】　求椭圆 $\dfrac{x^2}{a^2} + \dfrac{y^2}{b^2} = 1$ 的上半部分与 x 轴所围成的曲边梯形绕 x 轴旋转而成的椭球体的体积(图 6.20).

解　由椭圆方程得椭圆上半部的曲线 $y = \dfrac{b}{a}\sqrt{a^2 - x^2}$,于是由公式(6.6)得所求体积

$$V = \pi \int_{-a}^{a} \frac{b^2}{a^2}(a^2 - x^2)\mathrm{d}x = \frac{2\pi b^2}{a^2}\int_0^a (a^2 - x^2)\mathrm{d}x$$

$$= \frac{2\pi b^2}{a^2}\left(a^2 x - \frac{1}{3}x^3\right)\Big|_0^a = \frac{4}{3}\pi ab^2$$

当 $a = b = R$ 时,得到以 R 为半径的球的体积

$$V_{球} = \frac{4}{3}\pi R^3.$$

【例 6.18】　求由 $x^2 + y^2 = 2$ 和 $y = x^2$ 所围成的图形(图 6.21 中的阴影部分)绕 x 轴旋转而成的旋转体的体积.

解　解方程组 $\begin{cases} x^2 + y^2 = 2 \\ y = x^2 \end{cases}$ 得圆与抛物线的交点为 $(1,1)$ 和 $(-1,1)$.由圆的方程得圆的上半部的曲线 $y = \sqrt{2 - x^2}$,所求体积为两条曲线分别在区间 $[-1,1]$ 上绕 x 轴旋转而成的旋转体的体积之差,于是有体积微元

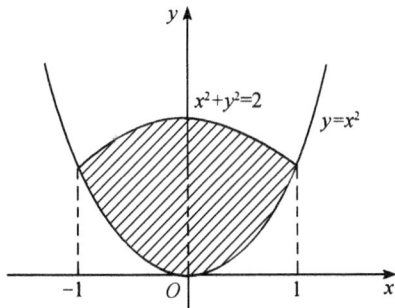

图 6.21

$$\mathrm{d}V = \pi(\sqrt{2 - x^2})^2\mathrm{d}x - \pi(x^2)^2\mathrm{d}x = \pi(2 - x^2 - x^4)\mathrm{d}x$$

所求旋转体的体积为

$$V = \int_{-1}^{1} \mathrm{d}V = 2\pi \int_0^1 (2 - x^2 - x^4)\mathrm{d}x = 2\pi\left(2x - \frac{x^3}{3} - \frac{x^5}{5}\right)\Big|_0^1 = \frac{44}{15}\pi.$$

6.3.4　定积分在生物方面的应用举例

定积分在生物学中的应用尤为重要,如应用连续函数 $f(x)$ 在 $[a, b]$ 上的平均值

$$\overline{y}_{[a,\,b]} = \frac{1}{b-a}\int_a^b f(x)\mathrm{d}x$$

研究组织内部的构造,通过切片(比几个微米还要薄)估计出组织成分的体积;考虑血液的片流,求血管个别的相交部分的血流平均速度等.这里我们仅介绍应用定积分求阶段上的生物生长量的例子.

【例 6.19】 在所给条件下,培养细菌过程中,测得在培养到 10 h 至 30 h 间,菌量的增长速度为

$$\frac{\mathrm{d}N}{\mathrm{d}t} = 8 + 2t$$

求在这段时间内所培养的细菌量.

解 依题意,所求菌量正是已知函数在时间区间[10,30]上的定积分

$$V = \int_{10}^{30}(8+2t)\mathrm{d}t = (8t+t^2)\Big|_{10}^{30} = 960(个).$$

【例 6.20】 某地观察到夏季绿肥生长量 $y\ \mathrm{kg/m^2}$ 关于生长天数 x 的变化率为

$$y' = N_0 k\mathrm{e}^{kx} \qquad (15 \leqslant x \leqslant 50)$$

已知常数 $k = 0.074$,初始量 $N_0 = 15.5\ \mathrm{kg}$,求从 $x_0 = 20$ 天到 $x_1 = 30$ 天间的绿肥生长量.

解 生长量是其变化率的原函数,所求绿肥生长量为

$$\int_{20}^{30} N_0 k\mathrm{e}^{kx}\,\mathrm{d}x = N_0 \int_{20}^{30}\mathrm{e}^{kx}\,\mathrm{d}(kx) = N_0\mathrm{e}^{kx}\Big|_{20}^{30}$$
$$= 15.5(\mathrm{e}^{0.074\times30} - \mathrm{e}^{0.074\times20}) \approx 74.6(\mathrm{kg/m^2})$$

【例 6.21】 生物学中,把在一个时间周期 t_1 到 $t_3(t_3 > t_1)$ 中,平均相对生长率($\overline{\mathrm{RGR}}$)定义为

$$\overline{\mathrm{RGR}} = \frac{1}{t_3 - t_1}\int_{t_1}^{t_3}\left(\frac{1}{W}\cdot\frac{\mathrm{d}W}{\mathrm{d}t}\right)\mathrm{d}t$$

并指出,如果 t_2 是介于 t_1 和 t_3 之间,即 $t_1 < t_2 < t_3$,且 $W = \alpha\mathrm{e}^{\beta t}$,这里 α 和 β 是常数,那么在 t_2 到 t_3 间的平均相对生长率等于 t_1 到 t_2 间的平均相对生长率.

(1)试证明这一结论;

(2)如果 $W = r + \varepsilon t$,这里 r 和 ε 都是常数,那么这个结论也对吗?

证 (1)由于

$$\overline{\mathrm{RGR}} = \frac{1}{t_3 - t_1}\int_{t_1}^{t_3}\left(\frac{1}{W}\cdot\frac{\mathrm{d}W}{\mathrm{d}t}\right)\mathrm{d}t = \frac{1}{t_3 - t_1}\int_{t_1}^{t_3}\frac{1}{W}\mathrm{d}W$$
$$= \frac{1}{t_3 - t_1}\ln(\alpha\mathrm{e}^{\beta t})\Big|_{t_1}^{t_3} = \frac{1}{t_3 - t_1}[\ln(\alpha\mathrm{e}^{\beta t_3}) - \ln(\alpha\mathrm{e}^{\beta t_1})]$$
$$= \frac{1}{t_3 - t_1}\cdot\beta(t_3 - t_1) = \beta \quad (为常数)$$

所以当 $W=\alpha e^{\beta t}$ 时，$\overline{\mathrm{RGR}}$ 与时间 t 的取值无关，即

$$\overline{\mathrm{RGR}}_{[t_2,\, t_3]}=\overline{\mathrm{RGR}}_{[t_1,\, t_2]}.$$

解　(2) 当 $W=r+\varepsilon t$ 时　(r, ε 为常数)

$$\overline{\mathrm{RGR}}=\frac{1}{t_3-t_1}\int_{t_1}^{t_3}\left(\frac{1}{W}\cdot\frac{\mathrm{d}W}{\mathrm{d}t}\right)\mathrm{d}t=\frac{1}{t_3-t_1}\ln(r+\varepsilon t)\Big|_{t_1}^{t_3}=\frac{1}{t_3-t_1}\ln\frac{r+\varepsilon t_3}{r+\varepsilon t_1}$$

与 t 的取值有关，所以

$$\overline{\mathrm{RGR}}_{[t_2,\, t_3]}\neq\overline{\mathrm{RGR}}_{[t_1,\, t_2]}.$$

上例说明了，如果生物生长是按指数规律的，则在一个时间周期中的平均相对生长率为一常数.

练习与思考 6.3

1. 需要建一个如图 6.22 所示的肾形游泳池，你如何求得游泳池的面积？

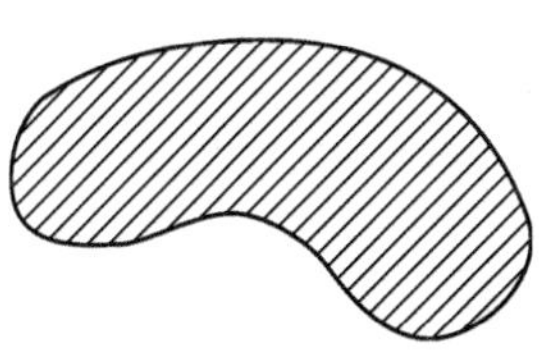

图 6.22

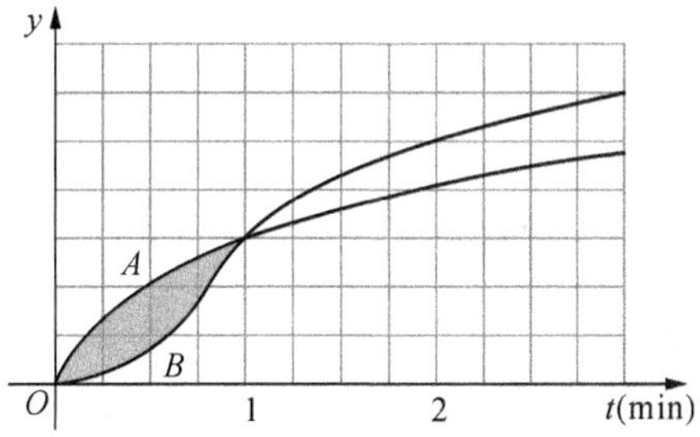

图 6.23

2. 在 1 500 m 比赛中，甲比乙跑得快. 在第一分钟内两人的速度曲线间的面积的物理含义是什么？

3. 两辆汽车 A 和 B 并排从静止开始启动，途中两汽车的速度函数曲线如图 6.23 所示. 仔细观察：

(1) 1 min 后哪辆车在前面？为什么？

(2) 阴影部分的面积表示什么？

(3) 2 min 后哪辆车在前面？为什么？

(4) 估计何时两车相遇？

4. 什么样的量可以考虑用定积分求解？微元法是怎样从定积分基本思想中概括出来的？

5. 用微元法解决实际问题的思路及步骤如何？

6. 已知由曲线 $y=1-x^2$ 与直线 $y=0$ 围成的图形.

(1) 画出草图；

(2) 设积分变量为 x，写出面积微元；

（3）求出积分限；

（4）计算图形面积.

7. 求由曲线 $y=x^2$ 与 $y=2-x^2$ 所围成图形的面积.

8. 求由 $y=e^x$，$y=e^{-x}$ 及直线 $x=1$ 所围成图形的面积.

9. 如图 6.24 所示，求曲边三角形 OAB 绕 x 轴旋转而成的旋转体的体积；求曲边三角形 OBC 绕 y 轴旋转而成的旋转体体积.

10. 求由曲线 $y=\sqrt{x}$ 与直线 $x=1$，$x=4$，$y=0$ 所围图形分别绕 x 轴及 y 轴旋转所产生的立体的体积.

11. 已知某一细菌培养过程中，时刻 t 的菌量的增长速度为

$$\frac{\mathrm{d}N}{\mathrm{d}t} = KN_0\mathrm{e}^{kt} \quad (5 \leqslant t \leqslant 30)$$

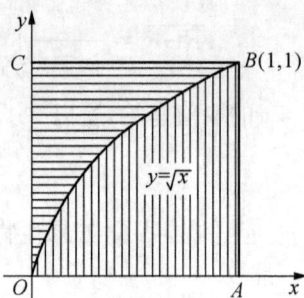

图 6.24

其中，N_0 为细菌的初始量，K 为大于零的常数. 已测得 $N_0=1.2\times10^4$ 个时，$K=0.5$，试求在 $t=10$ h 至 $t=20$ h 这段时间内繁殖的细菌量.

阅读材料 6

（一）经济总量与投资分析

1. 总量问题

在阅读材料 3 中，我们已经掌握了经济分析中的边际函数，现在针对非均衡生产中的一些经济问题，运用定积分由边际函数来确定总量.

【例 6.22】 设某产品在生产过程中的任意时刻 t 时，其总产量变化率为 $q(t)=55+8t-0.6t^2$（件 /h），求从 $t=1$ 到 $t=3$ 这两个小时内的总产量.

解 依题意选择 t 为积分变量. 应用微元法，在区间 $[1,3]$ 上任取一微小区间 $[t, t+\mathrm{d}t]$，在该时间段上相应的产品产量近似于产量的变化率在时刻 t 的值与时间间隔 $\mathrm{d}t$ 的乘积，从而得到产量微元

$$\mathrm{d}Q = q(t)\mathrm{d}t = (55+8t-0.6t^2)\mathrm{d}t$$

将产量微元 $\mathrm{d}Q$ 在 $[1,3]$ 上积分，便得到所求产品在两个小时内的总产量

$$Q = \int_1^3(55+8t-0.6t^2)\mathrm{d}t = (55t+4t^2-0.2t^3)\Big|_1^3 = 136.8（件）$$

设 $R'(q)$，$C'(q)$ 和 $L'(q)$ 分别是产量 q 的边际收入、边际成本和边际利润，由定积分的方法可得产量在 $[a, b]$ 上的

总收入 $\qquad\qquad R = \int_a^b R'(q)\mathrm{d}q \qquad\qquad\qquad (6.8)$

总成本 $\qquad\qquad C = \int_a^b C'(q)\mathrm{d}q \qquad\qquad\qquad (6.9)$

总利润
$$L = \int_a^b L'(q)\mathrm{d}q \qquad (6.10)$$

2. 投资问题

在讨论投资问题之前,我们先介绍经济管理中常用到的两个重要概念,即资金的终值与现值.

如果有资金为 A 元,且按年利率 r 作连续复利计算,则 t 年末的本利之和为 $A\mathrm{e}^{rt}$ 元,我们称 $A\mathrm{e}^{rt}$ 为 A 元资金在 t 年末的终值.

如果 t 年末希望得到 A 元资金,且按年利率 r 作连续复利计算,那么现在需要投入多少资金呢? 假设现在需要投入的资金为 x 元,则由资金的终值可知: $x\mathrm{e}^{rt} = A$,即
$$x = A\mathrm{e}^{-rt}$$

我们称 $A\mathrm{e}^{-rt}$ 为 t 年末资金 A 的现值.

在投资分析过程中为方便计算,我们常将企业资金的收入与支出近似地视为是连续发生的,并分别称为收入流与支出流.

设某企业在 $[0, T]$ 这段时间内的收入流的变化率为 $f(t)$(单位: 元/年或元/月等),年利率为 r,计算该企业在这段时间内的总收入的现值和终值,这里假定 $f(t)$ 在 $[0, T]$ 上连续.

应用微元法,在时间区间 $[0, T]$ 上任取一微小区间 $[t, t+\mathrm{d}t]$,该微小区间内的收入的近似值为 $f(t)\mathrm{d}t$,于是这部分收入的现值可近似地表示成
$$f(t) \cdot \mathrm{e}^{-rt}\mathrm{d}t$$

为收入的现值微元.

将现值微元 $f(t) \cdot \mathrm{e}^{-rt}\mathrm{d}t$ 在 $[0, T]$ 这段时间上无限累加(即积分),得该企业总收入的现值,即
$$\text{现值} = \int_0^T f(t) \cdot \mathrm{e}^{-rt}\mathrm{d}t \qquad (6.11)$$

类似地,该企业在 $[0, T]$ 这段时间内的总收入的终值为
$$\text{终值} = \int_0^T f(t) \cdot \mathrm{e}^{(T-t)r}\mathrm{d}t \qquad (6.12)$$

【例 6.23】　某实验室准备采购一台仪器,其使用寿命为 15 年. 这台仪器的现价为 100 万元,如果租用该仪器每月需支付租金 1 万元,资金的年利率为 5%,以连续复利计算,试判断是购买仪器合算还是租用仪器合算?

解　将 15 年租金总值的现值与该仪器现价进行比较,即可作出决策.

由于租用仪器时每月需支付租金 1 万元,故每年租金为 12 万元,即租金流的变化率为 $f(t) = 12$,于是租金流总值的现值为
$$\text{租金总值的现值} = \int_0^{15} 12\mathrm{e}^{-0.05t}\mathrm{d}t = -\frac{12}{0.05}\mathrm{e}^{-0.05t}\Big|_0^{15}$$
$$= 240(1 - \mathrm{e}^{-0.75}) \approx 126.6(\text{万元})$$

与该仪器现价 100 万元相比较即知,还是购买仪器合算.

注 本题也可将购买仪器的费用折算成按每年租用付款,然后再与实际租金相比较,即可作出决策.

【例 6.24】 一对夫妇准备为孩子存款积攒学费,目前银行的存款年利率为 2%,以连续复利计息. 若他们打算 10 年后攒够 5 万元,计算该对夫妇每年应等额地为其孩子存入多少钱?

解 设该夫妇每年应等额地为其孩子存入 A 元(即存款流为 $f(t)=A$),使得 10 年后存款总额的终值达到 5 万元. 由公式(6.12),得

$$\int_0^{10} Ae^{0.02(10-t)}\,dt = 50\ 000$$

又

$$\int_0^{10} Ae^{0.02(10-t)}\,dt = -\frac{A}{0.02}\int_0^{10} e^{0.02(10-t)}\,d[0.02(10-t)]$$

$$= -\frac{A}{0.02}e^{0.02(10-t)}\Big|_0^{10} = \frac{A(e^{0.2}-1)}{0.02}$$

解出 A

$$A = \frac{50\ 000 \times 0.02}{e^{0.2}-1} \approx 4\ 517(元)$$

即这对夫妇每年应等额地存入 4 517 元,才能使得 10 年后为其孩子攒够 5 万元的学费.

(二)牛顿与微积分

牛顿(Isaac Newton,1642～1727) 伟大的英国数学家、物理学家、天文学家和自然哲学家. 18 岁考入剑桥大学三一学院,成绩优异. 数学上得益于 **I. 巴罗**老师的指导,进步很快.

1665 年～1666 年,因鼠疫流行,学校放假,**I. 牛顿**回到了家乡——英格兰林肯郡的一个村庄里. 这两年里,他制定了一生大多数重要科学创造的蓝图. **牛顿**平生的三大发明:流数术(微积分)、万有引力定律和光的分析都发生在这期间,这时他才 23 岁.

牛顿在数学上最卓越的贡献是微积分的创建. 早在 2500 年前,人类便萌生了极限和微积分的基本思想,随着社会的进步和发展,数学家们已经建立起一系列求解无限小问题(诸如求曲线的切线、曲率、极大极小值、求运动的瞬时速度以及面积、体积、曲线长度、物体的重心计算等)的特殊方法. **牛顿**超越前人的功绩在于:将这些特殊的技巧统一为一般的算法,特别是确立了微分与积分这两类运算的互逆关系——微积分基本定理.

牛顿在微积分方面的工作大致可分为四个时期:

1. 流数概念的引入时期,其代表作、历史上第一篇系统的微积分文献《流数简论》

(1666)介绍了正流数术(微分法)和反流数术(积分法),并用大量篇幅讨论了正、反流数术的各种应用.

2. 应用变量 x 的无穷小瞬探讨微积分的理论时期,其代表作《运用无穷多项方程的分析》(1669)公布了自己对无穷级数的研究成果.

3. 流数法的确立时期,其代表作《流数法与无穷级数》(1671)借运动描述的连续量定义流数,他解释说"我从时间的流动性出发,把所有其他量的增长速度称之为流数,又从时间的瞬息性出发,把任何其他量在瞬息时间内产生的部分称之为瞬".

4. 最成熟的微积分著述时期,**牛顿**在 **E. 哈雷**的敦促和帮助下发表了巨著《自然哲学的数学原理》(1687),《曲线求积术》(1691)始终以函数(虽然当时尚未用"函数"术语)为考察对象,以导数为中心概念,建立了求函数的增量与自变量增量之比的极限的方式来确定导数,说明他深刻地把握住微积分思想的实质和发展方向,**I. 牛顿**不愧为古往今来最伟大的数学家之一.

习题 6

1. 已知物体以 $v(t)=3t+5(\mathrm{m/s})$ 作直线运动,试用定积分表示物体在 $T_1=1\mathrm{~s}$ 到 $T_2=3\mathrm{~s}$ 期间所经过的路程.

2. 设放射性物质分解速度 v 是时间 t 的函数 $v(t)$,试用定积分表示放射性物质由时间 t_0 到 t_1 所分解的质量.

3. 利用定积分的性质,比较下列各对积分的大小:

(1) $\displaystyle\int_0^1 x^2 \mathrm{d}x$ 与 $\displaystyle\int_0^1 x^3 \mathrm{d}x$;

(2) $\displaystyle\int_3^4 \ln x \mathrm{d}x$ 与 $\displaystyle\int_3^4 \ln^2 x \mathrm{d}x$;

(3) $\displaystyle\int_0^1 x \mathrm{d}x$ 与 $\displaystyle\int_0^1 \ln(x+1) \mathrm{d}x$;

(4) $\displaystyle\int_0^1 \mathrm{e}^x \mathrm{d}x$ 与 $\displaystyle\int_0^1 (1+x) \mathrm{d}x$.

4. 计算下列定积分:

(1) $\displaystyle\int_{-1}^0 \frac{3x^4+3x^2+1}{x^2+1} \mathrm{d}x$;

(2) $\displaystyle\int_0^1 \left| x-\frac{1}{2} \right| \mathrm{d}x$;

(3) 设 $f(x)=\begin{cases} x+1 & \text{当 } x \leqslant 1 \text{ 时} \\ \dfrac{1}{2}x^2 & \text{当 } x > 1 \text{ 时} \end{cases}$,求 $\displaystyle\int_0^2 f(x)\mathrm{d}x$;

(4) 设 $f(x)=\begin{cases} x^2 & \text{当 } x < 1 \text{ 时} \\ \mathrm{e}^{x-1} & \text{当 } x \geqslant 1 \text{ 时} \end{cases}$,求 $\displaystyle\int_{-1}^2 f(x)\mathrm{d}x$.

5. 计算下列定积分:

(1) $\displaystyle\int_0^{\frac{\pi}{2}} \sin\varphi \cos^3\varphi \mathrm{d}\varphi$;

(2) $\displaystyle\int_0^a x^2 \sqrt{a^2-x^2} \mathrm{d}x$;

(3) $\displaystyle\int_0^{\sqrt{2}a} \frac{x}{\sqrt{3a^2-x^2}} \mathrm{d}x$;

(4) $\displaystyle\int_{-\frac{\pi}{2}}^{\frac{\pi}{2}} \cos x \cos 2x \mathrm{d}x$;

(5) $\displaystyle\int_0^1 \mathrm{e}^{x+\mathrm{e}^x} \mathrm{d}x$;

(6) $\displaystyle\int_1^{\mathrm{e}} \frac{\mathrm{d}x}{x\sqrt{1+\ln x}}$;

(7) $\int_{-\frac{\pi}{2}}^{\frac{\pi}{2}} \sqrt{\cos x - \cos^3 x}\, dx$;

(8) 设 $f(x)$ 在 $[a, b]$ 上连续,且 $\int_a^b f(x)\, dx = 1$,求 $\int_a^b f(a+b-x)\, dx$.

6. 设 $f(x)$ 在 $[-b, b]$ 上连续,证明:$\int_{-b}^b f(x)\, dx = \int_{-b}^b f(-x)\, dx$.

7. 计算下列定积分:

(1) $\int_0^1 x \arctan x\, dx$; (2) $\int_{\frac{\pi}{4}}^{\frac{\pi}{3}} \dfrac{x}{\sin^2 x}\, dx$; (3) $\int_0^{\frac{\pi}{2}} e^{2x} \cos x\, dx$;

(4) $\int_{\frac{1}{e}}^e |\ln x|\, dx$; (5) $\int_0^{\frac{\pi}{2}} \cos^8 2x\, dx$; (6) $\int_0^1 x^3 e^{x^2}\, dx$.

8. 计算下列函数在对称区间上的积分:

(1) $\int_{-\pi}^{\pi} x^2 \sin 2x\, dx$; (2) $\int_{-1}^1 (1-\cos^5 x)x^3\, dx$; (3) $\int_{-\sqrt{2}}^{\sqrt{2}} x e^{x^2}\, dx$.

9. 求下列曲线所围成的平面图形的面积:

(1) $y = x^2$, $y = (x-2)^2$ 与 $y = 0$;

(2) $y = \sin x$, $y = \cos x$ 与直线 $x = 0$, $x = \dfrac{\pi}{2}$;

(3) $y = 3 + 2x - x^2$ 与直线 $x = 1$, $x = 4$ 及 Ox 轴.

10. 计算由曲线 $xy = 2$, $y - 2x = 0$, $2y - x = 0$ 所围成图形的面积.

11. 求下列曲线所围成的图形绕 x 轴旋转而成的旋转体的体积:

(1) $y = x^2$ 与 $y = 1$; (2) $y = \ln x$ 与 $x = e$;

(3) $x^2 + (y-5)^2 = 16$; (4) $y = \sin x (0 \leqslant x \leqslant \pi)$ 与 $y = 0$.

12. 求由曲线 $y = x^2 - 2x$, $y = 0$, $x = 1$ 及 $x = 3$ 所围图形绕 y 轴旋转所得旋转体的体积.

13. 求曲线 $y = e^x (x \geqslant 0)$, $y = 0$ 及 $x = 2$ 所围图形分别绕 x 轴及 y 轴旋转所得立体的体积.

*14. 设电流强度 i 可表示为时间 t 的函数 $i = 2t + t^2$,求时间从 $t = 0$ 到 $t = b$ 流过的电量 Q.

*15. 某产品的边际利润 $L'(q) = 500 - 0.01q$(元)$(q \geqslant 0)$.

(1) 求生产 50 个单位产品时的利润;

(2) 如果已生产 50 个单位产品后,求再继续生产 50 个单位产品时的利润.

*16. 李先生准备购买一套商品房,现价为 60 万元,如果采用分期付款,则要求每年付款 5 万元,且 20 年付清,而银行的贷款年利率为 4%,按连续复利计息,请问他们是一次付款合算还是分期付款合算?

*17. 已知某产品的边际收入 $R'(q) = 25 - 2q$,边际成本 $C'(q) = 13 - 4q$,固定成本为 $C(0) = 10$,求产品销量为 $q = 10$ 时的毛利和纯利.

*18. 某产品日产量 q 吨的总成本为 $C(q)$,已知边际成本为 $\dfrac{25}{\sqrt{q}} - 0.8$,求日产量从 64 吨增加到 100 吨时的总成本.

第7章 二元函数的微分

前面研究的函数只有一个自变量,然而在自然科学和工程技术中,常常会遇到依赖于两个甚至更多个自变量的函数,我们把这类函数称为多元函数.本章将给出多元函数中最基本的二元函数微分的概念,并讨论它的计算方法及其近似应用.

7.1 空间解析几何简介

空间解析几何是我们学习多元函数微分学的基础.下面简单介绍一下相关知识.

7.1.1 空间直角坐标系

过空间一定点 O 作 3 条互相垂直的数轴: x 轴、y 轴和 z 轴,又称为横轴、纵轴和竖轴,统称为坐标轴.将它们按照如图 7.1 所示方向放置,便建立了空间直角坐标系.

点 O 称为坐标原点;每两个坐标轴所确定的平面称为坐标平面,分别是 xOy 面、yOz 面和 zOx 面;3 个坐标面把空间分成 8 个部分,每个部分称为一个卦限,用大写罗马数字表示.含 x 轴、y 轴和 z 轴正向的部分为第Ⅰ卦限,xOy 面上方的其他 3 个部分按逆时针顺序依次为第Ⅱ、Ⅲ、Ⅳ卦限,分别位于第Ⅰ、Ⅱ、Ⅲ、Ⅳ卦限下方的部分依次为第Ⅴ、Ⅵ、Ⅶ、Ⅷ卦限(图 7.1).

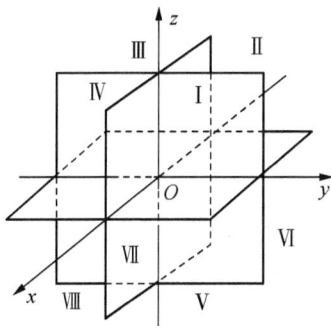

图 7.1

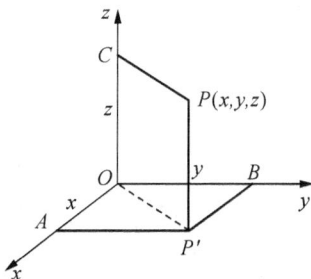

图 7.2

空间点 P 的坐标可这样来确定,如图 7.2 所示.过点 P 作 xOy 面的垂线,垂足为 P',在 xOy 面内,过点 P' 分别作 x 轴、y 轴的垂线,垂足 A、B 的坐标分别为 x 和 y,再过点 P 作 z 轴的垂直相交线,垂足 C 的坐标为 z,这样点 P 的坐标就由一个三元有序数组 (x, y, z) 确定了.x、y、z 依次称为点 P 的横坐标、纵坐标和竖坐标.反之,给定一个三元有序数组 (x, y, z),也可唯一确定空间一点 P,从而建立了空间点与三元有序数组之间的一一对应关系.

根据空间直角坐标系中点的坐标的规定,可知一些特殊点的坐标,如原点的坐标为 $(0, 0, 0)$,x 轴、y 轴、z 轴上点的坐标分别为 $(a, 0, 0)$、$(0, b, 0)$、$(0, 0, c)$,xOy 坐标面、yOz 坐标面、zOx 坐标面上点的坐标分别为 $(x, y, 0)$、$(0, y, z)$、$(x, 0, z)$.

7.1.2 两点之间的距离

设 $M_1(x_1, y_1, z_1)$ 与 $M_2(x_2, y_2, z_2)$ 是空间任意两点(图 7.3),过点 M_1、M_2 分别作 xOy 面的垂线,垂足分别为 P、Q,则在平面直角坐标系 xOy 中,点 P、Q 的坐标分别为 (x_1, y_1) 和 (x_2, y_2),根据平面两点之间的距离公式,有

$$|PQ| = \sqrt{(x_2-x_1)^2+(y_2-y_1)^2}$$

又过点 M_1 作 QM_2 的垂线,垂足为 N,则

$$|NM_2| = |z_2-z_1|, \quad |M_1N| = |PQ|$$

在 $\mathrm{Rt}\triangle M_1NM_2$ 中,根据勾股定理有

$$|M_1M_2|^2 = |M_1N|^2+|NM_2|^2 = (x_2-x_1)^2+(y_2-y_1)^2+(z_2-z_1)^2$$

即

$$|M_1M_2| = \sqrt{(x_2-x_1)^2+(y_2-y_1)^2+(z_2-z_1)^2} \tag{7.1}$$

图 7.3

公式(7.1)为空间两点间的距离公式.显然,它是平面直角坐标系中两点间距离公式的推广.

【**例 7.1**】 求证以 $M_1(2, 1, -1)$、$M_2(5, -1, 0)$、$M_3(3, 0, 1)$ 为顶点的三角形是等腰三角形.

证明 由公式(7.1)得

$$|M_1M_2|^2 = (5-2)^2+(-1-1)^2+(0+1)^2 = 14$$
$$|M_1M_3|^2 = (3-2)^2+(0-1)^2+(1+1)^2 = 6$$
$$|M_2M_3|^2 = (3-5)^2+(0+1)^2+(1-0)^2 = 6$$

因为 $|M_1M_3| = |M_2M_3|$,所以 $\triangle M_1M_2M_3$ 是等腰三角形.

【**例 7.2**】 设有两点 $A(-4, 1, 7)$ 和 $B(1, 5, -2)$,在 z 轴上求与 A 和 B 等距离的点.

解 设所求的点为 $M(0, 0, z)$,则 $|MA| = |MB|$,根据公式(7.1),有

$$\sqrt{(0+4)^2+(0-1)^2+(z-7)^2} = \sqrt{(0-1)^2+(0-5)^2+(z+2)^2}$$

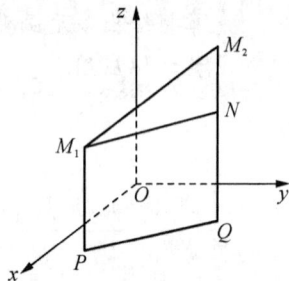

解得 $z = 2$，于是所求点为 $M(0，0，2)$.

7.1.3　曲面与方程

在平面解析几何中，我们把曲线看作是平面上按照一定规律运动的点的轨迹，类似地，在空间解析几何中，曲面可看作是空间中的点按照一定规律运动所形成的轨迹. 空间任意曲面 Σ 上点的坐标 $(x，y，z)$ 满足的关系式为一个三元方程 $F(x，y，z)=0$，那么空间曲面 Σ 就与三元方程一一对应.

定义 7.1　如果曲面 Σ 和方程 $F(x，y，z)=0$ 之间满足：

(1) 曲面 Σ 上任意一点的坐标都满足方程 $F(x，y，z)=0$；

(2) 坐标满足方程 $F(x，y，z)=0$ 的点都在曲面 Σ 上，则称方程 $F(x，y，z)=0$ 为曲面 Σ 的方程，称曲面 Σ 为方程 $F(x，y，z)=0$ 的图形.

在空间直角坐标系中，三元一次方程

$$Ax + By + Cz + D = 0 \quad （A、B、C \text{ 不同时为零}）$$

表示的曲面称为一次曲面，其图形为平面.

【例 7.3】　求由点 $A(1，0，0)$、$B(0，1，0)$、$C(0，0，1)$ 所确定的平面方程.

解　$A、B、C$ 三点不在一条直线上，故这三点唯一确定一平面. 令所求平面方程为

$$Ax + By + Cz + D = 0$$

将三点的坐标分别代入上式，得

$$\begin{cases} A + D = 0 \\ B + D = 0 \\ C + D = 0 \end{cases}$$

则 $A = B = C = -D$，即 $-Dx - Dy - Dz + D = 0$，所以 $x + y + z - 1 = 0$ 为所求的平面方程.

特别地，三个坐标平面 xOy 坐标面、yOz 坐标面和 zOx 坐标面的方程分别为 $z = 0$，$x = 0$，$y = 0$.

想一想：垂直于坐标轴的平面方程是什么？

由于两个平面相交于一条直线，因此，空间直线的方程可由两个不平行平面的方程联立得到，即

$$\begin{cases} A_1 x + B_1 y + C_1 z + D_1 = 0 \\ A_2 x + B_2 y + C_2 z + D_2 = 0 \end{cases}$$

当 $\dfrac{A_1}{A_2} = \dfrac{B_1}{B_2} = \dfrac{C_1}{C_2} \neq \dfrac{D_1}{D_2}$ 时，两个平面平行.

我们把三元二次方程表示的曲面称为二次曲面，两个曲面的交线为空间曲线.

【例 7.4】　在空间直角坐标系中，到定点的距离等于定长的点的轨迹是球面，该定点称

为球心,定长称为半径. 以点(a, b, c)为球心,R为半径的球面方程为

$$(x-a)^2 + (y-b)^2 + (z-c)^2 = R^2$$

当球心为原点$O(0, 0, 0)$时,球面方程为

$$x^2 + y^2 + z^2 = R^2.$$

【例 7.5】 yOz 坐标面上的抛物线 $\begin{cases} z = y^2 \\ x = 0 \end{cases}$ 绕 z 轴旋转一周

所得曲面称为旋转抛物面(图 7.4),其方程为

$$x^2 + y^2 = z$$

一般地,若 yOz 坐标面上的曲线 C 的方程为 $f(y, z) = 0$,只要将方程中的 y 换成 $\pm\sqrt{x^2 + y^2}$,即可得曲线 C 绕 z 轴旋转所得旋转曲面的方程 $f(\pm\sqrt{x^2 + y^2}, z) = 0$.

常见二次曲面的方程及图形见附录 Ⅱ.

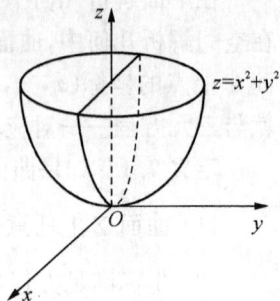

图 7.4

练习与思考7.1

1. 请尝试写出三个坐标轴的方程.

2. 在平面直角坐标系中直线的一般式方程是 $Ax + By + C = 0 (A^2 + B^2 \neq 0)$,请问在空间直角坐标系中该方程是否仍表示直线？方程 $x^2 + y^2 = 1$ 在平面坐标系与空间坐标系内分别表示什么？

3. 求点 $M(x, y, z)$ 关于原点、坐标轴和坐标平面的对称点的坐标.

4. 指出下列各点在空间中的哪个卦限？

(1) $(2, 1, 1)$;　(2) $(3, 3, -1)$;　(3) $(-5, -2, -2)$;　(4) $(-1, 2, -3)$.

5. 证明：$A(1, 2, 3)$、$B(3, 1, 5)$、$C(2, 4, 3)$ 是一个直角三角形的三个顶点.

6. 若平面过 x 轴,则原点 $O(0, 0, 0)$ 在平面上,因而常数项 $D = 0$;x 轴上的点 $(a, 0, 0)$ 也在平面上,因为 a 可取任意数值,所以 $A = 0$,因此过 x 轴的平面方程为 $By + Cz = 0$,请问过 y 轴、z 轴的平面方程是什么？

7. 求与点 $A(2, 1, 1)$ 和 $B(1, -1, 2)$ 等距离的点的轨迹方程.

8. 将曲线 $\begin{cases} 4x^2 + 9y^2 = 36 \\ z = 0 \end{cases}$ 绕 y 轴旋转一周,求所生成的旋转曲面的方程.

9. 指出下列方程在空间各表示什么图形,并作出草图：

(1) $x + y + z = 1$;　　　(2) $x^2 + y^2 = 4$;　　　(3) $2x^2 + y^2 = 4z$;

(4) $x^2 = 4y + 1$;　　　(5) $2x^2 + 2y^2 - z^2 = 0$;　　　(6) $z = 1$;

(7) $2x + 3y - 6 = 0$;　　　(8) $x^2 + y^2 + z^2 = 4$;　　　(9) $\dfrac{x^2}{4} + \dfrac{y^2}{4} = -z$.

7.2 | 二元函数

二元函数是最简单的多元函数,它既是一元函数的推广,又与一元函数有着许多本质的区别,而二元以上函数的概念、计算方法等可完全由二元函数平行推导得到,因此本节主要介绍二元函数的概念及其几何意义.

7.2.1 二元函数的定义

定义 7.2 设有三个变量 x、y 和 z,如果变量 x 与 y 在它们的变化范围 D 中任意取定一对值时,变量 z 按照一定的对应规律 f 都有唯一确定的值与它们对应,则称 z 为变量 x、y 的二元函数,记作 $z = f(x, y)$,x 和 y 叫自变量,函数 z 又叫因变量.自变量 x、y 的变化范围 D 称为函数 z 的定义域.

如物理学中,一定质量的理想气体,其压强 P,体积 V 和热力学温度 T 之间具有关系

$$P = \frac{RT}{V} \quad (R \text{ 是常数})$$

体积 V 和温度 T 在它们的变化范围 $D = \{(V, T) \mid V > 0, T > 0\}$ 内任意取定一对值,按照上述等式都有唯一确定的压强 P 与之对应,因此,压强 P 是关于体积 V 和温度 T 的二元函数.

又如矩形的面积 S 是关于长 x 和宽 y 的二元函数,即 $S = xy$.

定义 7.3 设二元函数 $z = f(u, v)$,而 $u = \varphi(x, y)$,$v = \psi(x, y)$,则称 $z = f[\varphi(x, y), \psi(x, y)]$ 为 x,y 的二元复合函数.

例如,由函数 $z = e^{u\cos v}$,$u = xy$,$v = x - y$ 可复合成函数 $z = e^{xy\cos(x-y)}$.

7.2.2 二元函数的定义域及几何意义

1. 二元函数的定义域

一元函数的定义域是数轴上点的集合,通常用一个或多个区间表示.而二元函数的定义域为平面内点的集合,一般用平面区域表示(图 7.5).常见的平面区域有矩形域(图 7.5 (a))、环域(图 7.5(b))、坐标平面 xOy 面或它的某个部分(图 7.5(c))等.我们把围成区域的曲线叫区域的边界,边界上的点叫边界点,包括边界在内的区域称为闭域(图 7.5(a)),不包括边界在内的区域称为开域(图 7.5(b)).如果区域可以延伸到无穷远处,则称之为无界区域(图 7.5(c)),否则称为有界区域.

特别地,当正数 δ 较小时,我们把圆域

$$\{(x, y) \mid (x - x_0)^2 + (y - y_0)^2 < \delta^2, \delta > 0\}$$

称为点 $P_0(x_0, y_0)$ 的 δ 邻域,不包含点 P_0 的邻域称为去心邻域.

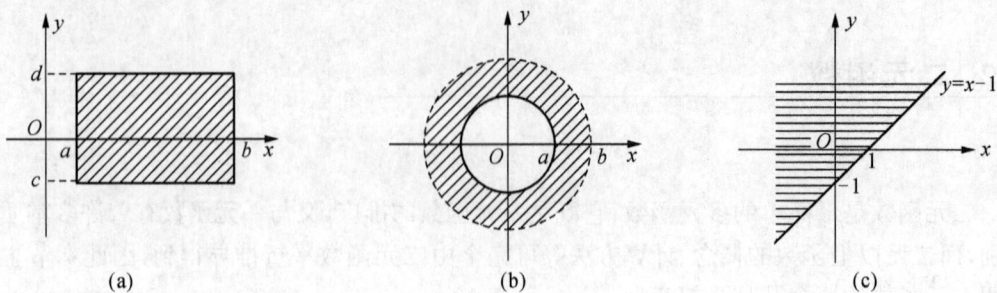

图 7.5

二元函数定义域的求法与一元函数类似，就是求使函数解析式有意义的自变量的范围，若为实际问题还要满足实际要求.

【例 7.6】 求二元函数 $z = \sqrt{9 - x^2 - y^2}$ 的定义域.

解 由根式函数的要求可知,该函数的定义域为

$$D = \{(x, y) \mid x^2 + y^2 \leqslant 9\}$$

其几何图形为 xOy 面上以原点为圆心,3 为半径的圆及其内部,它是有界闭区域(图 7.6).

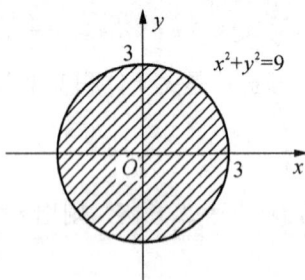

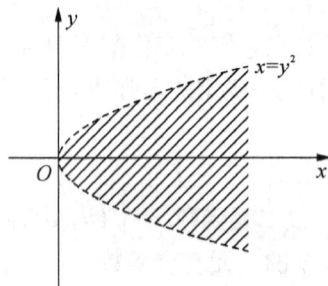

图 7.6   图 7.7

【例 7.7】 求二元函数 $z = \ln(x - y^2)$ 的定义域.

解 根据对数函数的要求可知,该函数的定义域为

$$D = \{(x, y) \mid x - y^2 > 0\}$$

它在 xOy 平面上表示抛物线 $x = y^2$ 的内部,它是无界开区域(图 7.7).

2. 二元函数的几何意义

一元函数 $y = f(x)$ 的图形是平面直角坐标系中的曲线,相应地,二元函数 $z = f(x, y)$ 的图形是空间直角坐标系中的曲面,其定义域 D 是 xOy 平面上的一个区域,也是曲面 $z = f(x, y)$ 在 xOy 面上的投影. 若在 D 中任取一点 $M(x, y)$,过点 M 作 xOy 坐标面的垂线 MP,使 P 点的竖坐标为 $z = f(x, y)$,则当点 M 在区域 D 中移动时,点 P 的轨迹就是一个空间曲面,该曲面即是二元函数 $z = f(x, y)$ 的图形(图 7.8).

例如,二元函数 $x^2 = 2y$ 的图形是一个抛物柱面(图 7.9).

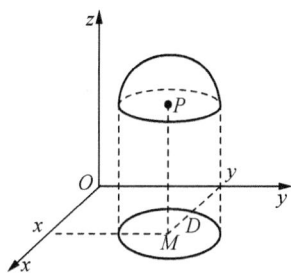
图 7.8

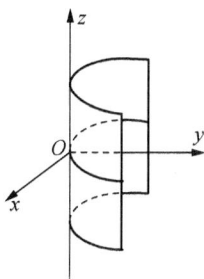
图 7.9

7.2.3　二元函数的极限

定义 7.4　设二元函数 $z = f(x, y)$，如果当点 (x, y) 以任意方式趋近于点 (x_0, y_0) 时，$f(x, y)$ 无限趋近于一个确定的常数 A，则称 A 是函数 $z = f(x, y)$ 当 $(x, y) \to (x_0, y_0)$ 时的极限，记作

$$\lim_{(x, y) \to (x_0, y_0)} f(x, y) = A \quad \text{或} \quad \lim_{\substack{x \to x_0 \\ y \to y_0}} f(x, y) = A.$$

在讨论一元函数极限时，沿着 x 轴，点 x 趋近于点 x_0 的方式只有 3 种：$x \to x_0^-$，$x \to x_0^+$，$x \to x_0$. 但二元函数极限的情况要复杂得多，在 xOy 坐标面上，点 $P(x, y)$ 趋近于点 $P_0(x_0, y_0)$ 的方式是多种多样的，因此，我们必须强调 (x, y) 以"任意方式"趋近于点 (x_0, y_0)，$f(x, y)$ 都无限趋近于常数 A 时，极限才存在.

例如，对于函数 $f(x, y) = \dfrac{xy}{x^2 + y^2}$，当点 (x, y) 沿着直线 $y = kx$ 趋近于点 $(0, 0)$ 时，有

$$\lim_{\substack{(x, y) \to (0, 0) \\ y = kx}} \frac{xy}{x^2 + y^2} = \lim_{x \to 0} \frac{kx^2}{x^2 + k^2 x^2} = \lim_{x \to 0} \frac{k}{1 + k^2} = \frac{k}{1 + k^2}$$

可见，极限值与 k 的取值有关，即当点 (x, y) 沿着不同的直线趋近于点 $(0, 0)$ 时，所得极限值不相同，因此极限 $\lim\limits_{(x, y) \to (0, 0)} \dfrac{xy}{x^2 + y^2}$ 不存在.

有关一元函数极限的运算法则和定理，可以推广到二元函数的极限.

【例 7.8】　求极限 $\lim\limits_{(x, y) \to (0, 0)} \dfrac{2 - \sqrt{xy + 4}}{xy}$.

解　$\lim\limits_{(x, y) \to (0, 0)} \dfrac{2 - \sqrt{xy + 4}}{xy} = \lim\limits_{(x, y) \to (0, 0)} \dfrac{-1}{2 + \sqrt{xy + 4}} = -\dfrac{1}{4}$.

7.2.4　二元函数的连续

类似于一元函数的连续条件，二元函数连续的充要条件也是极限值等于函数值.

定义 7.5　设二元函数 $z = f(x, y)$ 在点 $P_0(x_0, y_0)$ 的某个邻域内有定义，如果

$$\lim_{\substack{x \to x_0 \\ y \to y_0}} f(x, y) = f(x_0, y_0)$$

则称二元函数 $z = f(x, y)$ 在点 $P_0(x_0, y_0)$ 处连续. 如果 $f(x, y)$ 在区域 D 内的每一点都连续,则称二元函数 $z = f(x, y)$ 在区域 D 上连续.

如果二元函数 $z = f(x, y)$ 在点 $P_0(x_0, y_0)$ 处不连续,则称 $z = f(x, y)$ 在点 $P_0(x_0, y_0)$ 处间断,点 P_0 称为函数 $z = f(x, y)$ 的间断点.

与一元连续函数类似,二元连续函数的和、差、积、商(分母不等于零)及复合函数仍然是连续函数.从而有结论:多元初等函数在其定义域内连续.

练习与思考 7.2

1. 表达式 $\lim\limits_{\substack{x \to x_0 \\ y \to y_0}} f(x, y) = \lim\limits_{x \to x_0} [\lim\limits_{y \to y_0} f(x, y)]$ 成立吗?

2. 已知二元函数 $z = f(x, y)$ 的定义域 D 关于原点对称,如果对任意 $(x, y) \in D$,都有 $f(-x, y) = f(x, y)$,则称函数对于变量 x 是偶函数;如果对任意的 $(x, y) \in D$,都有 $f(-x, y) = -f(x, y)$,则称函数对变量 x 是奇函数. 请描述上述两种情况下函数图像的对称性.

3. 请仿照一元连续函数在闭区间上的三个性质写出二元连续函数在有界闭区域上的相应性质.

4. 比较二元函数与一元函数的概念,指出二者之间的区别.

5. 对照二元函数的定义,写出三元函数的定义.

6. 求下列函数在指定点的值:

(1) $f(x, y) = 3x^2 - 2y^2$,$f(1, 2)$,$f(1, 0)$;

(2) $f(x, y) = \dfrac{x - 2y}{2x - y}$,$f(2, 1)$,$f(1, -1)$;

(3) $f(x, y) = x\sin y + y\cos x$,$f(\pi, \pi)$,$f(-\pi, -\pi)$;

(4) $f(x, y, z) = x\ln yz$,$f(1, 2, 3)$,$f(3, 2, 1)$.

7. 求下列函数的解析式:

(1) 已知 $f(x, y) = x^2 + y^2$,求 $f(x + y, xy)$;

(2) 已知 $f(x + y, xy) = x^2 + y^2$,求 $f(x, y)$;

(3) 已知 $f(x, y) = (xy)^{x+y}$,求 $f(x - y, x + y)$;

(4) 已知 $f(x, y) = x^2 + 2y^3$,求 $f(-x, -y)$.

8. 求下列函数的定义域,并画出定义域的图形:

(1) $z = 4 - 2x - 3y$; 　　　　(2) $z = \ln(x^2 + y^2 - 1)$;

(3) $z = \sqrt{y - x^2}$; 　　　　(4) $z = \dfrac{1}{x - y}$;

(5) $z = \arcsin(x^2 + y^2 - 3)$; 　　　　(6) $z = \sqrt{x^2 - 4} + \sqrt{4 - y^2}$.

9. 求下列极限:

(1) $\lim\limits_{(x, y) \to (0, 0)} x^2 y \sin \dfrac{1}{x + y}$; 　　　　(2) $\lim\limits_{(x, y) \to (0, 1)} \dfrac{\sin xy}{x}$;

(3) $\lim\limits_{(x,\,y)\to(1,\,1)}\dfrac{2xy}{x^2+y^2}$.

10. 设 $f(x,\,y)=\dfrac{x-y}{x+y}$,讨论 $\lim\limits_{(x,\,y)\to(0,\,0)}f(x,\,y)$ 是否存在.

11. 下列函数在何处间断:

(1) $z=\sin\dfrac{1}{x^2+y^2}$; (2) $z=\sqrt{xy}$; (3) $z=\dfrac{1}{y^2-x}$.

7.3 | 偏导数与全微分

二元函数的偏导数与全微分是一元函数的导数与微分的推广.

7.3.1 偏导数的定义及计算方法

我们知道导数是一元函数关于自变量的变化率,而二元函数有两个自变量,我们常常需要知道它关于其中某个自变量的变化率,这就产生了偏导数的概念.

1. 偏导数的定义

定义 7.6 设函数 $z=f(x,\,y)$ 在点 $(x_0,\,y_0)$ 的某一邻域内有定义,当 y 固定在 y_0,而 x 在 x_0 处有增量 Δx 时,相应地函数有增量(称为 z 关于 x 的偏增量)

$$f(x_0+\Delta x,\,y_0)-f(x_0,\,y_0)$$

如果极限

$$\lim\limits_{\Delta x\to0}\frac{f(x_0+\Delta x,\,y_0)-f(x_0,\,y_0)}{\Delta x}$$

存在,则称此极限为函数 $z=f(x,\,y)$ 在点 $(x_0,\,y_0)$ 处对 x 的偏导数,记作

$$\frac{\partial z}{\partial x}\Big|_{\substack{x=x_0\\y=y_0}} \text{ 或 } f_x(x_0,\,y_0).$$

类似地,当 x 固定在 x_0,而 y 在 y_0 处有增量 Δy 时,如果极限

$$\lim\limits_{\Delta y\to0}\frac{f(x_0,\,y_0+\Delta y)-f(x_0,\,y_0)}{\Delta y}$$

存在,则称此极限为函数 $z=f(x,\,y)$ 在点 $(x_0,\,y_0)$ 处对 y 的偏导数,记作

$$\frac{\partial z}{\partial y}\Big|_{\substack{x=x_0\\y=y_0}} \text{ 或 } f_y(x_0,\,y_0).$$

如果函数 $z=f(x,\,y)$ 在区域 D 内每一点 $(x,\,y)$ 处对 x 的偏导数都存在,这个偏导数仍是 $x,\,y$ 的函数,称为二元函数 $z=f(x,\,y)$ 对自变量 x 的偏导函数,记作

$$\frac{\partial z}{\partial x} \text{ 或 } f_x(x, y).$$

类似地,可以定义函数 $z = f(x, y)$ 对自变量 y 的偏导函数,记作

$$\frac{\partial z}{\partial y} \text{ 或 } f_y(x, y).$$

在不致混淆的情况下,偏导函数也简称为偏导数.

2. 偏导数的计算

由偏导数的定义可知,求二元函数的偏导数时,只要固定其中一个自变量,即将它看作常量,对另一个自变量进行一元函数求导运算即可.

【例 7.9】 求 $z = \dfrac{y}{x}$ 的偏导数.

解 把 y 看作常量,对 x 求导,得 $\dfrac{\partial z}{\partial x} = -\dfrac{y}{x^2}$;把 x 看作常量,对 y 求导,得 $\dfrac{\partial z}{\partial y} = \dfrac{1}{x}$.

【例 7.10】 求 $z = x^y$ 的偏导数.

解 把 y 看作常量,对 x 求导,得 $\dfrac{\partial z}{\partial x} = yx^{y-1}$;把 x 看作常量,对 y 求导,得 $\dfrac{\partial z}{\partial y} = x^y \ln x$.

【例 7.11】 求函数 $z = x^2 \sin 3y$ 在点 $\left(-1, \dfrac{\pi}{6}\right)$ 处的偏导数.

解 先求两个偏导数

$$\frac{\partial z}{\partial x} = 2x\sin 3y, \quad \frac{\partial z}{\partial y} = 3x^2 \cos 3y$$

将 $x = -1$, $y = \dfrac{\pi}{6}$ 代入上述偏导数,得

$$\frac{\partial z}{\partial x}\bigg|_{\substack{x=-1 \\ y=\frac{\pi}{6}}} = 2 \times (-1) \times \sin\left(3 \times \frac{\pi}{6}\right) = -2 \times \sin\frac{\pi}{2} = -2$$

$$\frac{\partial z}{\partial y}\bigg|_{\substack{x=-1 \\ y=\frac{\pi}{6}}} = 3 \times (-1)^2 \times \cos\left(3 \times \frac{\pi}{6}\right) = 0.$$

【例 7.12】 设 $f(x, y) = x^2 + (y-1)^x \arctan\sqrt{\dfrac{x}{y}}$,求 $f_x(2, 1)$.

解 如果先求偏导数 $f_x(x, y)$,运算比较繁杂,可先把 y 固定在 $y = 1$,则 $f(x, 1) = x^2$,从而 $f_x(x, 1) = 2x$,$f_x(2, 1) = 4$.

二元函数偏导数的定义和计算方法可直接推广到二元以上的函数.

【例 7.13】 求函数 $u = (x + 2y + 3z)^2$ 的偏导数.

解 把 y, z 看作常量,对 x 求导,得

$$\frac{\partial u}{\partial x} = 2(x+2y+3z).$$

把 x，z 看作常量，对 y 求导，得

$$\frac{\partial u}{\partial y} = 2(x+2y+3z)\cdot 2 = 4(x+2y+3z).$$

把 x，y 看作常量，对 z 求导，得

$$\frac{\partial u}{\partial z} = 2(x+2y+3z)\cdot 3 = 6(x+2y+3z).$$

3. 偏导数的几何意义

由偏导数的定义可知，二元函数 $z=f(x,y)$ 在点 (x_0,y_0) 处对 x 的偏导数 $f_x(x_0,y_0)$ 就是一元函数 $z=f(x,y_0)$ 在 x_0 处的导数 $[f(x,y_0)]'|_{x=x_0}$，因此，二元函数 $z=f(x,y)$ 的偏导数 $f_x(x_0,y_0)$ 表示空间曲线

$$C_x:\begin{cases} z=f(x,y) \\ y=y_0 \end{cases}$$

在点 $M_0(x_0,y_0,f(x_0,y_0))$ 处的切线 M_0T_x 对 x 轴的斜率（图 7.10），即

$$f_x(x_0,y_0) = \tan\alpha.$$

同理，$f_y(x_0,y_0)$ 表示空间曲线

$$C_y:\begin{cases} z=f(x,y) \\ x=x_0 \end{cases}$$

在点 $M_0(x_0,y_0,f(x_0,y_0))$ 处的切线 M_0T_y 对 y 轴的斜率，即

$$f_y(x_0,y_0) = \tan\beta.$$

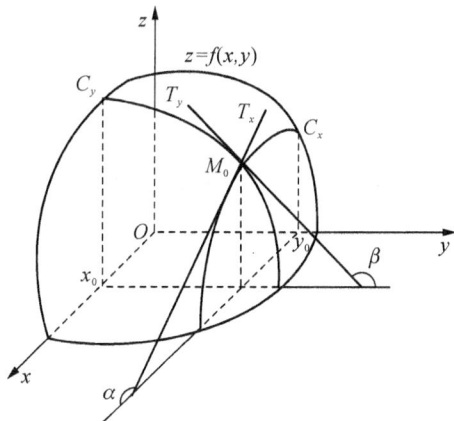

图 7.10

7.3.2　高阶偏导数

类似于一元函数的高阶导数，我们也可以定义二元函数的高阶偏导数．一般来说，二元函数 $z=f(x,y)$ 的两个偏导数 $\frac{\partial z}{\partial x}$ 和 $\frac{\partial z}{\partial y}$ 仍然是自变量 x、y 的二元函数，若它们的偏导数存在，可以继续对 x 或 y 求偏导数，则称这两个偏导数的偏导数为函数 $z=f(x,y)$ 的二阶偏导数．二元函数 $z=f(x,y)$ 的二阶偏导数共有 4 个，分别为

$$\frac{\partial}{\partial x}\left(\frac{\partial z}{\partial x}\right)=\frac{\partial^2 z}{\partial x^2}=f_{xx}(x,y),\quad \frac{\partial}{\partial y}\left(\frac{\partial z}{\partial x}\right)=\frac{\partial^2 z}{\partial x\partial y}=f_{xy}(x,y),$$

$$\frac{\partial}{\partial x}\left(\frac{\partial z}{\partial y}\right)=\frac{\partial^2 z}{\partial y\partial x}=f_{yx}(x,y),\quad \frac{\partial}{\partial y}\left(\frac{\partial z}{\partial y}\right)=\frac{\partial^2 z}{\partial y^2}=f_{yy}(x,y).$$

其中 $f_{xy}(x,y)$, $f_{yx}(x,y)$ 称为二阶混合偏导数. 类似地, 可以定义三阶、四阶、…、n 阶偏导数. 把二阶及二阶以上的偏导数统称为高阶偏导数, 相应地把 $f_x(x,y)$, $f_y(x,y)$ 称为一阶偏导数.

【例 7.14】 求函数 $z = \mathrm{e}^x \cos y$ 的二阶偏导数.

解 函数的一阶偏导数为

$$\frac{\partial z}{\partial x} = \mathrm{e}^x \cos y, \quad \frac{\partial z}{\partial y} = -\mathrm{e}^x \sin y.$$

二阶偏导数为

$$\frac{\partial^2 z}{\partial x^2} = \frac{\partial}{\partial x}\left(\frac{\partial z}{\partial x}\right) = \frac{\partial}{\partial x}(\mathrm{e}^x \cos y) = \mathrm{e}^x \cos y$$

$$\frac{\partial^2 z}{\partial x \partial y} = \frac{\partial}{\partial y}\left(\frac{\partial z}{\partial x}\right) = \frac{\partial}{\partial y}(\mathrm{e}^x \cos y) = -\mathrm{e}^x \sin y$$

$$\frac{\partial^2 z}{\partial y \partial x} = \frac{\partial}{\partial x}\left(\frac{\partial z}{\partial y}\right) = \frac{\partial}{\partial x}(-\mathrm{e}^x \sin y) = -\mathrm{e}^x \sin y$$

$$\frac{\partial^2 z}{\partial y^2} = \frac{\partial}{\partial y}\left(\frac{\partial z}{\partial y}\right) = \frac{\partial}{\partial y}(-\mathrm{e}^x \sin y) = -\mathrm{e}^x \cos y.$$

此例中的两个二阶混合偏导数相等, 即 $\dfrac{\partial^2 z}{\partial x \partial y} = \dfrac{\partial^2 z}{\partial y \partial x}$. 但并不是所有可求二阶偏导数的二元函数都有此结论, 对此我们给出下面的定理.

定理 7.1 若 $z = f(x,y)$ 的两个二阶混合偏导数在区域 D 内连续, 则在该区域内有

$$\frac{\partial^2 z}{\partial x \partial y} = \frac{\partial^2 z}{\partial y \partial x}.$$

定理 7.1 表明, 二阶混合偏导数在连续的条件下与求偏导的次序无关, 二阶以上的高阶偏导数同样如此.

7.3.3 全微分的定义及计算

将一元函数微分的研究过程进行推广, 就可得到二元函数全微分的概念, 我们先来看一个实际问题.

【例 7.15】 设矩形金属薄板长为 x, 宽为 y, 薄板受热膨胀, 长和宽各增加 Δx 和 Δy(图 7.11), 则面积增量

$$\Delta S = (x + \Delta x)(y + \Delta y) - xy = y\Delta x + x\Delta y + \Delta x \Delta y$$

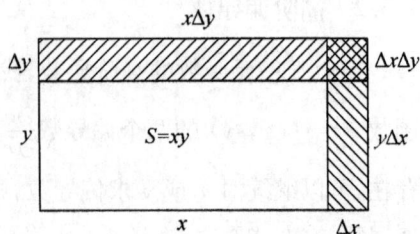

图 7.11

显然, ΔS 由两部分组成:

第一部分是 $y\Delta x + x\Delta y$, 它是关于 Δx 和 Δy 的线性函数; 第二部分是 $\Delta x \Delta y$, 从图 7.11 中可以看出, $\Delta x \Delta y$ 比 $y\Delta x$ 和 $x\Delta y$ 要小得多. 令 $\rho = \sqrt{\Delta x^2 + \Delta y^2}$, 则当 $\rho \to 0$ 时, $\Delta x \Delta y$ 是比

ρ 高阶的无穷小,于是 ΔS 可表示为

$$\Delta S = y\Delta x + x\Delta y + o(\rho)$$

当 $|\Delta x|$, $|\Delta y|$ 很小时,便有 $\Delta S \approx y\Delta x + x\Delta y$.

类似于一元函数微分的概念,我们把第一部分 $y\Delta x + x\Delta y$ 称为函数 $S(x, y) = xy$ 的全微分. 下面给出全微分的定义.

定义 7.7 若二元函数 $z = f(x, y)$ 在点 (x, y) 处的全增量

$$\Delta z = f(x + \Delta x, y + \Delta y) - f(x, y)$$

可以表示为关于 Δx 和 Δy 的线性函数与一个比 $\rho = \sqrt{\Delta x^2 + \Delta y^2}$ 高阶的无穷小之和,即

$$\Delta z = f(x + \Delta x, y + \Delta y) - f(x, y) = A\Delta x + B\Delta y + o(\rho)$$

其中 A, B 与 Δx, Δy 无关,只与 x, y 有关,则称二元函数 $z = f(x, y)$ 在点 (x, y) 处可微,并称线性主部 $A\Delta x + B\Delta y$ 是函数 $z = f(x, y)$ 在点 (x, y) 处的全微分,记作

$$\mathrm{d}z = A\Delta x + B\Delta y.$$

如果二元函数 $z = f(x, y)$ 在区域 D 内的每一点都可微,则称函数 $z = f(x, y)$ 在区域 D 内可微.

一元函数 $y = f(x)$ 在点 x 处可微与在点 x 处可导是等价的,且 $\mathrm{d}y = f'(x)\mathrm{d}x$. 而对于二元函数的全微分,我们不加证明地给出如下定理.

定理 7.2(可微的必要条件) 若二元函数 $z = f(x, y)$ 在点 (x, y) 处可微,则函数 $z = f(x, y)$ 在点 (x, y) 处连续,且两个偏导数存在,并有 $\dfrac{\partial z}{\partial x} = A$, $\dfrac{\partial z}{\partial y} = B$.

定理 7.3(可微的充分条件) 若二元函数 $z = f(x, y)$ 的两个偏导数 $\dfrac{\partial z}{\partial x}$, $\dfrac{\partial z}{\partial y}$ 在点 (x, y) 处连续,则函数 $z = f(x, y)$ 在该点可微.

与一元函数类似,我们规定自变量的微分就是自变量的增量,即 $\mathrm{d}x = \Delta x$, $\mathrm{d}y = \Delta y$,则函数 $z = f(x, y)$ 的全微分可写成

$$\mathrm{d}z = \frac{\partial z}{\partial x}\mathrm{d}x + \frac{\partial z}{\partial y}\mathrm{d}y.$$

二元初等函数一般都满足定理 7.3 的条件,因此它们都是可微函数.

全微分的概念可以推广到二元以上的函数,若三元函数 $u = u(x, y, z)$ 可微,则有

$$\mathrm{d}u = \frac{\partial u}{\partial x}\mathrm{d}x + \frac{\partial u}{\partial y}\mathrm{d}y + \frac{\partial u}{\partial z}\mathrm{d}z.$$

【例 7.16】 求函数 $z = \ln(3x - 2y)$ 的全微分.

解 先求偏导数

$$\frac{\partial z}{\partial x} = \frac{3}{3x - 2y}, \quad \frac{\partial z}{\partial y} = \frac{-2}{3x - 2y}$$

则全微分

$$dz = \frac{\partial z}{\partial x}dx + \frac{\partial z}{\partial y}dy = \frac{3}{3x-2y}dx - \frac{2}{3x-2y}dy.$$

【例 7.17】 求函数 $z = xy^2$ 在点 $(1, -2)$ 处当 $\Delta x = 0.01$，$\Delta y = -0.02$ 时的全微分与全增量.

解 全增量 $\Delta z = (1+0.01) \times (-2-0.02)^2 - 1 \times (-2)^2 = 0.121\ 204$

函数的两个偏导数

$$\frac{\partial z}{\partial x} = y^2, \quad \frac{\partial z}{\partial y} = 2xy$$

因此

$$dz = f_x(1, -2)\Delta x + f_y(1, -2)\Delta y$$
$$= (-2)^2 \times 0.01 + 2 \times 1 \times (-2) \times (-0.02) = 0.12.$$

7.3.4 全微分在近似计算中的应用

由全微分的定义可知，二元函数的全微分也有类似于一元函数微分的性质. 当 $(\Delta x, \Delta y) \to (0, 0)$，即 $\rho \to 0$ 时，全增量 Δz 与全微分 dz 的差是一个比 ρ 高阶的无穷小，即 $\Delta z - dz = o(\rho)(\rho \to 0)$. 因此，当 $|\Delta x|$ 和 $|\Delta y|$ 都很小时，全增量近似等于全微分，即

$$\Delta z \approx dz = f_x(x, y)\Delta x + f_y(x, y)\Delta y \tag{7.2}$$

又 $\Delta z = f(x+\Delta x, y+\Delta y) - f(x, y)$，从而有

$$f(x+\Delta x, y+\Delta y) \approx f(x, y) + f_x(x, y)\Delta x + f_y(x, y)\Delta y \tag{7.3}$$

【例 7.18】 要做一个无盖圆柱形木桶，其内半径为 2 m，内高为 5 m，厚度为 0.05 m，问所需材料的体积大约是多少?

解 圆柱体的体积 $V = \pi r^2 h$，则

$$dV = \frac{\partial V}{\partial r}\Delta r + \frac{\partial V}{\partial h}\Delta h = 2\pi rh\Delta r + \pi r^2\Delta h$$

于是

$$\Delta V \approx dV = 2\pi rh\Delta r + \pi r^2\Delta h$$

将 $r = 2$，$h = 5$，$\Delta r = \Delta h = 0.05$ 代入上式，得

$$\Delta V \approx 2\pi \times 2 \times 5 \times 0.05 + \pi \times 2^2 \times 0.05 = 1.2\pi \approx 3.768(\text{m}^3)$$

故所需材料的体积大约是 3.768 m³.

【例 7.19】 计算 $(1.01)^{2.02}$ 的近似值.

解 设函数 $z = f(x, y) = x^y$，则 $(1.01)^{2.02}$ 就是函数 $z = f(x, y)$ 在 $x+\Delta x = 1.01$，$y+\Delta y = 2.02$ 时的函数值 $f(1.01, 2.02)$.

取 $x=1$，$y=2$，$\Delta x=0.01$，$\Delta y=0.02$，由公式(7.3)得

$$f(1.01, 2.02) = f(1+0.01, 2+0.02)$$
$$\approx f(1, 2) + f_x(1, 2) \times 0.01 + f_y(1, 2) \times 0.02$$

其中 $f(1, 2)=1^2=1$，$f_x(1, 2)=yx^{y-1}\big|_{\substack{x=1\\y=2}}=2$，$f_y(1, 2)=x^y\ln x\big|_{\substack{x=1\\y=2}}=0$，从而

$$(1.01)^{2.02} \approx 1 + 2 \times 0.01 + 0 \times 0.02 = 1.02.$$

练习与思考 7.3

1. 二元函数偏导数与一元函数导数之间有何联系？

2. 二元函数 $z=f(x, y)$ 在点 (x_0, y_0) 处连续、偏导数存在及可微三者之间的关系是什么？

3. 已知 $z=f(u, v)$，其中 $u=\varphi(x, y)$，$v=y$，你能写出复合函数 $z=f[\varphi(x, y), y]$ 的偏导数吗？

4. 柯布-道格拉斯生产函数是反映投入与产出关系的函数，其表达式为

$$Q = AL^\alpha K^\beta \quad (A>0, \alpha>0, \beta>0)$$

其中 L 表示劳动力，K 表示资本. 若要研究投入劳动力的单位变化对产量的影响，应该对生产函数进行什么运算？

5. 若 $z=x^2+y^2$，试求 $\dfrac{\partial z}{\partial y}\big|_{\substack{x=1\\y=1}}$ 且说明其几何意义.

6. $\left(\dfrac{\partial z}{\partial x}\right)^2$ 与 $\dfrac{\partial^2 z}{\partial x^2}$ 是否等同？ $\dfrac{\partial^2 z}{\partial x\partial y}$ 与 $\dfrac{\partial}{\partial x}\left(\dfrac{\partial z}{\partial y}\right)$ 是否等同？ 为什么？

7. 利用全微分进行近似计算的理论依据是什么？ 主要步骤有哪些？

8. 求下列函数的偏导数：

(1) $z=x^2y+xy^2$；　　(2) $z=e^{xy}$；　　(3) $z=\cos(x^2+y)$；

(4) $z=\arctan\dfrac{2x}{y}$；　　(5) $z=\dfrac{x-y}{x+y}$；　　(6) $z=(\sin x)^{\cos y}$；

(7) $z=\sqrt{x^2+y^2}$；　　(8) $z=(1+xy)^y$；　　(9) $u=e^{x+2y+3z}$；

(10) $u=x^{\frac{z}{y}}$.

9. 求下列函数在指定点处的偏导数：

(1) $f(x, y)=\sin(x+2y)$，求 $f_x\left(\dfrac{\pi}{3}, 0\right)$，$f_y\left(\dfrac{\pi}{3}, 0\right)$；

(2) $f(x, y)=\cos^2(x+y)$，求 $f_x\left(\dfrac{\pi}{2}, 0\right)$，$f_y\left(\dfrac{\pi}{2}, 0\right)$；

(3) $f(x, y)=\ln(1+x^2+y^2)$，求 $f_x(1, 2)$，$f_y(1, 2)$；

(4) $f(x, y)=\ln\left(x+\dfrac{y}{2x}\right)$，求 $f_x(1, 0)$，$f_y(1, 0)$；

(5) $f(x, y) = e^{-x}\cos(x+2y)$，求 $f_x\left(0, \dfrac{\pi}{4}\right)$，$f_y\left(0, \dfrac{\pi}{4}\right)$.

10. 求下列函数的二阶偏导数：

(1) $z = x^3 y - 3x^2 y^3$；　　(2) $z = \ln xy$；　　(3) $z = \sin(xy^2)$；

(4) $z = e^{ax+by}$；　　(5) $z = \dfrac{x}{y}$；　　(6) $z = x + y + \dfrac{1}{xy}$.

11. 求函数 $z = 2x + 3y^2$，当 $x = 10$，$y = 8$，$\Delta x = 0.2$，$\Delta y = 0.3$ 时的全增量 Δz 和全微分 dz.

12. 求下列函数的全微分：

(1) $z = xy + \dfrac{x}{y}$；　　(2) $z = x\sin y + y\cos x$；　　(3) $z = xe^{-xy}$；

(4) $z = e^{x-2y}$；　　(5) $z = \ln(3x - 5y)$；　　(6) $z = \ln(\sqrt{x} + \sqrt{y})$；

(7) $u = z\cot(xy)$.

13. 证明：

(1) $z = \ln(e^x + e^y)$ 满足方程 $\dfrac{\partial^2 z}{\partial x^2} \cdot \dfrac{\partial^2 z}{\partial y^2} = \left(\dfrac{\partial^2 z}{\partial x \partial y}\right)^2$；

(2) $z = e^x \cos y$ 满足方程 $\dfrac{\partial^2 z}{\partial x^2} + \dfrac{\partial^2 z}{\partial y^2} = 0$.

14. 利用全微分求下列近似值：

(1) $\sin 29°\tan 46°$；　　(2) $\sqrt{(1.02)^3 + (1.97)^3}$.

7.4 二元复合函数与隐函数的求导

就像一元函数微分学中的复合函数与隐函数的求导，二元函数的复合函数与隐函数的求导方法同样很重要.

7.4.1 二元复合函数的求导法则

定理 7.4 设函数 $u = \varphi(x, y)$，$v = \psi(x, y)$ 在点 (x, y) 处偏导数存在，二元函数 $z = f(u, v)$ 在相应点 (u, v) 处有连续偏导数，则复合函数 $z = f[\varphi(x, y), \psi(x, y)]$（图 7.12）在点 (x, y) 处的偏导数存在，且

$$\frac{\partial z}{\partial x} = \frac{\partial z}{\partial u} \cdot \frac{\partial u}{\partial x} + \frac{\partial z}{\partial v} \cdot \frac{\partial v}{\partial x}$$

$$\frac{\partial z}{\partial y} = \frac{\partial z}{\partial u} \cdot \frac{\partial u}{\partial y} + \frac{\partial z}{\partial v} \cdot \frac{\partial v}{\partial y} \tag{7.4}$$

证明从略.

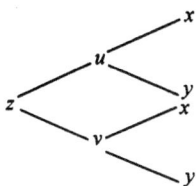
图 7.12

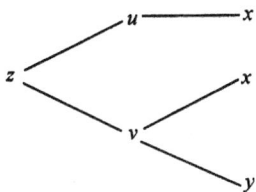
图 7.13

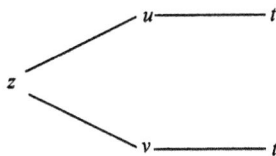
图 7.14

定理 7.4 给出了求二元复合函数偏导数的基本公式,根据复合函数的不同结构,我们要灵活运用公式(7.4),下面介绍两种常见情形.

(1) 设函数 $z = f(u, v)$,而 $u = \varphi(x)$,$v = \psi(x, y)$(图 7.13),则有

$$\frac{\partial z}{\partial x} = \frac{\partial z}{\partial u} \cdot \frac{\mathrm{d}u}{\mathrm{d}x} + \frac{\partial z}{\partial v} \cdot \frac{\partial v}{\partial x}, \qquad \frac{\partial z}{\partial y} = \frac{\partial z}{\partial v} \cdot \frac{\partial v}{\partial y} \qquad (7.5)$$

(2) 设函数 $z = f(u, v)$,而 $u = \varphi(t)$,$v = \psi(t)$,则 $z = f[\varphi(t), \psi(t)]$ 为一元函数(图 7.14),于是有

$$\frac{\mathrm{d}z}{\mathrm{d}t} = \frac{\partial z}{\partial u} \cdot \frac{\mathrm{d}u}{\mathrm{d}t} + \frac{\partial z}{\partial v} \cdot \frac{\mathrm{d}v}{\mathrm{d}t} \qquad (7.6)$$

定理 7.4 可以推广到二元以上的函数. 设函数 $u = u(x, y)$,$v = v(x, y)$,$w = w(x, y)$ 在点 (x, y) 处偏导数存在,三元函数 $z = f(u, v, w)$ 在相应点 (u, v, w) 处有连续偏导数,则有

$$\frac{\partial z}{\partial x} = \frac{\partial z}{\partial u} \cdot \frac{\partial u}{\partial x} + \frac{\partial z}{\partial v} \cdot \frac{\partial v}{\partial x} + \frac{\partial z}{\partial w} \cdot \frac{\partial w}{\partial x}$$

$$\frac{\partial z}{\partial y} = \frac{\partial z}{\partial u} \cdot \frac{\partial u}{\partial y} + \frac{\partial z}{\partial v} \cdot \frac{\partial v}{\partial y} + \frac{\partial z}{\partial w} \cdot \frac{\partial w}{\partial y}.$$

【例 7.20】 设函数 $z = \mathrm{e}^u \sin v$,$u = 2x - y$,$v = xy$,求 $\frac{\partial z}{\partial x}$,$\frac{\partial z}{\partial y}$.

解 根据公式(7.4),有

$$\frac{\partial z}{\partial x} = \frac{\partial z}{\partial u} \cdot \frac{\partial u}{\partial x} + \frac{\partial z}{\partial v} \cdot \frac{\partial v}{\partial x}$$
$$= \mathrm{e}^u \sin v \cdot 2 + \mathrm{e}^u \cos v \cdot y = \mathrm{e}^{2x-y}(2\sin xy + y\cos xy)$$

$$\frac{\partial z}{\partial y} = \frac{\partial z}{\partial u} \cdot \frac{\partial u}{\partial y} + \frac{\partial z}{\partial v} \cdot \frac{\partial v}{\partial y}$$
$$= \mathrm{e}^u \sin v \cdot (-1) + \mathrm{e}^u \cos v \cdot x = \mathrm{e}^{2x-y}(-\sin xy + x\cos xy).$$

【例 7.21】 设 $z = \ln(u - 2v)$,$u = t^3$,$v = \mathrm{e}^t$,求 $\frac{\mathrm{d}z}{\mathrm{d}t}$.

解 根据公式(7.6),有

$$\frac{\mathrm{d}z}{\mathrm{d}t} = \frac{\partial z}{\partial u} \cdot \frac{\mathrm{d}u}{\mathrm{d}t} + \frac{\partial z}{\partial v} \cdot \frac{\mathrm{d}v}{\mathrm{d}t}$$

$$= \frac{1}{u-2v} \cdot 3t^2 + \frac{-2}{u-2v} \cdot e^t = \frac{1}{t^3-2e^t}(3t^2-2e^t).$$

【例 7.22】 设 $z = f(x^2-y^2, e^{xy})$，其中 f 可微，求 $\dfrac{\partial z}{\partial x}$，$\dfrac{\partial z}{\partial y}$．

解 令 $u = x^2-y^2$，$v = e^{xy}$，则 $z = f(u, v)$，于是

$$\frac{\partial z}{\partial x} = \frac{\partial z}{\partial u} \cdot \frac{\partial u}{\partial x} + \frac{\partial z}{\partial v} \cdot \frac{\partial v}{\partial x}$$

$$= \frac{\partial z}{\partial u} \cdot 2x + \frac{\partial z}{\partial v} \cdot e^{xy} \cdot y = 2xf_u + ye^{xy}f_v$$

$$\frac{\partial z}{\partial y} = \frac{\partial z}{\partial u} \cdot \frac{\partial u}{\partial y} + \frac{\partial z}{\partial v} \cdot \frac{\partial v}{\partial y}$$

$$= \frac{\partial z}{\partial u} \cdot (-2y) + \frac{\partial z}{\partial v} \cdot e^{xy} \cdot x = -2yf_u + xe^{xy}f_v.$$

【例 7.23】 一商店有两种白葡萄酒，一种来源于加利福尼亚，一种来源于纽约，售价分别为每瓶 x 元和 y 元，且预计从现在起 t 个月后，$x = 2+0.05t$(元 / 瓶)，$y = 2+0.1\sqrt{t}$(元 / 瓶)．已知加利福尼亚酒的销售量为 $Q(x, y) = 300-20x^2+30y$(瓶)，问：从现在起 4 个月后的一个月里，加利福尼亚酒的销售量将发生怎样的变化？

解 要知道 4 个月后的一个月里加利福尼亚酒销售量的变化情况，就是要求第 4 个月的加利福尼亚酒的销售量 Q 对时间 t 的变化率 $\dfrac{dQ}{dt}\Big|_{t=4}$

$$\frac{dQ}{dt} = \frac{\partial Q}{\partial x}\frac{\partial x}{\partial t} + \frac{\partial Q}{\partial y}\frac{\partial y}{\partial t} = -40x \cdot 0.05 + 30 \cdot 0.1 \cdot \frac{1}{2\sqrt{t}}$$

当 $t = 4$ 时，$x = 2+0.05 \times 4 = 2.2$，$\dfrac{dQ}{dt}\Big|_{t=4} = -3.65$．

所以，从现在起 4 个月后的一个月里，加利福尼亚酒的销售量将减少 3.65 瓶．

7.4.2 二元隐函数的求导法则

与一元隐函数类似，三元方程 $F(x, y, z) = 0$ 确定了 z 是关于 x，y 的函数 $z = z(x, y)$，则二元隐函数可用等式表示为

$$F(x, y, z(x, y)) = 0$$

根据二元复合函数的求导法则，方程两端对 x 求偏导，得

$$\frac{\partial F}{\partial x} + \frac{\partial F}{\partial z} \cdot \frac{\partial z}{\partial x} = 0$$

若 $\dfrac{\partial F}{\partial x} \neq 0$，则

$$\frac{\partial z}{\partial x} = -\frac{\dfrac{\partial F}{\partial x}}{\dfrac{\partial F}{\partial z}} = -\frac{F_x}{F_z} \tag{7.7}$$

同理可得
$$\frac{\partial z}{\partial y} = -\frac{F_y}{F_z} \tag{7.8}$$

公式(7.7)和公式(7.8)称为二元隐函数的求导公式.

【例 7.24】 求由方程 $e^{xy} + xyz = 0$ 所确定的隐函数 $z = z(x, y)$ 的一阶偏导数 $\frac{\partial z}{\partial x}$, $\frac{\partial z}{\partial y}$.

解 令 $F(x, y, z) = e^{xy} + xyz$，则
$$F_x = ye^{xy} + yz, \quad F_y = xe^{xy} + xz, \quad F_z = xy$$

从而
$$\frac{\partial z}{\partial x} = -\frac{F_x}{F_z} = -\frac{ye^{xy} + yz}{xy} = -\frac{e^{xy} + z}{x}$$

$$\frac{\partial z}{\partial y} = -\frac{F_y}{F_z} = -\frac{xe^{xy} + xz}{xy} = -\frac{e^{xy} + z}{y}.$$

练习与思考 7.4

1. 求复合函数偏导数时，需要注意什么？

2. 举例说明求隐函数偏导数的方法有几种？

3. 求下列复合函数的偏导数：

(1) 设 $z = u^2 v^3$，$u = \sin(x-y)$，$v = xy$，求 $\frac{\partial z}{\partial x}$，$\frac{\partial z}{\partial y}$；

(2) 设 $z = e^{uv}$，$u = \ln\sqrt{x^2 + y^2}$，$v = \arctan\frac{y}{x}$，求 $\frac{\partial z}{\partial x}$，$\frac{\partial z}{\partial y}$；

(3) 设 $z = \sin(2u + 3v)$，$u = e^x$，$v = xy$，求 $\frac{\partial z}{\partial x}$，$\frac{\partial z}{\partial y}$；

(4) 设 $z = \arctan\frac{x}{y}$，$x = u+v$，$y = u-v$，求 $\frac{\partial z}{\partial u}$，$\frac{\partial z}{\partial v}$.

4. 求下列复合函数的导数：

(1) 设 $z = e^{x-2y}$，$x = \sin t$，$y = t^3$，求 $\frac{dz}{dt}$；

(2) 设 $z = xa^y$，$y = \ln x$，求 $\frac{dz}{dx}$；

(3) 设 $z = \frac{x}{y}$，$x = e^t$，$y = te^{2t}$，求 $\frac{dz}{dt}$；

(4) 设 $z = u^2 x$，$u = \cos x$，求 $\frac{dz}{dx}$.

5. 求下列函数的一阶偏导数，其中 f 可微：

(1) $z = f(xy, x^2 + y^2)$；　　　　(2) $z = f\left(x^2, \frac{x}{y}\right)$；　　　　(3) $z = f(x^2 + y^2)$.

6. 求下列方程所确定的隐函数的偏导数:

(1) 设 $x^2 + y^3 - xyz^2 = 0$,求 $\dfrac{\partial z}{\partial x}$, $\dfrac{\partial z}{\partial y}$;

(2) 设 $e^z = xyz$,求 $\dfrac{\partial z}{\partial x}$, $\dfrac{\partial z}{\partial y}$;

(3) 设 $\dfrac{x}{z} = \ln\dfrac{z}{y}$,求 $\dfrac{\partial z}{\partial x}$, $\dfrac{\partial z}{\partial y}$.

阅读材料 7

(一) 多种产品问题的产量决策

多元函数偏导数在经济分析、生产实践等方面有着十分广泛的应用. 生产过程中常常会遇到这样的问题,当有多种产品时,为确保最大利润,如何确定每种产品的产量呢? 我们通过下面这个例子来认识一下偏导数在这类问题中的应用.

【例 7.25】 某公司生产两种产品 A 和 B,产量分别为 q_1 和 q_2 单位. 假定这两种产品的市场价格不受这个公司产量的影响,而该公司的成本函数是 $C(q_1, q_2) = 2q_1^2 + q_1q_2 + 2q_2^2$,产品的市场价格分别是产品 A 为 16 万元/单位,产品 B 为 19 万元/单位. 试决定生产每种产品的数量,以保证获得最大利润.

解 收益函数

$$R(q_1, q_2) = 16q_1 + 19q_2$$

则利润函数

$$
\begin{aligned}
L(q_1, q_2) &= R(q_1, q_2) - C(q_1, q_2) \\
&= 16q_1 + 19q_2 - (2q_1^2 + q_1q_2 + 2q_2^2) \\
&= 16q_1 + 19q_2 - 2q_1^2 - q_1q_2 - 2q_2^2
\end{aligned}
$$

求一阶偏导数,得

$$\frac{\partial L}{\partial q_1} = 16 - 4q_1 - q_2, \quad \frac{\partial L}{\partial q_2} = 19 - q_1 - 4q_2$$

令 $\dfrac{\partial L}{\partial q_1} = 0$,$\dfrac{\partial L}{\partial q_2} = 0$,得驻点 $(q_1, q_2) = (3, 4)$.

由于利润函数的驻点唯一,故当产品 A 的产量为 3 个单位,产品 B 的产量为 4 个单位时,利润最大. 最大利润为

$$L(3, 4) = 16 \times 3 + 19 \times 4 - 2 \times 3^2 - 3 \times 4 - 2 \times 4^2 = 62(\text{万元}).$$

说明:(1) 与一元函数类似,我们称使得二元函数 $z = f(x, y)$ 的一阶偏导数均为零的点为该函数的驻点;

(2) 在实际问题当中,若根据实际意义已知所求函数的最值存在,且函数在定义域内有唯一的驻点,则该驻点就是所求函数的最值点.

【例 7. 26】　设生产某种产品的数量与所用两种原料 A、B 的数量 x、y(吨)间有关系式 $f(x, y) = 0.005x^2y$(万件). 已知 A、B 原料的单价分别是 1 万元/吨、2 万元/吨,现欲用资金 150 万元购原料,问购进两种原料各为多少时,可使产品的数量最多? 最大产量为多少?

解　设购 A 原料 x 吨、B 原料 y 吨.

由题意即求函数 $f(x, y) = 0.005x^2y$ 在约束条件 $x + 2y - 150 = 0$ 下的最大值.

令 $F(x, y) = 0.005x^2y + \lambda(x + 2y - 150)$,则由

$$\begin{cases} \dfrac{\partial F}{\partial x} = 0.01xy + \lambda = 0 \\[2mm] \dfrac{\partial F}{\partial y} = 0.005x^2 + 2\lambda = 0 \\[2mm] x + 2y - 150 = 0 \end{cases}$$

消去 λ,解得 $\begin{cases} x = 100 \\ y = 25 \end{cases}$

因此,当购进 A 原料 100 吨、B 原料 25 吨时,产量最大为 $f(100, 25) = 1\,250$(万件).

上述两例均属于求二元函数的极值问题. 例 7.25 中的两个自变量 q_1 与 q_2 是互相独立的,即不受其他条件的约束,此时的极值问题称为无条件极值. 例 7.26 中的两个自变量 x 与 y 受到条件 $x + 2y - 150 = 0$ 的约束,此时的极值问题称为条件极值. 例 7.26 求条件极值的方法叫做拉格朗日乘数法. λ 为拉格朗日乘数,$F(x, y)$ 为拉格朗日函数.

一般地,运用拉格朗日乘数法,求函数 $z = f(x, y)$ 在约束条件 $\varphi(x, y) = 0$ 下的极值步骤分为三步:

第一步　写出拉格朗日函数 $F(x, y) = f(x, y) + \lambda\varphi(x, y)$;

第二步　求 $F(x, y)$ 对 x 与 y 的一阶偏导数,并令它们都为零,然后与约束条件联立方程组

$$即 \quad \begin{cases} \dfrac{\partial F}{\partial x} = 0 \\[2mm] \dfrac{\partial F}{\partial y} = 0 \\[2mm] \varphi(x, y) = 0 \end{cases}$$

消去 λ,解出 x 与 y 的值. 则函数 $f(x, y)$ 的极值可能在点(x, y)处取得;

第三步　由实际问题判别点(x, y)是否是极值点.

(二) 莱布尼兹对微积分发展的贡献

莱布尼兹(Gottfried Wilhelm Leibniz,1646~1716)　德国数学家、哲学家,和 **I. 牛顿**同为微积分学的创建人.

G. W. 莱布尼兹终生奋斗的主要目标是寻求一种可以获得知识和创造发明的普遍方法. 这种努力导致他许多数学的发现,最突出的是微积分学. **I. 牛顿**建立微积分主要是从运

动学的观点出发,而 **G. W. 莱布尼兹**则从几何学的角度去考虑. 特别和 **I. 巴罗**的微分三角形有密切的关系. 他的第一篇微分学文章《一种求极大极小和切线的新方法……》(1684)在《学艺》杂志上发表,这是世界上最早的微积分文献,比 **I. 牛顿**《自然哲学的数学原理》早 3 年. 这篇仅 6 页纸的内容并不丰富,却有着划时代的意义. 它不仅含基本微分法则,还给出极值的条件 $dy=0$ 和拐点的条件 $d^2 y=0$. 在 1686 年,他在《文艺》上又发表了第一篇积分学论文,对微积分的发展有着重大的影响.

  G. W. 莱布尼兹早在 1675 年左右便创造并使用现代微分符号 dy 和 dx. 1675 年 10 月 29 日,他把 Sum(和)的第一个字母 S 拉长,变成"$\int$"作为求积分的符号. 因受 **B. 卡瓦列里**的不可分割法的影响,他认为曲线下的面积是无穷多个无限窄小的矩形面积之和.

  1675～1676 年间,他得到分部积分公式

$$\int u\mathrm{d}v = uv - \int v\mathrm{d}u$$

和幂函数的积分公式

$$\int x^n \mathrm{d}x = \frac{x^{n+1}}{n+1}, \quad \text{其中 } n \text{ 是整数或分数}(n \neq -1).$$

  G. W. 莱布尼兹在引入特征三角形推导公式的过程中,他注意到面积被微分时必定得到长度,经过多次探讨,他断定作为求和过程的积分是微分的逆运算. 并由此得到微积分基本定理(后人称为:**牛顿-莱布尼兹公式**).

习题 7

1. 指出下列方程在空间表示什么图形:

(1) $x^2 + y^2 + z = 1$;

(2) $2x^2 + 3y^2 - z^2 = 1$;

(3) $x^2 + y^2 = 2x$;

(4) $2x + 4y - 3z = 1$.

2. 求下列函数的定义域,并画出定义域的图形:

(1) $z = \ln(xy)$;

(2) $z = \dfrac{\sqrt{4x - y^2}}{\ln(1 - x^2 - y^2)}$;

(3) $z = \sqrt{x - \sqrt{y}}$;

(4) $z = \arcsin\dfrac{x}{3} + \ln(x - y^2)$.

3. 求下列函数的偏导数:

(1) $z = \sin\dfrac{y}{x}$;

(2) $z = \ln\sin(x - y)$;

(3) $z = \dfrac{xy}{x + y}$;

(4) $z = e^{xy}\sin(xy)$;

(5) $z=(x+y)^x$；　　　　　　　　　　　(6) $u=\sqrt{x^2+y^2+z^2}$.

4. 设 $f(x,y,z)=xy^2+yz^2+zx^2$，求 $f_{xx}(1,1,0)$，$f_{xy}(1,1,0)$，$f_{yz}(1,1,0)$.

5. 求下列函数的全微分：

(1) $z=\dfrac{xy}{\sqrt{x^2+y^2}}$；　　　　　　　(2) $z=\arctan\dfrac{x}{y}$；

(3) $z=\ln(x+\sqrt{x^2+y^2})$；　　　　　(4) $u=x^{yz}$.

6. 有 100 个半径 $R=5$ cm，高 $H=20$ cm 的金属圆柱体，现要在圆柱体的表面镀一层厚度为 0.05 cm 的镍，试估计大约需要多少 kg 的镍（镍的密度为 8.8 g/cm^3）.

7. 求下列复合函数的偏导数：

(1) 设 $z=\mathrm{e}^{u\cos v}$，$u=xy$，$v=\ln(x-y)$，求 $\dfrac{\partial z}{\partial x}$，$\dfrac{\partial z}{\partial y}$；

(2) 设 $z=(x+2y)^{3x^2+y^2}$，求 $\dfrac{\partial z}{\partial x}$，$\dfrac{\partial z}{\partial y}$.

8. 设 $x+z=yf(x^2-z^2)$，其中 f 可微，求 $z\cdot\dfrac{\partial z}{\partial x}+y\cdot\dfrac{\partial z}{\partial y}$.

9. 设商品 A 的需求量为 x（万件），价格为 p（元/件），需求函数为 $x=26-p$；商品 B 的需求量为 y（万件），价格为 q（元/件），需求函数为 $y=10-\dfrac{1}{4}q$，生产两种商品的总成本函数 $C=x^2+2xy+y^2+10$（万元），问两种商品各生产多少时，才能获得最大利润？最大利润为多少？

10. 为销售产品需做 A、B 两种方式的广告宣传，当广告宣传费分别为 x、y（万元）时，销售金额为

$$R(x,y)=\frac{400x}{5+x}+\frac{200y}{10+y}$$

如销售产品所得利润是销售金额的 $\dfrac{1}{5}$ 减去总广告费用，现两种方式的广告费共计划 25（万元），问如何分配两种广告费，才能使销售利润最大？最大利润是多少？

第 8 章　二重积分

在一元函数积分学中,我们已经会运用微元法解决许多实际问题.本章将继续运用定积分的思想方法定义二元函数在平面有界区域上的二重积分,重点讲解它的概念、性质、计算方法及简单应用.

8.1　二重积分的概念与性质

各种不同类型的积分,其涵义不同,但引入这些定义的方法本质上与一元函数定积分定义是相同的,都是一个积分思想:分割、替代、求和、取极限.简化为最实用的两步,即微元法.

首先我们以曲边梯形面积为例(图 8.1)回顾一下微元法.

第一步:无限细分,找微元.取总量 S(曲边梯形面积)的部分量 ΔS,找 ΔS 的近似值(以直代曲),得面积微元

$$\mathrm{d}S = f(x)\mathrm{d}x$$

第二步:无限累加,求积分.将上述面积微元 $\mathrm{d}S$ 在 $[a,b]$ 上无限累加(这一步记为 $\int_a^b$,等价于 $\lim\limits_{\lambda \to 0} \sum\limits_{i=1}^{n}$ [①]),得所求量曲边梯形面积

$$S = \int_a^b \mathrm{d}S = \int_a^b f(x)\mathrm{d}x$$

图 8.1

我们将应用微元法通过计算曲顶柱体的体积得到二重积分的概念.

8.1.1　曲顶柱体的体积

设有一立体,它的底是 xOy 平面上的有界闭区域 D,它的侧面是以 D 的边界曲线为准

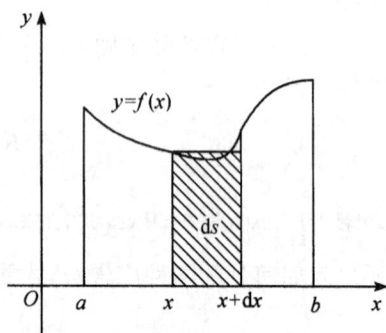

---

① λ 表示 n 个小区间长度中的最大值.

线而母线平行于 z 轴的柱面,它的顶是曲面 $z = f(x, y)$,这里 $f(x, y) \geqslant 0$ 且在 D 上连续(图 8.2),该立体称为曲顶柱体. 现在我们来讨论它的体积.

对于曲顶柱体,当点 (x, y) 在闭区域 D 上变动时,高 $f(x, y)$ 是个变量,可见它的体积不能像平顶柱体的体积那样计算. 但运用积分思想,我们可以将曲顶柱体的体积转化为平顶柱体的体积来求.

第一步:将区域 D 无限细分,在微小闭区域 $\mathrm{d}\sigma$(其面积也记为 $\mathrm{d}\sigma$)上任取一点 (x, y),用以 $f(x, y)$ 为高,$\mathrm{d}\sigma$ 为底的平顶柱体体积 $f(x, y)\mathrm{d}\sigma$ 近似代替 $\mathrm{d}\sigma$ 上小曲顶柱体体积,得到体积微元

$$\mathrm{d}V = f(x, y)\mathrm{d}\sigma$$

图 8.2

第二步:将体积微元 $\mathrm{d}V$ 在区域 D 上无限累加(这一步记为 $\iint\limits_{D}$,等价于 $\lim\limits_{\lambda \to 0}\sum$ [①]),则得所求曲顶柱体的体积

$$V = \iint\limits_{D} f(x, y)\mathrm{d}\sigma.$$

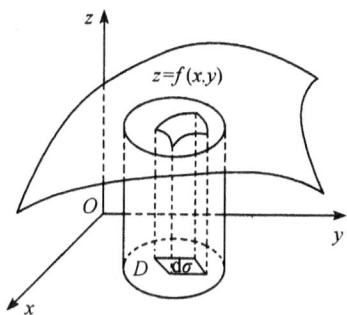

8.1.2　二重积分的定义

若丢掉上述问题的几何意义,只讨论它的抽象形式,便形成二重积分的概念.

设 $z = f(x, y)$ 为定义在有界闭区域 D 上的连续函数,则上述两步最终得到的表达式 $\iint\limits_{D} f(x, y)\mathrm{d}\sigma$,即为函数 $f(x, y)$ 在区域 D 上的二重积分,其中 $f(x, y)$ 称为被积函数,$f(x, y)\mathrm{d}\sigma$ 称为被积表达式,$\mathrm{d}\sigma$ 称为面积元素,x 与 y 称为积分变量,D 称为积分区域.

关于二重积分更精确的定义如下:

定义 8.1　设 $f(x, y)$ 是有界闭区域 D 上的有界函数,将闭区域 D 任意分成 n 个小闭区域 $\Delta\sigma_1, \Delta\sigma_2, \cdots, \Delta\sigma_n$,其中 $\Delta\sigma_i$ 表示第 i 个小闭区域,也表示它的面积. 在每个 $\Delta\sigma_i$ 上任取一点 (ξ_i, η_i),作乘积

$$f(\xi_i, \eta_i)\Delta\sigma_i \quad (i = 1, 2, \cdots, n)$$

并取总和 $\sum\limits_{i=1}^{n} f(\xi_i, \eta_i)\Delta\sigma_i$. 如果当各小闭区域的直径中的最大值 $\lambda \to 0$ 时,这和式的极限存在,则称此极限值为函数 $f(x, y)$ 在闭区域 D 上的二重积分,记作 $\iint\limits_{D} f(x, y)\mathrm{d}\sigma$,即

----

① λ 表示所有小区域直径中的最大值,有界闭区域的直径是指该区域中任意两点间的距离的最大值.

$$\iint\limits_{D} f(x, y)\mathrm{d}\sigma = \lim_{\lambda \to 0} \sum_{i=1}^{n} f(\xi_i, \eta_i)\Delta\sigma_i$$

由此可见,二重积分的几何意义是当 $f(x, y) \geqslant 0$ 时曲顶柱体的体积.

特别地,当 $f(x, y) = 1$ 时,$\iint\limits_{D} \mathrm{d}\sigma$ 表示区域 D 的面积. 其几何意义表明: 高为 1 的平顶柱体的体积在数值上等于柱体的底面积.

8.1.3 二重积分的性质

二重积分具有与定积分类似的性质,其证明都很简单,我们只将这些性质列举出来.

性质 1 被积函数的常数因子可以提到二重积分号的外面,即

$$\iint\limits_{D} k f(x, y)\mathrm{d}\sigma = k \iint\limits_{D} f(x, y)\mathrm{d}\sigma \quad (k \text{ 为常数}).$$

性质 2 函数代数和的二重积分等于每个函数的二重积分的代数和,例如

$$\iint\limits_{D} [f(x, y) \pm g(x, y)]\mathrm{d}\sigma = \iint\limits_{D} f(x, y)\mathrm{d}\sigma \pm \iint\limits_{D} g(x, y)\mathrm{d}\sigma.$$

性质 3 如果闭区域 D 被有限条曲线分为有限个部分区域,那么在 D 上的二重积分等于在各部分区域上的二重积分的和. 例如当 D 分为两个闭区域 D_1 与 D_2 时,有

$$\iint\limits_{D} f(x, y)\mathrm{d}\sigma = \iint\limits_{D_1} f(x, y)\mathrm{d}\sigma + \iint\limits_{D_2} f(x, y)\mathrm{d}\sigma.$$

性质 4 如果在闭区域 D 上有 $f(x, y) \leqslant g(x, y)$,那么

$$\iint\limits_{D} f(x, y)\mathrm{d}\sigma \leqslant \iint\limits_{D} g(x, y)\mathrm{d}\sigma.$$

性质 5 设 M、m 分别是 $f(x, y)$ 在闭区域 D 上的最大值和最小值,σ 是 D 的面积,则

$$m\sigma \leqslant \iint\limits_{D} f(x, y)\mathrm{d}\sigma \leqslant M\sigma.$$

性质 6(中值定理) 设 $f(x, y)$ 在闭区域 D 上连续,σ 是 D 的面积,则在 D 上至少存在一点 (ξ, η),使下式成立

$$\iint\limits_{D} f(x, y)\mathrm{d}\sigma = f(\xi, \eta)\sigma.$$

【例 8.1】 应用二重积分性质,估计积分 $\iint\limits_{D} \dfrac{\mathrm{d}\sigma}{100 + \cos^2 x + \cos^2 y}$,$D = \{(x, y) \mid |x| + |y| \leqslant 10\}$ 的值.

解 画出区域 D 如图 8.3 所示,根据对称性知区域 D 的面积

$$\sigma = 4 \times \frac{1}{2} \times 10 \times 10 = 200.$$

又因为被积函数 $f(x, y) = \dfrac{1}{100 + \cos^2 x + \cos^2 y}$ 在区域

D 上的最值分别为

$$M = f\left(\frac{\pi}{2}, \frac{\pi}{2}\right) = \frac{1}{100}, \quad m = f(0, 0) = \frac{1}{102}$$

由性质 5 有

$$m\sigma \leqslant \iint\limits_{D} \frac{\mathrm{d}\sigma}{100 + \cos^2 x + \cos^2 y} \leqslant M\sigma$$

即

$$\frac{100}{51} \leqslant \iint\limits_{D} \frac{\mathrm{d}\sigma}{100 + \cos^2 x + \cos^2 y} \leqslant 2.$$

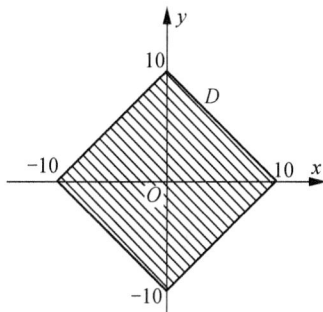

图 8.3

练习与思考 8.1

1. 积分 $\iint\limits_{D} f(x, y)\mathrm{d}\sigma$ 在 $f(x, y) \geqslant 0$ 的情况下的几何意义是什么？如果 $f(x, y)$ 在 D 内的某些部分区域上是正的,而在其他部分区域上是负的情况时又有什么几何意义？

2. 一铜芯片占有 xOy 面上的闭区域 D,该芯片上分布有面密度为 $q(x, y)$ 的电荷,且 $q(x, y)$ 在 D 上连续,那么 $\iint\limits_{D} q(x, y)\mathrm{d}\sigma$ 表示什么？

3. 用二重积分表示：

(1) 曲面 $z = k\sqrt{x^2 + y^2}$ 与柱面 $2x^2 + y^2 = 1$ 及 xOy 面所围立体的体积；

(2) 曲面 $z = f(x, y)$,$z = g(x, y)$$(f(x, y) \leqslant g(x, y))$ 与柱面 $2x^2 + y^2 = 1$ 所围立体的体积.

4. 怎样运用性质 6(中值定理)估计例 8.1 的积分值？

5. 设 $I_1 = \iint\limits_{D_1} f(x^2 + y^2)^3 \mathrm{d}\sigma$,其中 $D_1 = \{(x, y) \mid -1 \leqslant x \leqslant 1, -2 \leqslant y \leqslant 2\}$,又 $I_2 = \iint\limits_{D_2} f(x^2 + y^2)^3 \mathrm{d}\sigma$,其中 $D_2 = \{(x, y) \mid 0 \leqslant x \leqslant 1, 0 \leqslant y \leqslant 2\}$,试利用二重积分的几何意义说明 I_1 与 I_2 之间的关系.

6. 比较下列积分的大小：

(1) $\iint\limits_{D} (x + y)^2 \mathrm{d}\sigma$ 与 $\iint\limits_{D} (x + y)^3 \mathrm{d}\sigma$,其中 D 由 x 轴、y 轴及直线 $x + y = 1$ 围成；

(2) $\iint\limits_{D} (x + y)^2 \mathrm{d}\sigma$ 与 $\iint\limits_{D} (x + y)^3 \mathrm{d}\sigma$,其中 D 是以 $A(1, 0)$、$B(1, 1)$、$C(2, 0)$ 为顶点的三角形闭区域.

7. 估计下列积分的值：

(1) $I = \iint\limits_{D} \sin^2 x \sin^2 y \, d\sigma$,其中 D 是矩形闭区域 $0 \leqslant x \leqslant \pi$,$0 \leqslant y \leqslant \pi$;

(2) $I = \iint\limits_{D} (x+y+1) d\sigma$,其中 D 是矩形闭区域 $0 \leqslant x \leqslant 1$,$0 \leqslant y \leqslant 2$.

8.2 | 二重积分的计算

关于二重积分的计算,我们分别在直角坐标系及极坐标系中讨论,其方法都是将二重积分转化为两次定积分来计算.

8.2.1 在直角坐标系下计算二重积分

在直角坐标系中,我们采用平行于 x 轴与 y 轴的直线把区域 D 分成许多小矩形,于是面积微元 $d\sigma = \Delta x \cdot \Delta y = dx dy$,二重积分便可写成

$$\iint\limits_{D} f(x, y) dx dy$$

计算二重积分 $\iint\limits_{D} f(x, y) dx dy$ 的方法推导较复杂,不在此介绍,但我们可以对 $f(x, y) \geqslant 0$ 的情形,给出几何直观上的说明.

1. 矩形区域上二重积分的计算

设积分区域 $D = \{(x, y) \mid a \leqslant x \leqslant b, c \leqslant y \leqslant d\}$. 根据二重积分的几何意义,$\iint\limits_{D} f(x, y) dx dy$ 的值等于以 D 为底、以曲面 $z = f(x, y)$ 为顶的曲顶柱体(图 8.4)的体积. 现在应用积分的思想方法来计算该曲顶柱体的体积.

(1) 先计算截面面积 在 $[a, b]$ 上任意取定一点 x_0,过 x_0 作垂直于 x 轴的平面 $x = x_0$,此平面截曲顶柱体所得截面(曲边梯形)面积为

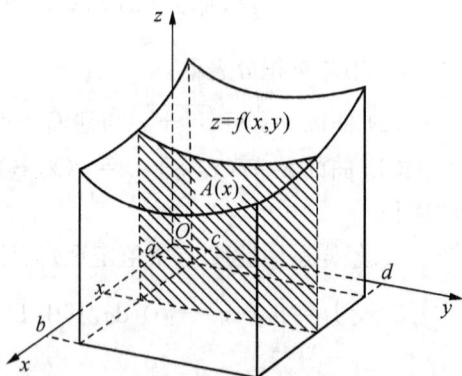

图 8.4

$$A(x_0) = \int_{c}^{d} f(x_0, y) dy$$

一般地,过区间 $[a, b]$ 上任一点 x 且垂直于 x 轴的平面截曲顶柱体所得截面的面积为

$$A(x) = \int_{c}^{d} f(x, y) dy$$

(2) 再计算薄片的体积 在上述基础上,再过点 $x + dx$(注:$[x, x + dx]$ 为 $[a, b]$ 上的微小区间)且垂直于 x 轴的另一平面截曲顶柱体,所得扁曲顶柱体的体积近似于底面积为

$A(x)$,高为 $\mathrm{d}x$ 的薄片柱体的体积,从而得体积微元

$$\mathrm{d}V = A(x)\mathrm{d}x$$

(3) 最后将体积微元 $\mathrm{d}V$ 在区间 $[a,b]$ 上作定积分,便得曲顶柱体的体积

$$V = \int_a^b A(x)\mathrm{d}x = \int_a^b \left[\int_c^d f(x, y)\mathrm{d}y\right]\mathrm{d}x$$

该体积即为所求二重积分,于是

$$\iint\limits_D f(x, y)\mathrm{d}x\mathrm{d}y = \int_a^b \left[\int_c^d f(x, y)\mathrm{d}y\right]\mathrm{d}x$$

简记为

$$\iint\limits_D f(x, y)\mathrm{d}x\mathrm{d}y = \int_a^b \mathrm{d}x\int_c^d f(x, y)\mathrm{d}y \qquad (8.1)$$

公式(8.1)就是化二重积分为二次定积分的计算方法,该方法也称为累次积分法.这是一个先对 y、再对 x 的二次积分.先视 x 为常量,把 $f(x, y)$ 看作关于 y 的函数,并对 y 计算从 c 到 d 的定积分;然后把算得的结果(变为 x 的函数)再对 x 计算从 a 到 b 的定积分.

在此作两点说明:

(1) 上述讨论中,我们假定 $f(x, y) \geqslant 0$,但实际上公式(8.1)的成立并不受此条件限制;

(2) 我们也可以先对 x,再对 y 二次积分,结果是一样的,即

$$\iint\limits_D f(x, y)\mathrm{d}x\mathrm{d}y = \int_a^b \mathrm{d}x\int_c^d f(x, y)\mathrm{d}y = \int_c^d \mathrm{d}y\int_a^b f(x, y)\mathrm{d}x$$

特别地,当矩形域 D 上的可积函数 $f(x, y) = g(x) \cdot \varphi(y)$ 时,我们不难得到

$$\iint\limits_D g(x)\varphi(y)\mathrm{d}x\mathrm{d}y = \int_a^b g(x)\mathrm{d}x\int_c^d \varphi(y)\mathrm{d}y \qquad (8.2)$$

【例 8.2】 计算由曲面 $z = x^2 + y^2 - 2x - 2y + 4$,平面 $x = 2$ 与 $y = 2$,以及三个坐标平面所围成的立体(图 8.5)的体积.

解 观察易知,所求立体体积为函数 $z = x^2 + y^2 - 2x - 2y + 4$ 在矩形区域 $D = \{(x, y) \mid 0 \leqslant x \leqslant 2, 0 \leqslant y \leqslant 2\}$ 上的二重积分.

于是 $V = \iint\limits_D (x^2 + y^2 - 2x - 2y + 4)\mathrm{d}x\mathrm{d}y$

$= \int_0^2 \mathrm{d}x\int_0^2 (x^2 + y^2 - 2x - 2y + 4)\mathrm{d}y$

$= \int_0^2 \left[x^2 y + \frac{1}{3}y^3 - 2xy - y^2 + 4y\right]\Big|_0^2 \mathrm{d}x$

$= \int_0^2 \left(2x^2 - 4x + \frac{20}{3}\right)\mathrm{d}x$

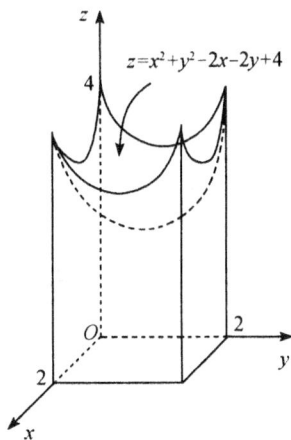

$z = x^2 + y^2 - 2x - 2y + 4$

图 8.5

$$= \left(\frac{2}{3}x^3 - 2x^2 + \frac{20}{3}x\right)\Big|_0^2 = \frac{32}{3}(\text{立方单位}).$$

2. 一般区域上二重积分的计算

一般区域归结为两种：x-型区域、y-型区域.

若平面点集 $D = \{(x, y) \mid y_1(x) \leqslant y \leqslant y_2(x), a \leqslant x \leqslant b\}$，则称它为 x-型区域（图 8.6），该区域的特点是垂直于 x 轴的直线 $x = x_0 (a < x_0 < b)$ 至多与区域 D 的边界交于两点.

若平面点集 $D = \{(x, y) \mid x_1(y) \leqslant x \leqslant x_2(y), c \leqslant y \leqslant d\}$，则称它为 y-型区域（图 8.7），该区域的特点是垂直于 y 轴的直线 $y = y_0 (c < y_0 < d)$ 至多与区域边界交于两点.

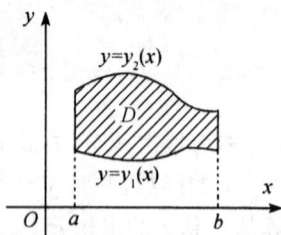
图 8.6

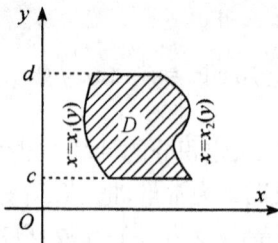
图 8.7

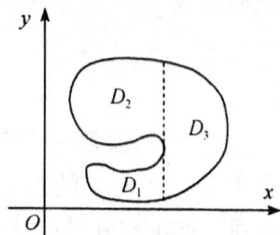
图 8.8

许多常见的区域都可分割为有限个无公共内点的 x-型区域或 y-型区域（图 8.8），因此，只要掌握了这两种类型区域上的二重积分的计算，一般区域上的二重积分计算便迎刃而解.

我们完全可以像讨论矩形域上的二重积分计算的方法那样，应用二重积分的几何意义推得

若 $f(x, y)$ 在 x-型区域 D 上连续，$y_1(x)$、$y_2(x)$ 在 $[a, b]$ 上连续，则

$$\iint\limits_D f(x, y)\mathrm{d}x\mathrm{d}y = \int_a^b \mathrm{d}x \int_{y_1(x)}^{y_2(x)} f(x, y)\mathrm{d}y \tag{8.3}$$

这是先对 y，后对 x 的累次积分.

若 $f(x, y)$ 在 y-型区域 D 上连续，$x_1(y)$、$x_2(y)$ 在 $[c, d]$ 上连续，则

$$\iint\limits_D f(x, y)\mathrm{d}x\mathrm{d}y = \int_c^d \mathrm{d}y \int_{x_1(y)}^{x_2(y)} f(x, y)\mathrm{d}x \tag{8.4}$$

此为先对 x，后对 y 的累次积分.

化二重积分为二次积分时，确定积分限是一个关键. 通常先画出 D 的图形，然后根据图形的特性选择区域类型，写出积分区域 D 的不等式（组）确定积分限，再应用公式.

【例 8.3】 计算 $\iint\limits_D xy\mathrm{d}x\mathrm{d}y$，其中 D：$x^2 + y^2 \leqslant 1, x \geqslant 0, y \geqslant 0$.

解 画区域 D 的图形（图 8.9），当把 D 看作 x-型区域时，相

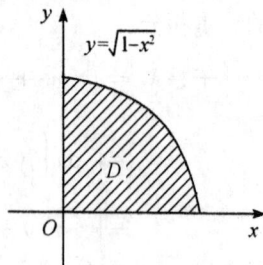
图 8.9

应的 $y_1(x)=0$，$y_2(x)=\sqrt{1-x^2}$，都在 $[0,1]$ 上连续，由公式(8.3)得

$$\iint\limits_{D}xy\mathrm{d}x\mathrm{d}y=\int_0^1\mathrm{d}x\int_0^{\sqrt{1-x^2}}xy\mathrm{d}y=\int_0^1\left(\frac{1}{2}xy^2\right)\Big|_0^{\sqrt{1-x^2}}\mathrm{d}x$$

$$=\frac{1}{2}\int_0^1(x-x^3)\mathrm{d}x=\frac{1}{2}\left(\frac{1}{2}x^2-\frac{1}{4}x^4\right)\Big|_0^1=\frac{1}{8}$$

当把 D 看作 y-型区域时，解法类似。

【例 8.4】　计算 $\iint\limits_{D}xy\mathrm{d}x\mathrm{d}y$，其中 D 是由抛物线 $y^2=x$ 及直线 $y=x-2$ 所围成的闭区域.

解　画 D 的图形(图 8.10). 选择 D 为 y-型区域，即 $D=\{(x,y)\mid y^2\leqslant x\leqslant y+2,\ -1\leqslant y\leqslant 2\}$，由公式(8.4)得

$$\iint\limits_{D}xy\mathrm{d}x\mathrm{d}y=\int_{-1}^2\mathrm{d}y\int_{y^2}^{y+2}xy\mathrm{d}x=\int_{-1}^2\left(\frac{1}{2}yx^2\right)\Big|_{y^2}^{y+2}\mathrm{d}y$$

$$=\frac{1}{2}\int_{-1}^2y[(y+2)^2-y^4]\mathrm{d}y=\frac{1}{2}\int_{-1}^2[4y+4y^2+y^3-y^5]\mathrm{d}y$$

$$=\frac{1}{2}\left(2y^2+\frac{4}{3}y^3+\frac{1}{4}y^4-\frac{1}{6}y^6\right)\Big|_{-1}^2=\frac{45}{8}.$$

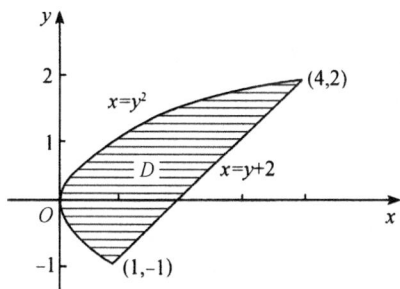

图 8.10

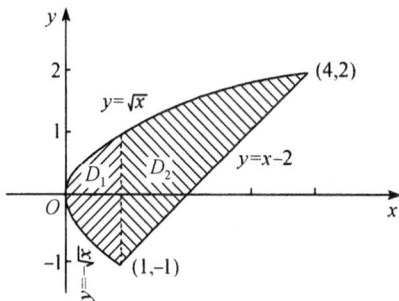

图 8.11

如果将 D 看成 x-型区域，就必须用直线 $x=1$ 将 D 分成 D_1 和 D_2 两个区域(图 8.11)，且

$$D_1=\{(x,y)\mid -\sqrt{x}\leqslant y\leqslant \sqrt{x},\ 0\leqslant x\leqslant 1\}$$

$$D_2=\{(x,y)\mid x-2\leqslant y\leqslant \sqrt{x},\ 1\leqslant x\leqslant 4\}$$

由二重积分性质 3，得

$$\iint\limits_{D}xy\mathrm{d}x\mathrm{d}y=\iint\limits_{D_1}xy\mathrm{d}x\mathrm{d}y+\iint\limits_{D_2}xy\mathrm{d}x\mathrm{d}y=\int_0^1\mathrm{d}x\int_{-\sqrt{x}}^{\sqrt{x}}xy\mathrm{d}y+\int_1^4\mathrm{d}x\int_{x-2}^{\sqrt{x}}xy\mathrm{d}y$$

显然，该题选择 x-型区域计算反而复杂化了.

虽说由区域的特性选择区域的类型是使计算简便的关键，但也不能绝对化，有时还要兼顾到被积函数.

【例 8.5】 求 $I = \iint\limits_{D} \dfrac{y\sin(x-1)}{x-1}\mathrm{d}x\mathrm{d}y$,其中积分区域 D 与例 8.4 中的 D 相同.

解 我们首先选择 D 为 y-型区域,有

$$I = \int_{-1}^{2}\mathrm{d}y\int_{y^2}^{y+2}\frac{y\sin(x-1)}{x-1}\mathrm{d}x$$

但由于被积函数对 x 的积分求不出,故无法计算.

选择 D 为 x-型区域,由公式(8.3)得

$$I = \int_{0}^{1}\mathrm{d}x\int_{-\sqrt{x}}^{\sqrt{x}}\frac{y\sin(x-1)}{x-1}\mathrm{d}y + \int_{1}^{4}\mathrm{d}x\int_{x-2}^{\sqrt{x}}\frac{y\sin(x-1)}{x-1}\mathrm{d}y$$

$$= \int_{0}^{1}\frac{\sin(x-1)}{x-1}\mathrm{d}x\int_{-\sqrt{x}}^{\sqrt{x}}y\mathrm{d}y + \int_{1}^{4}\frac{\sin(x-1)}{x-1}\mathrm{d}x\int_{x-2}^{\sqrt{x}}y\mathrm{d}y$$

$$= 0 + \int_{1}^{4}\frac{\sin(x-1)}{x-1}\cdot\frac{1}{2}y^2\Big|_{x-2}^{\sqrt{x}}\mathrm{d}x = \int_{1}^{4}\frac{1}{2}\big[x-(x-2)^2\big]\frac{\sin(x-1)}{x-1}\mathrm{d}x$$

$$= \int_{1}^{4}\frac{1}{2}(-x^2+5x-4)\cdot\frac{\sin(x-1)}{x-1}\mathrm{d}x = \frac{1}{2}\int_{1}^{4}(x-1)(4-x)\cdot\frac{\sin(x-1)}{x-1}\mathrm{d}x$$

$$= \frac{1}{2}\int_{1}^{4}(4-x)\sin(x-1)\mathrm{d}x = -\frac{1}{2}\big[(4-x)\cos(x-1)+\sin(x-1)\big]\Big|_{1}^{4}$$

$$= \frac{1}{2}(3-\sin 3).$$

由此可见,在作二重积分计算时,如果遇到在有限步中积分求不出,或某些积分没有初等的原函数,我们不妨改选区域类型,交换积分次序再计算.

8.2.2 在极坐标系下计算二重积分

对于某些形式的二重积分,如积分区域为圆域或圆域的部分或被积函数的形式为 $f(x^2+y^2)$ 时,利用直角坐标计算往往是很困难的,而在极坐标系下计算则比较简便.

首先分割积分区域,在极坐标系下,我们用 r 取一系列常数(得到一族中心在极点的同心圆)和 θ 取一系列常数(得到一族过极点的射线)的两组曲线,将 D 分成许多小区域(图 8.12(a)). 取微小区域 $\mathrm{d}\sigma$(图 8.12(b)),内弧长为 $r\mathrm{d}\theta$,环宽 $\mathrm{d}r$,应用积分思想"以直代曲"使之线性化,即用以 $r\mathrm{d}\theta$ 为长,$\mathrm{d}r$ 为宽的小矩形近似替代微小区域 $\mathrm{d}\sigma$,于是得到了极坐标系下的面积微元

$$\mathrm{d}\sigma = r\mathrm{d}r\mathrm{d}\theta$$

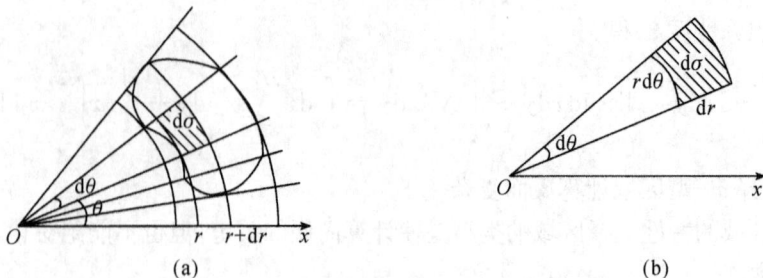

(a)　　　　　　　　　　　　(b)

图 8.12

运用极坐标 (r, θ) 与直角坐标 (x, y) 间的变换公式 $\begin{cases} x = r\cos\theta \\ y = r\sin\theta \end{cases}$ 代换被积函数 $f(x, y)$ 中的 x、y，得二重积分在极坐标系下的表达式

$$\iint\limits_D f(x, y)\mathrm{d}\sigma = \iint\limits_D f(r\cos\theta, r\sin\theta)r\mathrm{d}r\mathrm{d}\theta.$$

极坐标系下，我们仍然采用化二重积分为二次积分的计算方法.

设积分区域 $D = \{(r, \theta) \mid r_1(\theta) \leqslant r \leqslant r_2(\theta), \alpha \leqslant \theta \leqslant \beta\}$，其中 $r_1(\theta)$、$r_2(\theta)$ 为 $[\alpha, \beta]$ 上的连续函数(图 8.13)，则

$$\iint\limits_D f(r\cos\theta, r\sin\theta)r\mathrm{d}r\mathrm{d}\theta = \int_\alpha^\beta \mathrm{d}\theta \int_{r_1(\theta)}^{r_2(\theta)} f(r\cos\theta, r\sin\theta)r\mathrm{d}r \tag{8.5}$$

若极点 O 在区域 D 的内部，区域可表示为 $D = \{(r, \theta) \mid 0 \leqslant r \leqslant r(\theta), 0 \leqslant \theta \leqslant 2\pi\}$，其中 $r(\theta)$ 是区域 D 的边界曲线(图 8.14)，于是

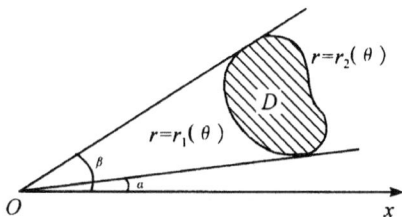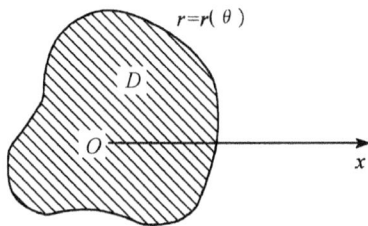

图 8.13　　　　　　　　　　　　　　　图 8.14

$$\iint\limits_D f(r\cos\theta, r\sin\theta)r\mathrm{d}r\mathrm{d}\theta = \int_0^{2\pi} \mathrm{d}\theta \int_0^{r(\theta)} f(r\cos\theta, r\sin\theta)r\mathrm{d}r. \tag{8.6}$$

【**例 8.6**】　计算 $\iint\limits_D \mathrm{e}^{-(x^2+y^2)}\mathrm{d}x\mathrm{d}y$，其中 D：$x^2 + y^2 \leqslant a^2$.

解　选用极坐标系计算，区域 D 可表示为

$$D = \{(r, \theta) \mid 0 \leqslant r \leqslant a, 0 \leqslant \theta \leqslant 2\pi\}$$

由公式(8.6)得

$$\begin{aligned} \iint\limits_D \mathrm{e}^{-(x^2+y^2)}\mathrm{d}x\mathrm{d}y &= \iint\limits_D \mathrm{e}^{-r^2} \cdot r\mathrm{d}r\mathrm{d}\theta \\ &= \int_0^{2\pi} \mathrm{d}\theta \int_0^a \mathrm{e}^{-r^2} \cdot r\mathrm{d}r = \int_0^{2\pi} \left(-\frac{1}{2}\mathrm{e}^{-r^2} \right) \Big|_0^a \mathrm{d}\theta \\ &= -\frac{1}{2}\int_0^{2\pi} (\mathrm{e}^{-a^2} - 1)\mathrm{d}\theta = \pi(1 - \mathrm{e}^{-a^2}). \end{aligned}$$

【**例 8.7**】　计算在抛物面 $z = x^2 + y^2$ 以下，xOy 平面以上，且在柱面 $x^2 + y^2 = 2x$ 内的立体图形的体积.

解　该立体为一曲顶圆柱体，其底为 xOy 面上的圆域 $x^2 + y^2 \leqslant 2x$，顶为抛物面 $z =$

$x^2 + y^2$ 在圆域上方的部分(图 8.15(a)).

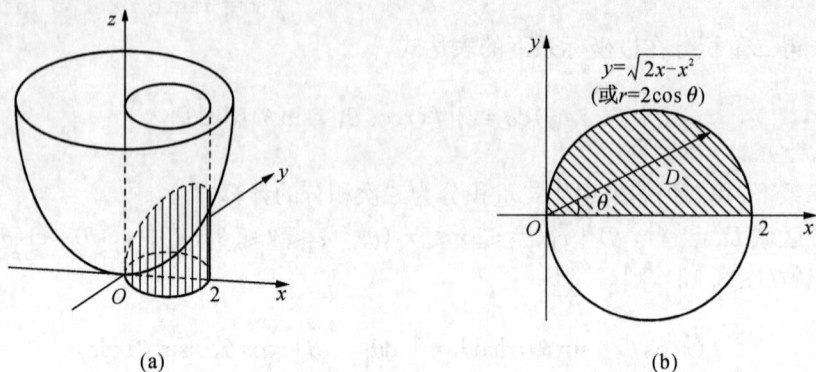

(a) (b)

图 8.15

由对称性

$$V = 2\iint\limits_{D}(x^2 + y^2)\mathrm{d}x\mathrm{d}y$$

其中 D 为半圆周 $y = \sqrt{2x - x^2}$ 与 x 轴所围成的闭区域(图 8.15(b)). 运用交换公式得到 D 在极坐标系下的表达式

$$D = \left\{(r, \theta) \mid 0 \leqslant r \leqslant 2\cos\theta, \ 0 \leqslant \theta \leqslant \frac{\pi}{2}\right\}$$

由公式(8.5)得

$$V = 2\iint\limits_{D}r^2 \cdot r\mathrm{d}r\mathrm{d}\theta = 2\int_0^{\frac{\pi}{2}}\mathrm{d}\theta\int_0^{2\cos\theta}r^3\mathrm{d}r$$

$$= 2\int_0^{\frac{\pi}{2}}\frac{1}{4}r^4\bigg|_0^{2\cos\theta}\mathrm{d}\theta = 8\int_0^{\frac{\pi}{2}}\cos^4\theta\mathrm{d}\theta$$

$$= 8 \cdot \frac{3}{4} \cdot \frac{1}{2} \cdot \frac{\pi}{2} = \frac{3}{2}\pi(\text{立方单位}).$$

(应用了第 6 章中例 6.12 的结论)

练习与思考 8.2

1. 在直角坐标系下,计算二重积分的主要步骤有哪些? 其关键点是什么?

2. 当被积函数和积分区域具有什么样的特征时,选择在极坐标系下计算该二重积分更方便?

3. 请选择不同的坐标系和区域类型,将二重积分 $\iint\limits_{D}f(x, y)\mathrm{d}x\mathrm{d}y$ 化为二次积分,其中积分区域 D 由不等式 $1 \leqslant x^2 + y^2 \leqslant 4$,$x \geqslant 0$,$y \geqslant 0$ 确定. 根据区域的特征,你认为哪种方法

较简便?

4. 画出积分区域 D,并计算下列二重积分:

(1) $\iint\limits_{D} (x^2+y^2)\mathrm{d}\sigma$,其中 $D=\{(x, y)\mid |x|\leqslant 1, |y|\leqslant 1\}$;

(2) $\iint\limits_{D} \mathrm{e}^{px+qy}\mathrm{d}\sigma$,其中 D 是矩形区域: $0\leqslant x\leqslant a$, $0\leqslant y\leqslant a$;

(3) $\iint\limits_{D} x\cos(x+y)\mathrm{d}\sigma$,其中 D 是顶点分别为 $(0, 0)$、$(\pi, 0)$ 及 (π, π) 的三角形闭区域;

(4) $\iint\limits_{D} (x^2+y^2-x)\mathrm{d}\sigma$,其中 D 是由直线 $y=2$, $y=x$ 及 $y=2x$ 所围成的闭区域;

(5) $\iint\limits_{D} \ln(100+x^2+y^2)\mathrm{d}\sigma$,其中 $D=\{(x, y)\mid x^2+y^2\leqslant 1\}$;

(6) $\iint\limits_{D} y^2\mathrm{d}\sigma$,其中 D 是由圆周 $x^2+y^2=1$ 及 $x^2+y^2=4\pi^2$ 所围成的平面区域.

5. 画出下列二次积分的积分区域 D,并交换积分次序:

(1) $\int_0^1 \mathrm{d}y \int_0^y f(x, y)\mathrm{d}x$;　　　　　　(2) $\int_0^2 \mathrm{d}y \int_{y^2}^{2y} f(x, y)\mathrm{d}x$;

(3) $\int_0^1 \mathrm{d}y \int_{-\sqrt{1-y^2}}^{\sqrt{1-y^2}} f(x, y)\mathrm{d}x$;　　(4) $\int_1^2 \mathrm{d}x \int_{2-x}^{\sqrt{2x-x^2}} f(x, y)\mathrm{d}y$.

6. 利用二重积分求下列几何体的体积:

(1) 平面 $x=0$, $y=0$, $z=0$, $x+y+z=1$ 所围成的几何体;

(2) 平面 $z=0$ 及抛物面 $x^2+y^2=6-z$ 所围成的几何体.

8.3 二重积分的应用

本节把微元法推广到二重积分的应用中,下面讨论三个常见的物理学上的问题.

8.3.1 平面薄板的质量

设有一薄板,占有 xOy 面上的闭区域 D,在点 (x, y) 处的面密度为 $\mu(x, y)$,现在来求薄板的质量.

在闭区域 D 上任取一微小区域 $\mathrm{d}\sigma$(其面积也记作 $\mathrm{d}\sigma$),(x, y) 是小区域 $\mathrm{d}\sigma$ 上的一个点,我们视面密度不变,得薄板的质量微元

$$\mathrm{d}m = \mu(x, y)\mathrm{d}\sigma$$

将上述微元在区域 D 上积分(无限累加)便得平面薄板 D 的质量

$$m = \iint\limits_{D} \mu(x, y)\mathrm{d}\sigma \tag{8.7}$$

【例 8.8】 有一等腰直角三角形薄板,腰长为 a,各点处的密度等于该点到直角顶点的距离的平方,求此薄板的质量.

解 建立如图 8.16 所示的直角坐标系,则斜边 AB 的方程为 $x+y=a$,薄板所占区域

$$D = \{(x, y) \mid 0 \leqslant y \leqslant a-x, 0 \leqslant x \leqslant a\}$$

依题意知,面密度函数 $\mu(x, y) = x^2+y^2$. 由公式(8.7),得薄板的质量

$$m = \iint\limits_{D}(x^2+y^2)\mathrm{d}x\mathrm{d}y = \int_0^a \mathrm{d}x \int_0^{a-x}(x^2+y^2)\mathrm{d}y$$

$$= \int_0^a \left(x^2 y + \frac{1}{3}y^3\right)\Big|_0^{a-x}\mathrm{d}x = \int_0^a \left[x^2(a-x) + \frac{1}{3}(a-x)^3\right]\mathrm{d}x$$

$$= \left[\frac{1}{3}ax^3 - \frac{1}{4}x^4 - \frac{1}{12}(a-x)^4\right]\Big|_0^a = \frac{1}{6}a^4.$$

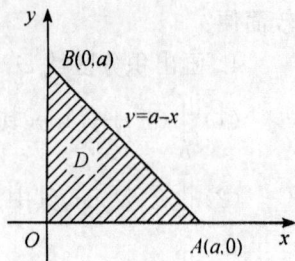

图 8.16

8.3.2 平面薄板的重心

魔术师能巧妙地用一根顶针支撑起一块极不均匀的薄板,并使之保持水平平衡,其奥秘在于找到薄板的重心.

力学告诉我们,质点系的重心坐标 $(\bar{x}, \bar{y})$ 满足关系式

$$m\bar{x} = My, \quad m\bar{y} = Mx$$

其中 m 为质点系的质量,My、Mx 分别为质点系对 y 轴和 x 轴的静力矩.

设薄板占有闭区域 D,在点 (x, y) 处的面密度为 $\mu(x, y)$,现在求薄板重心的坐标.

在区域 D 上任取一微小区域 $\mathrm{d}\sigma$,(x, y) 是 $\mathrm{d}\sigma$ 中的一个点,已知薄板中相应于小闭区域 $\mathrm{d}\sigma$ 的部分的质量近似于 $\mathrm{d}m = \mu(x, y)\mathrm{d}\sigma$. 我们再设想这部分质量集中在点 (x, y) 处,即可得薄板对坐标轴的静力矩微元(图 8.17).

$$\mathrm{d}My = x\mathrm{d}m = x\mu(x, y)\mathrm{d}\sigma$$
$$\mathrm{d}Mx = y\mathrm{d}m = y\mu(x, y)\mathrm{d}\sigma$$

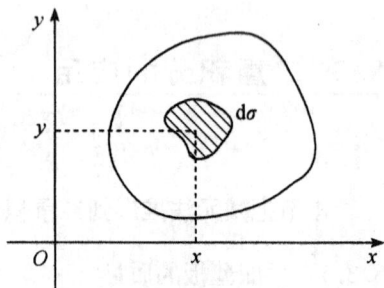

图 8.17

将这些微元在区域 D 上积分(无限累加),便得

$$My = \iint\limits_{D}x\mu(x, y)\mathrm{d}\sigma, \quad Mx = \iint\limits_{D}y\mu(x, y)\mathrm{d}\sigma$$

于是薄板的重心坐标为

$$\bar{x} = \frac{My}{m} = \frac{\iint\limits_{D}x\mu(x, y)\mathrm{d}\sigma}{\iint\limits_{D}\mu(x, y)\mathrm{d}\sigma}, \quad \bar{y} = \frac{Mx}{m} = \frac{\iint\limits_{D}y\mu(x, y)\mathrm{d}\sigma}{\iint\limits_{D}\mu(x, y)\mathrm{d}\sigma} \tag{8.8}$$

如果薄板是均匀的,即面密度 μ 为常量,则上式可把 μ 提到积分号外面并从分子、分母中约去,这样便得均匀薄板的重心坐标为

$$\overline{x} = \frac{1}{A}\iint\limits_{D} x \mathrm{d}\sigma, \ \overline{y} = \frac{1}{A}\iint\limits_{D} y \mathrm{d}\sigma \tag{8.9}$$

其中 $A = \iint\limits_{D}\mathrm{d}\sigma$ 为闭区域 D 的面积,此时薄板的重心完全取决于闭区域 D 的形状.因此,我们把均匀薄板的重心也称为形心.

【例 8.9】 薄板处在圆盘 $x^2 + y^2 \leqslant 1$ 的第一象限,各点的密度与该点距 x 轴的距离成正比,求薄板的重心坐标.

解 薄板如图 8.18 所示.依题意,密度函数为 $\mu(x, y) = ky(k$ 为常数$)$,根据薄板的形状,选择极坐标系计算,则区域可表示为

$$D = \left\{ (r, \theta) \mid 0 \leqslant r \leqslant 1, 0 \leqslant \theta \leqslant \frac{\pi}{2} \right\}$$

于是薄板的质量

$$m = \iint\limits_{D}\mu(x, y)\mathrm{d}\sigma = \iint\limits_{D}ky\mathrm{d}\sigma = \iint\limits_{D}k \cdot r\sin\theta \cdot r\mathrm{d}r\mathrm{d}\theta$$

$$= k\int_{0}^{\frac{\pi}{2}}\sin\theta\mathrm{d}\theta\int_{0}^{1}r^2\mathrm{d}r = \frac{1}{3}k$$

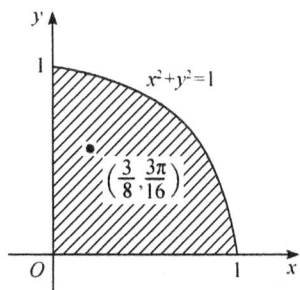

图 8.18

由公式(8.8),得

$$\overline{x} = \frac{1}{m}\iint\limits_{D}x \cdot ky\mathrm{d}\sigma = \frac{3}{k}\iint\limits_{D}r\cos\theta \cdot kr\sin\theta \cdot r\mathrm{d}r\mathrm{d}\theta = \frac{3}{2}\iint\limits_{D}r^3\sin 2\theta\mathrm{d}r\mathrm{d}\theta$$

$$= \frac{3}{2}\int_{0}^{\frac{\pi}{2}}\sin 2\theta\mathrm{d}\theta\int_{0}^{1}r^3\mathrm{d}r = \frac{3}{4}(-\cos 2\theta)\Big|_{0}^{\frac{\pi}{2}} \cdot \frac{1}{4}r^4\Big|_{0}^{1} = \frac{3}{8}$$

$$\overline{y} = \frac{1}{m}\iint\limits_{D}y \cdot ky\mathrm{d}\sigma = \frac{3}{k}\iint\limits_{D}r\sin\theta \cdot kr\sin\theta \cdot r\mathrm{d}r\mathrm{d}\theta = 3\iint\limits_{D}r^3\sin^2\theta\mathrm{d}r\mathrm{d}\theta$$

$$= 3\int_{0}^{\frac{\pi}{2}}\sin^2\theta\mathrm{d}\theta\int_{0}^{1}r^3\mathrm{d}r = \frac{3}{2}\left(\theta - \frac{1}{2}\sin 2\theta\right)\Big|_{0}^{\frac{\pi}{2}} \cdot \frac{1}{4}r^4\Big|_{0}^{1} = \frac{3\pi}{16}$$

故薄板的重心坐标是 $\left(\dfrac{3}{8}, \dfrac{3\pi}{16}\right)$.

【例 8.10】 设 D 为两圆 $r = 2\sin\theta$ 和 $r = 4\sin\theta$ 之间的闭区域,求 D 的形心(图 8.19).

解 因为闭区域 D 对称于 y 轴,所以形心 $C(\overline{x}, \overline{y})$ 必在 y 轴上,即 $\overline{x} = 0$. 由于区域 D 位于半径分别为 1 和 2 的两圆之间,故 D 的面积

$$A = \pi \cdot 2^2 - \pi \cdot 1^2 = 3\pi$$

由公式(8.9),得

$$\overline{y} = \frac{1}{A}\iint\limits_{D} y\mathrm{d}\sigma = \frac{1}{3\pi}\iint\limits_{D} r\sin\theta \cdot r\mathrm{d}r\mathrm{d}\theta$$

$$= \frac{1}{3\pi}\int_{0}^{\pi} \sin\theta\mathrm{d}\theta\int_{2\sin\theta}^{4\sin\theta} r^2\mathrm{d}r = \frac{56}{9\pi}\int_{0}^{\pi} \sin^4\theta\mathrm{d}\theta$$

$$= \frac{56}{9\pi}\int_{0}^{\pi}\Big(\frac{3}{8} - \frac{1}{2}\cos 2\theta + \frac{1}{8}\cos 4\theta\Big)\mathrm{d}\theta = \frac{7}{3}$$

故所求形心为 $C\Big(0, \frac{7}{3}\Big)$.

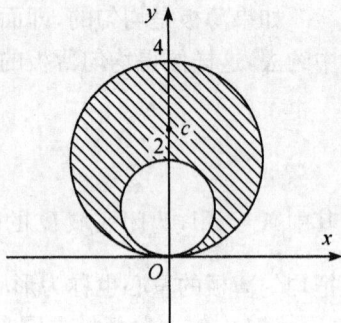

图 8.19

8.3.3 平面薄板的转动惯量

大家知道,拖拉机的内燃机就是利用飞轮的转动惯量使柴油机连续运转.力学将质点对一条轴的转动惯量定义为 mr^2,其中 r 是从质点到该轴的距离,m 是质量.现在求面密度为 $\mu(x, y)$,在 xOy 面上占有闭区域 D 的一平面薄板分别对 x 轴、y 轴及原点(过原点 O 且垂直于 xOy 平面的轴)的转动惯量 I_x、I_y 及 I_o.

类似于前面两个问题的讨论方法,应用微元法,在区域 D 上任取一微小区域 $\mathrm{d}\sigma$,且点 $(x, y)\in\mathrm{d}\sigma$,则有 $\mathrm{d}m = \mu(x, y)\mathrm{d}\sigma$.设想该部分质量集中在点 (x, y) 处,于是得薄板对坐标轴及原点的转动惯量微元.

$$\mathrm{d}I_x = y^2\mu(x, y)\mathrm{d}\sigma, \quad \mathrm{d}I_y = x^2\mu(x, y)\mathrm{d}\sigma, \quad \mathrm{d}I_o = (x^2 + y^2)\mu(x, y)\mathrm{d}\sigma$$

将这些微元在区域 D 上积分,便得

$$I_x = \iint\limits_{D} y^2\mu(x, y)\mathrm{d}\sigma, \quad I_y = \iint\limits_{D} x^2\mu(x, y)\mathrm{d}\sigma,$$

$$I_o = \iint\limits_{D}(x^2 + y^2)\mu(x, y)\mathrm{d}\sigma \tag{8.10}$$

在公式(8.10)中,我们观察到 $I_o = I_x + I_y$,这就是力学中的"垂直轴定理".

【例 8.11】 求面密度为常数 μ,半径为 a 的均匀圆薄板对于圆心(垂直于薄板的轴)及直径的转动惯量.

解 建立如图 8.20 所示的坐标系,薄板所占区域 D 的边界为 $x^2 + y^2 = a^2$,在极坐标系中

$$D = \{(r, \theta) \mid 0 \leqslant r \leqslant a, 0 \leqslant \theta \leqslant 2\pi\}$$

由公式(8.10),得薄板对圆心(也即原点)的转动惯量

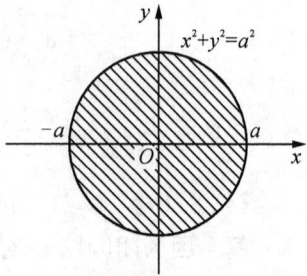

$$I_o = \iint\limits_{D}(x^2 + y^2)\mu\mathrm{d}\sigma = \iint\limits_{D} r^2 \cdot \mu \cdot r\mathrm{d}r\mathrm{d}\theta$$

$$= \mu\int_{0}^{2\pi}\mathrm{d}\theta\int_{0}^{a} r^3\mathrm{d}r = \frac{1}{2}\pi\mu a^4$$

图 8.20

薄板对其直径的转动惯量即是对 x(或 y)轴的转动惯量 I_x(或 I_y),由 $I_x + I_y = I_o$ 及

$I_x = I_y$（利用问题的对称性），得

$$I_x = \frac{1}{2}I_o = \frac{1}{4}\pi\mu a^4$$

练习与思考 8.3

1. 如何建立坐标系,计算例 8.11 中的圆薄板对于通过圆周上一点且垂直于板面的轴的转动惯量 I?

2. 根据上述结果及例 8.11 中的相关结果验证力学中的"平行轴定理":薄板对于某轴的转动惯量 (I) 等于薄板对于通过其重心且与该轴平行的轴的转动惯量 (I_0) 加上薄板的质量 (m) 与两轴间的距离 (d) 平方的乘积. 即
$$I = I_0 + md^2.$$

3. 已知薄板的面密度为 $\mu(x, y)$,计算区域 D 中薄板的质量和重心:

(1) $D = \{(x, y) | 0 \leqslant x \leqslant 2, -1 \leqslant y \leqslant 1\}$, $\mu(x, y) = xy^2$;

(2) D 为一个三角形区域,3 个顶点分别是 $(0, 0)$, $(2, 1)$, $(0, 3)$, $\mu(x, y) = x + y$;

(3) D 以抛物线 $x = y^2$,直线 $y = x - 2$ 为边界,$\mu(x, y) = 3$.

4. 求均匀薄板(面密度为常数 μ)所占闭区域 D 的形心,闭区域 D 是:

(1) 半圆 $x^2 + y^2 \leqslant 1$, $y \geqslant 0$;

(2) 位于两圆 $r = a\cos\theta$, $r = b\cos\theta$ $(0 < a < b)$ 之间的闭区域.

5. 设均匀薄片(面密度 $\mu = 1$)所占闭区域 D 如下,求指定的转动惯量:

(1) D: $\dfrac{x^2}{a^2} + \dfrac{y^2}{b^2} \leqslant 1$,求 I_y 及 I_o;

(2) D: $0 \leqslant x \leqslant a$, $0 \leqslant y \leqslant b$,求 I_x 及 I_y.

6. 求面密度为常数 μ,内半径为 r,外半径为 R,均匀圆环形薄板对于环心(垂直于环面的轴)的转动惯量.

7. 边长为 2 的正方形的风机叶片,左下角在原点处,如果叶片的密度为 $\mu(x, y) = 1 + 0.1x$,问沿哪个方向转动叶片更困难,x 轴还是 y 轴?

阅读材料 8

(一) 曲面面积的计算

我们已经掌握了运用定积分求任意平面图形的面积. 现在介绍应用二重积分计算空间曲面 $z = f(x, y)$ 的面积,这里表示曲面的函数 $z = f(x, y)$ 在区域 D 中必须具有连续的一阶偏导数 $f_x(x, y)$, $f_y(x, y)$.

其做法仍然沿用微元法,通过"以平代曲"的手段解决曲面 $z = f(x, y)$ 的面积问题,即在曲面上一点的附近,用曲面在该点处的切平面(对应于平面上曲线在某一点的切线,空间曲面在某点处存在切平面)面积来代替曲面在这一点附近的面积,把这一小块的平面面积写

成微元的形式后,再将这个面积微元在区域 D 上无限累加(即二重积分)求得曲面的面积.我们不加推导地给出曲面面积的计算公式

$$S = \iint\limits_{D} \sqrt{1 + f_x^2(x,\ y) + f_y^2(x,\ y)}\,\mathrm{d}x\mathrm{d}y \tag{8.11}$$

【例 8.12】 求抛物面 $z = x^2 + y^2$ 在平面 $z = 9$ 以下的面积(图 8.21).

解 由图 8.21 可知,区域 D 在极坐标系下的表达式为 $D = \{(r,\ \theta)\ |\ 0 \leqslant r \leqslant 3,\ 0 \leqslant \theta \leqslant 2\pi\}$ 由于 $\dfrac{\partial z}{\partial x} = 2x$, $\dfrac{\partial z}{\partial y} = 2y$,所以

$$\begin{aligned}
S &= \iint\limits_{D} \sqrt{1 + \left(\frac{\partial z}{\partial x}\right)^2 + \left(\frac{\partial z}{\partial y}\right)^2}\,\mathrm{d}x\mathrm{d}y \\
&= \iint\limits_{D} \sqrt{1 + 4(x^2 + y^2)}\,\mathrm{d}x\mathrm{d}y \\
&= \int_0^{2\pi}\mathrm{d}\theta \int_0^3 \sqrt{1 + 4r^2} \cdot r\mathrm{d}r \\
&= 2\pi \times \frac{1}{12}(1 + 4r^2)^{\frac{3}{2}}\Big|_0^3 = \frac{\pi}{6}(37\sqrt{37} - 1).
\end{aligned}$$

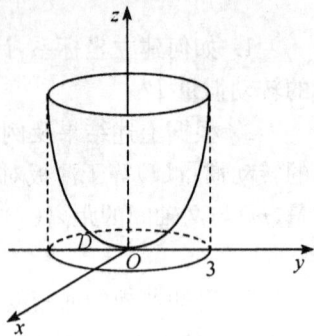

图 8.21

【例 8.13】 求马鞍面 $z = xy$ 在柱面 $x^2 + y^2 = 4$ 内的面积.

解 依题意,区域 D 在极坐标系下的表达式为

$$D = \{(r,\ \theta)\ |\ 0 \leqslant r \leqslant 2,\ 0 \leqslant \theta \leqslant 2\pi\}$$

由于 $\dfrac{\partial z}{\partial x} = y$, $\dfrac{\partial z}{\partial y} = x$,所以

$$S = \iint\limits_{D} \sqrt{1 + \left(\frac{\partial z}{\partial x}\right)^2 + \left(\frac{\partial z}{\partial y}\right)^2}\,\mathrm{d}x\mathrm{d}y = \iint\limits_{D} \sqrt{1 + y^2 + x^2}\,\mathrm{d}x\mathrm{d}y$$

$$= \int_0^{2\pi}\mathrm{d}\theta \int_0^2 \sqrt{1 + r^2} \cdot r\mathrm{d}r = \frac{2\pi}{3}(1 + r^2)^{\frac{3}{2}}\Big|_0^2 = \frac{2\pi}{3}(5\sqrt{5} - 1).$$

(二) 柯西对微积分的贡献

柯西(Augustin‐Louis Cauchy,1789~1857) 法国数学家、物理学家. 27 岁被任命为法国科学院院士、综合工科学校教授,1821 年被任命为巴黎大学力学教授.

A.‐L. 柯西是现代微积分学的奠基者.他率先定义了级数的收敛、绝对收敛、序列和函数的极限,并形成了一系列的判断准则.他第一个使用了极限符号"lim";第一次把无穷小量简单地定义为一个以零为极限的变量;第一个简洁而严格地证明了微积分学基本定理,即**牛顿-莱布尼茨公式**;他把数学的微分看作是"无穷小时的变化",把积分表示为"无穷多个无穷小之和".正如著名

数学家 **J. 冯·诺依曼**所说："严密性的统治地位基本上是由**柯西**重新建立起来的."

A. - L. 柯西最出色的贡献是在复变函数论领域,他导出了著名的柯西积分公式

$$f(a) = \frac{1}{2\pi i} \int_\Gamma \frac{f(z)}{z-a} \mathrm{d}z ,$$

复变函数的微积分理论就是由他创立起来的.

柯西还是一位多产的数学家,其创造力惊人. 他 23 岁写出第一篇论文到 68 岁逝世的 45 年中,共发表了 789 篇论文,出版专著 7 本,《柯西全集》共有 27 卷. 其中最重要的是为巴黎综合工科学校编写的《分析教程》(1821)、《无穷小分析教程概论》(1823)、《微分学在几何上的应用》(1826~1828). 鉴于他对微积分的贡献,很多数学定理和公式都以他的名字来命名.

为了纪念 **A. - L. 柯西**,在他诞辰 200 周年时,法国发行了一枚纪念邮票,邮票的中间是**柯西**的肖像,右上角是著名的柯西积分公式.

习题 8

1. 设有平面薄板,占有 xOy 面上的区域 D,薄板上分布有面密度为 $\mu = \mu(x, y)$ 的电荷,且 $\mu(x, y)$ 在 D 上连续,试用二重积分表示该薄板上的全部电荷 Q.

2. 比较下列积分的大小:

(1) $\iint\limits_D \ln(x+y)\mathrm{d}\sigma$ 与 $\iint\limits_D [\ln(x+y)]^2\mathrm{d}\sigma$,其中 D 是以 $A(1, 0)$、$B(1, 1)$、$C(2, 0)$ 为顶点的三角形闭区域.

(2) $\iint\limits_D \ln(x+y)\mathrm{d}\sigma$ 与 $\iint\limits_D [\ln(x+y)]^2\mathrm{d}\sigma$,其中 D 是矩形闭区域 $3 \leqslant x \leqslant 5, 0 \leqslant y \leqslant 1$.

3. 若 $D = D_1 + D_2$, D_1、D_2 没有公共内点且关于 y 轴对称,则在 D 上任一点 (x, y),满足:

(1) 当 $f(-x, y) = -f(x, y)$ 时,有 $\iint\limits_D f(x, y)\mathrm{d}\sigma = 0$;

(2) 当 $f(-x, y)=f(x, y)$ 时,有 $\iint\limits_{D}f(x, y)\mathrm{d}\sigma = 2\iint\limits_{D_1}f(x, y)\mathrm{d}\sigma$

试证明之.

4. 画出下列积分区域,并计算二重积分:

(1) $\iint\limits_{D}x\mathrm{e}^{xy}\mathrm{d}x\mathrm{d}y$, $D=\{(x, y)\,|\,0\leqslant x\leqslant 1, -1\leqslant y\leqslant 0\}$;

(2) $\iint\limits_{D}\dfrac{y}{x}\mathrm{d}x\mathrm{d}y$, D 由 $y=2x$, $y=x$, $x=2$, $x=4$ 所围成的区域;

(3) $\iint\limits_{D}x\sqrt{y}\mathrm{d}x\mathrm{d}y$, D 由 $y=\sqrt{x}$, $y=x^2$ 所围成的区域;

(4) $\iint\limits_{D}\mathrm{e}^{x+y}\mathrm{d}x\mathrm{d}y$, D 由 $|x|+|y|\leqslant 1$ 所围成的区域;

(5) $\iint\limits_{D}(x^2-y^2)\mathrm{d}x\mathrm{d}y$, D 由 $0\leqslant y\leqslant\sin x$, $0\leqslant x\leqslant\pi$ 所围成的区域;

(6) $\iint\limits_{D}\dfrac{\sin y}{y}\mathrm{d}x\mathrm{d}y$, D 由 $y=x$ 及 $y^2=x$ 所围成的区域.

5. 求由曲面 $z=x^2+2y^2$ 及 $z=6-2x^2-y^2$ 所围成的立体的体积.

6. 求由曲面 $z=4-x^2$, $2x+y=4$, $x=0$, $y=0$, $z=0$ 所围成的立体在第一卦限部分的体积.

7. 交换下列二次积分的积分次序:

(1) $\displaystyle\int_1^{\mathrm{e}}\mathrm{d}x\int_0^{\ln x}f(x, y)\mathrm{d}y$; (2) $\displaystyle\int_0^4\mathrm{d}y\int_{-\sqrt{4-y}}^{\frac{1}{2}(y-4)}f(x, y)\mathrm{d}x$;

(3) $\displaystyle\int_0^1\mathrm{d}x\int_1^{x+1}f(x, y)\mathrm{d}y+\int_1^2\mathrm{d}x\int_x^2 f(x, y)\mathrm{d}y$.

8. 化下列二次积分为极坐标形式,并计算积分值:

(1) $\displaystyle\int_0^a\mathrm{d}y\int_0^{\sqrt{a^2-y^2}}(x^2+y^2)\mathrm{d}x$; (2) $\displaystyle\int_0^{2a}\mathrm{d}x\int_0^{\sqrt{2ax-x^2}}(x^2+y^2)\mathrm{d}y$.

9. 利用极坐标计算下列积分:

(1) $\iint\limits_{D}\mathrm{e}^{\sqrt{x^2+y^2}}\mathrm{d}\sigma$, D:$x^2+y^2\leqslant 4$;

(2) $\iint\limits_{D}y\mathrm{d}\sigma$, D:$x^2+y^2\leqslant a^2$;$x\geqslant 0$, $y\geqslant 0$;

(3) $\iint\limits_{D}\arctan\dfrac{y}{x}\mathrm{d}\sigma$,其中 D 是由圆周 $x^2+y^2=1$, $x^2+y^2=4$ 及直线 $y=0$, $y=x$ 所围成的在第一象限内的闭区域.

10. 选用适当的坐标系计算下列积分:

(1) $\iint\limits_{D}\dfrac{x^2}{y^2}\mathrm{d}\sigma$, D 是由直线 $x=2$, $y=x$ 及曲线 $xy=1$ 所围成的区域;

(2) $\iint\limits_{D}\sqrt{x^2+y^2}\mathrm{d}\sigma$, D 表示圆环形区域 $a^2\leqslant x^2+y^2\leqslant b^2$.

11. 设平面薄板所占闭区域 D 由螺线 $r=2\theta\left(0\leqslant\theta\leqslant\dfrac{\pi}{2}\right)$ 与直线 $\theta=\dfrac{\pi}{2}$ 所围成,它的面密度为 $\mu(x,y)=\sqrt{x^2+y^2}$,求薄板的质量(图 8.22).

12. 设平面薄板所占闭区域 D 由直线 $x+y=2$,$y=x$ 及 x 轴所围成,它的面密度 $\mu(x,y)=x^2+y^2$,求该薄板的质量及重心.

13. 在均匀半圆形薄板的直径边上,要接上一个一边与直径等长的均匀矩形薄板,为使整个均匀薄板的形心恰好落在圆心上,问接上去的矩形薄板另一边的长度应是多少?

14. 已知均匀矩形板(面密度为常数 μ)的长和宽分别为 b 和 h,计算此板对于通过其形心且分别与另一边平行的两轴的转动惯量.

15. 求由抛物线 $y=x^2$ 及直线 $y=1$ 所围成的均匀薄板(面密度为常数 μ)对于直线 $y=-1$ 的转动惯量.

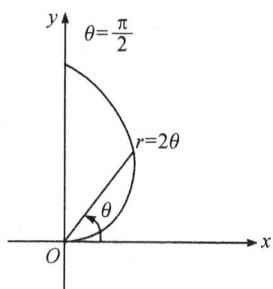

图 8.22

第 9 章 数学实验

> 随着计算机的逐步普及,人们对计算机的依赖程度越来越高,我们的工作及生活方式也在悄然发生改变.为了能够借助计算机来更好地学习、研究及应用数学,数学软件包(也称符号计算系统)应运而生.目前,广泛使用的数学软件包有 MATLAB、Mathematica、Maple 等.本章将简单介绍 MATLAB 在高等数学学习中的作用.

9.1　MATLAB 软件简介

MATLAB 是 Matrix Laboratory(矩阵实验室)的缩写,是由美国 Math Works 公司开发的集计算、可视化和编程三大基本功能于一体的,功能强大、操作简单的语言. MATLAB 软件从 1984 年推出的第 1 个版本到目前发布的第 14 个版本 MATLAB 7.0,功能不断增加,现在已成为国际公认的优秀数学应用软件之一,被广泛应用于数学计算、图形处理、数学建模、系统辨识、动态仿真、实时控制、应用软件开发等领域.

MATLAB 系统主要包括 MATLAB 工作环境、MATLAB 语言、图形处理系统、MAT-LAB 数学函数库和 MATLAB 应用程序接口 5 个部分.

Math Works 公司的网址是 http：//www. mathworks. com,读者可以访问该网站,了解 MATLAB 的最新动态.

9.1.1　命令与窗口环境

MATLAB 软件的安装很简便,用户只要按照安装界面的提示进行即可.安装完成后,桌面上会自动建立一个 MATLAB 的快捷图标 ,用鼠标左键双击该图标,就可启动 MATLAB,打开如图 9.1 所示的 MATLAB 7.0 工作环境界面,该界面主要由菜单、工具栏、当前工作目录窗口、工作空间管理窗口、历史命令窗口和命令窗口组成.

1. 菜单和工具栏

MATLAB 7.0 的菜单内容会随着在命令窗口中执行的命令不同而作出相应改变,这里只简单介绍默认情况下的菜单和工具栏.

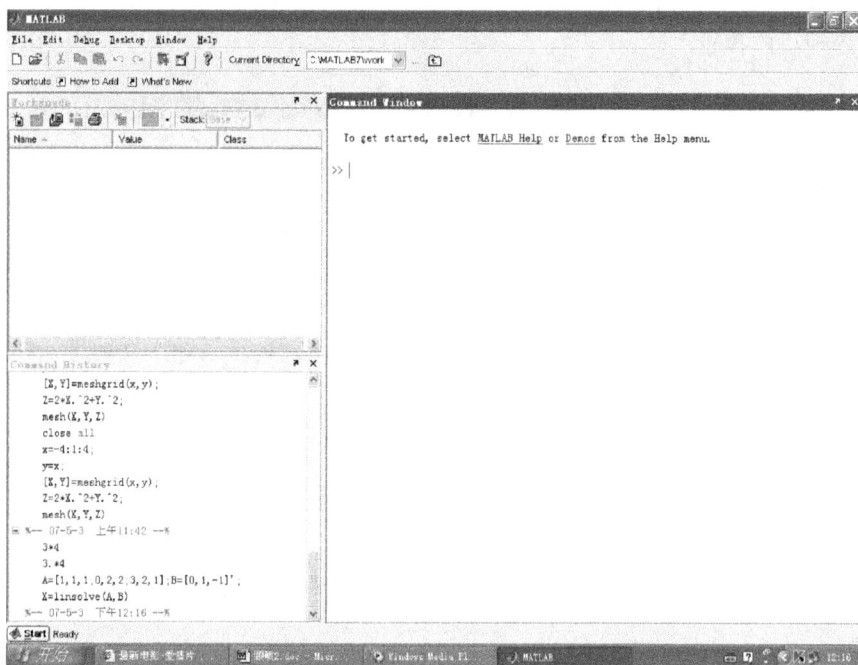

图 9.1　MATLAB 工作环境

（1）File 菜单

Import Data：向工作空间导入数据；

Save Workspace As：将工作空间的变量存储在某一文件中；

Set Path：打开搜索路径设置对话框；

Preferences：打开环境设置对话框.

（2）Edit 菜单　主要用于复制、粘贴等操作.

（3）Debug 菜单　用于设置程序的调试.

（4）Desktop 菜单　用于设置主窗口中需要打开的窗口.

（5）Window 菜单　列出当前所有打开的窗口.

（6）Help　用于选择打开不同的帮助系统.

（7）工具栏

：打开主窗口；

：打开用户界面设计窗口；

：打开帮助系统；

Current Directory: C:\MATLAB7\work　…　：设置当前目录.

2. 命令窗口（Command Window）

MATLAB 7.0 的命令窗口如图 9.2 所示，单击右上角的按钮 ，可以使命令窗口脱离主窗口成为一个独立的窗口（图 9.3），再单击按钮 又返回原窗口. 它是对 MATLAB 进行操作的主要载体,是键入指令和显示结果的地方.一般地,MATLAB 的所有函数和命令都可以在命令窗口中执行.

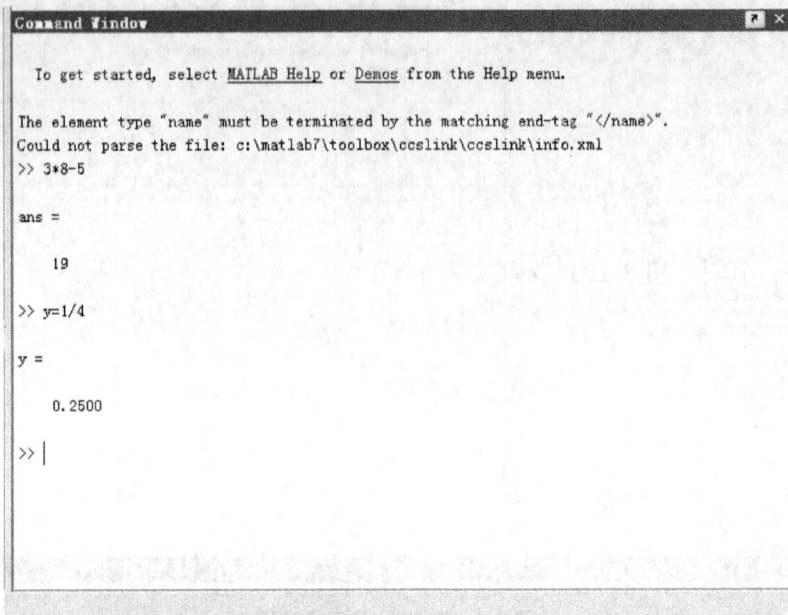

图 9.2　命令窗口

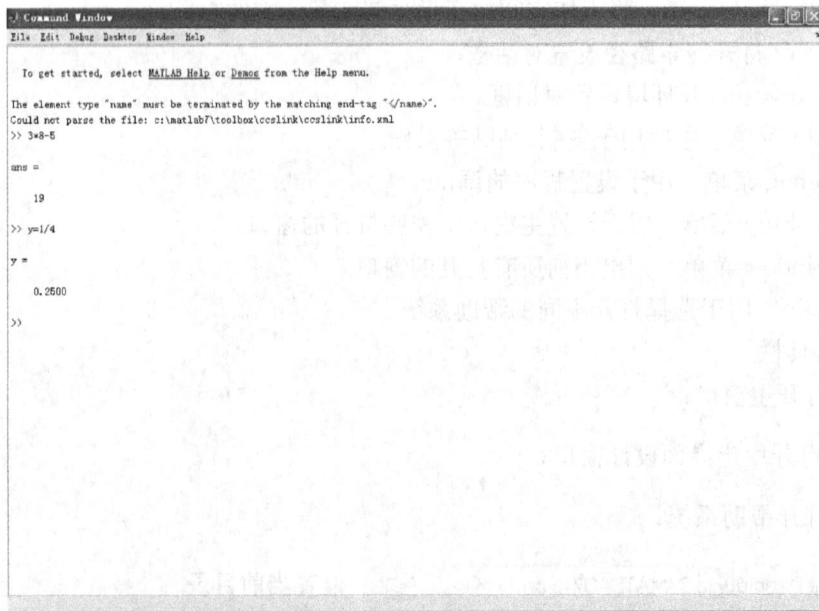

图 9.3　独立的命令窗口

　　在命令窗口直接输入命令并按 Enter 键,即运行并显示相应结果,图 9.2 中给出了两个例子.关于命令下面有几点说明:

　　(1)"≫"是 MATLAB 的命令输入提示符;

　　(2)"％"后面为注释内容;

　　(3)ans 是系统自动给出的运行结果变量,是英文 answer 的缩写;

　　(4)当不需要显示运行结果时,在语句的末尾加上分号即可;

　　(5)键入 who 可以查看所有定义过的变量名称;

　　(6)键入 clear 可以清除所有定义过的变量名称;

　　(7)Ctrl＋C(即同时按 Ctrl 及 C 两个键)可以用来中止正在执行的 MATLAB 的工作;

　　(8)较长的表达式可以在行尾加上三点(…)省略号进行续行输入;

　　(9)输入的表达式有错误,而按回车键后才意识到时,没有必要重新输入整行,只需使用方向键向上移动,修正错误,然后按回车键,MATLAB 会修正输出.

3. 历史命令窗口(Command History)

　　该窗口主要用于记录所有执行过的命令,在默认设置下会保留自程序安装时起所有命令的历史记录,并标明执行时间,以方便使用者查询.如果双击某一行命令,即在命令窗口中执行该命令,该窗口也可成为一个独立窗口.

4. 当前工作目录窗口(Current Directory)

　　当前目录窗口中不仅可以显示或改变当前目录,还可以显示当前目录下的文件,包括文件名、文件类型、最后修改时间以及该文件的说明信息等,并提供搜索功能.该窗口也可以成为一个独立窗口.

5. 工作空间管理窗口(Workspace)

　　工作空间管理窗口中显示所有目前保存在内存中的 MATLAB 变量的变量名、数据结构、字节数以及类型,而不同的变量类型分别对应不同的变量名图标.

　　当需要退出 MATLAB 时,我们可以从文件下拉菜单中选择"退出(Exit)MATLAB",还可以在命令窗口中输入 quit 命令.

9.1.2　基本运算符

　　MATLAB 7.0 中提供了丰富的运算符,包括算术运算符、关系运算符和逻辑运算符.

1. 算术运算符

　　算术运算符(表 9.1)是构成数学运算的最基本的操作命令.在 MATLAB 中,数学表达式的书写规则与手写算式相同,但要注意的是,MATLAB 中所有的运算定义在复数域上,且对于方根问题,运算只返还处于第一象限的解.

表 9.1

运算符	功能	运算符	功能
＋	加法	＊	乘法
－	减法	/	除法(右除)
＾	乘方	\	除法(左除)

2. 关系运算符

关系运算符(表 9.2)主要用来比较数、字符串等之间的大小关系,其返还值为 0(表示比较关系为假)或 1(表示比较关系为真).

表 9.2

运算符	含义	运算符	含义	运算符	含义
>	大于	>=	大于等于	==	等于
<	小于	<=	小于等于	∼=	不等于

3. 逻辑运算符

逻辑运算符(表 9.3)主要用来进行逻辑量之间的运算,其返还值为 0(表示逻辑关系为假)或 1(表示逻辑关系为真).

表 9.3

运算符	含义	运算符	含义
&	与、和	|	或
∼	非、否	xor	异或

对于运算符有下列几点说明:

(1) 关系运算符"=="是判断两个对象是否具有相等关系,而赋值运算符"="是用来给变量赋值的;

(2) 在执行关系和逻辑运算时,MATLAB 将输入的不为零的数值都视为真,而只有为零的数值才视为假;

(3) 运算符的优先等级按照由高到低为:逻辑非(∼)、算术运算、比较运算、其他逻辑运算. 如果想改变优先级,用圆括号括起来.

例如:≫∼5−3

    ans =

       −3

这里先进行了逻辑非运算,根据说明(2),"∼5"的结果为 0;再进行减法运算"0−3",结果为−3.

9.1.3 符号计算

MATLAB 提供了强大的符号计算功能,它虽以数值计算的补充身份出现,但涉及符号计算的相关指令、符号计算结果的图形化显示、符号计算程序的编写以及在线帮助系统都十分完整和便捷.

1. 变量与常量

变量是任何程序设计语言的基本要素之一,MATLAB 语言也不例外. MATLAB 语言中变量的命名遵循如下规则:

（1）变量名只能由英文字母、数字和下划线组成,且应以英文字母开头;

（2）变量名长度不超过 31 位,第 31 个字符之后的字符将被 MATLAB 语言忽略;

（3）变量名区分大小写英语字母.

MATLAB 语言本身也具有一些预定义的变量,这些特殊的变量称为常量.经常使用的常量值有：pi——圆周率;inf——无穷大;i, j——虚数单位.

在 MATLAB 中,不需要事先指定变量的类型,MATLAB 语言会自动依据所赋予变量的值或对变量进行的操作来识别变量的类型.在赋值过程中,如果赋值变量已存在,MATLAB语言将使用新值代替旧值,并以新值类型代替旧值类型.

2. 常用函数

MATLAB 提供了大量的数学函数,常用的有下列几种：

幂函数：$x\hat{}a$, sqrt(x)（表示 $\sqrt{x}$）;

指数函数：$a\hat{}x$, exp(x)（表示 e^x）;

对数函数：log(x)（自然对数）,log 2(x)（以 2 为底的对数）,log 10(x)（常用对数）;

三角函数：sin(x), cos(x), tan(x), cot(x), sec(x), csc(x);

反三角函数：asin(x), acos(x), atan(x), acot(x);

符号函数：sign(x);

绝对值函数：abs(x)（表示 $|x|$）.

3. 数值计算

在 MATLAB 中进行数值计算,就像使用计算器一样方便,只要在命令窗口直接输入需要计算的式子,然后按 Enter 键即可.

【例 9.1】 计算表达式 $2 \times 4^2 - 20 \div (3+2)$ 和 $\dfrac{2\sin\dfrac{\pi}{3}}{1+\sqrt{5}}$ 的值.

解 ≫2 ∗ 4^2−20/(3+2)

ans =

    28

≫2 ∗ sin(pi/3)/(1+sqrt(5))

ans =

    0.535 2

MATLAB 语言中数值有多种显示形式,在缺省情况下,若数据为整数,则以整数表示;若数据为实数,则以保留小数点后 4 位的精度近似表示.

4. 符号计算

一般把数学表达式的化简、因式分解、多项式的四则运算等数学推理工作称为符号计算.MATLAB 中符号计算的特点主要有：① 计算以推理解析的方式进行,因此不受计算误差累积所带来的困扰;② 符号计算可以给出完全正确的封闭解或任意精度的数值解（当封闭解不存在时）;③ 符号计算指令的调用比较简单,与经典教科书公式相近;④ 计算所需要的时间较长.

(1) 创建符号对象和表达式   MATLAB 中创建符号对象(符号常量、符号变量、符号函数)和符号表达式的命令函数是 sym() 和 syms(),其调用格式如下:

y＝sym('argv')   把字符串 argv 定义为符号对象 y

syms argv1 argv2 …   把 argv1,argv2,…定义为符号对象(对象之间用空格隔开)

可见,sym 命令用于创建单个符号变量,而 syms 命令则可以一次创建任意多个变量,因此在符号计算中常常使用 syms 命令.

【例 9.2】 已知函数 $y = \arccos(e^x)$,求该函数在 $x = -1, 0, 1$ 处的函数值.

解 ≫ clear

≫ syms x y;

≫ x＝[−1, 0, 1];   %定义一个三维数组

≫ y＝acos(exp(x))

y＝

    1.194 1   0   0＋1.657 5i

(2) 符号表达式的化简   符号计算的结果往往比较繁杂,非常不直观,为此,MATLAB 专门提供了对计算结果进行化简的函数,这些函数的调用格式如下:

factor(y)   对符号表达式 y 进行因式分解

simple(y)   对符号表达式 y 进行化简,可多次使用

expand(y)   对符号表达式 y 进行展开

collect(y, x)   对符号表达式 y 中指定对象 x 的相同次幂的项进行合并

【例 9.3】 因式分解 $x^2 - 9$.

解 ≫ clear

≫ syms x y; y＝x^2−9; y＝factor(y)

y＝

(x−3)＊(x＋3)

【例 9.4】 化简 $\sqrt[3]{\dfrac{1}{x^3} + \dfrac{6}{x^2} + \dfrac{12}{x} + 8}$.

解 ≫ clear

≫ syms x y;

≫ y＝(1/x^3＋6/x^2＋12/x＋8)^(1/3);

≫ y＝simple(y)

y＝

(2＊x＋1)/x

≫ y＝simple(y)

y＝

2＋1/x

【例 9.5】 已知多项式 $x^4 + 3x^2 - \dfrac{1}{4}x^2 - x + 1$,合并同类项.

解 ≫ clear

≫ syms x y；

≫ y＝x^4＋3＊x^2－(1/4)＊x^2－x＋1；

≫ collect(y，x)

ans ＝

x^4＋11/4＊x^2－x＋1

试一试：直接执行命令"y＝x^4＋3＊x^2－(1/4)＊x^2－x＋1"，会出现什么结果？

【例 9.6】　将表达式 $(1＋x)^3$ 展开.

解　≫ syms x

≫ expand((1＋x)^3)

ans ＝

1＋3＊x＋3＊x^2＋x^3

（3）解方程

solve('equ')　　　　　　　　　　　解代数方程 equ

solve('equ1'，'equ2'，…，'equn')　　　解代数方程组

【例 9.7】　解方程 $x^2－x－6＝0$.

解　≫ clear

≫ x＝solve('x^2－x－6＝0')

x＝

　　3

　－2

【例 9.8】　解方程组 $\begin{cases} 3x＋y－6＝0 \\ x－2y－2＝0 \end{cases}$

解　≫ clear

≫ syms x y

≫ [x，y]＝solve('3＊x＋y－6＝0'，'x－2＊y－2＝0')

x＝

2

y＝

0

在上述命令后面接着进行下面的操作

≫ y＝(1/x^3＋6/x^2＋12/x＋8)^(1/3)；

≫ y＝simple(y)

y＝

5/2

可见，运行结果与例 9.4 中不同，这是因为在例 9.8 中，x 已被赋值为 2. 为了防止这种情况的发生，我们要养成先输入命令 clear 的习惯.

9.1.4　图形功能

MATLAB 有很强的图形功能，可以方便地实现数据的视觉化. 强大的计算功能与图形

功能相结合为 MATLAB 在科学技术和教学方面的应用提供了更加广阔的天地. 我们将在 9.2 节介绍 MATLAB 中几个常见的作图函数.

练习与思考 9.1

1. 右除". /"和左除". \"也是 MATLAB 中的算术运算符,请输入相应的命令,看看运行结果有什么不同?

2. 举例说明,为什么要在程序中使用命令 clear?

3. 函数 simplify()也用于化简符号表达式,请使用它重做例 9.4,看结果有什么不同?

4. 计算:

(1) $\sin\dfrac{\pi}{4}+\cos^2\dfrac{\pi}{6}$;

(2) $\lg 2+\ln 3$.

5. 因式分解:x^3-3x^2+4.

6. 化简:$\dfrac{\cos x}{1+\sin x}+\dfrac{1+\sin x}{\cos x}$.

7. 解下列方程或方程组:

(1) $x^2-5x+2=0$;

(2) $\begin{cases} y=x^2 \\ y=4-x^2 \end{cases}$.

9.2 用 MATLAB 作函数图形

MATLAB 可以表达出数据的图形,并通过对线型等属性的控制,把数据的内在特征表现得更加细腻完善,本节主要介绍几个常见的图形绘制函数.

9.2.1 二维曲线的绘制

plot 函数是绘制二维图形最常用的命令函数,其功能如下:

(1) 自动打开一个图形窗口 Figure,如果已经存在一个图形窗口,plot 命令则清除当前图形,绘制新图形;

(2) 用直线连接相邻两数据点来绘制图形;

(3) 可根据图形坐标大小自动缩扩坐标轴,将数据标尺及单位标注自动加到两个坐标轴上,还可自定义坐标轴;

(4) 可单窗口单曲线绘图、单窗口多曲线绘图、单窗口多曲线分图绘图等;

(5) 可任意设定曲线线型,并可给图形加坐标网线和注释.

1. plot 函数的调用格式

(1) plot(x)——缺省自变量绘图格式

【例 9.9】 $\gg$ x=[0 0.58 0.70 0.95 0.83 0.25];

≫ plot(x)

运行结果如图 9.4 所示,是以序号为横坐标、数组 x 的数值为纵坐标画出的折线.

（2）plot(x, y)——基本绘图格式　其中 x 为横坐标数组,y 为纵坐标数组,以 $y(x)$ 的函数关系作出直角坐标图.

【例 9.10】　≫ close all　　　　　　　　％关闭所有的图形视窗

　　　　　　≫ x＝linspace(0,2 * pi,30);　　　％在 0～2π 之间生成 30 个等间距的数值

　　　　　　≫ y＝sin(x);

　　　　　　≫ plot(x, y)

运行结果如图 9.5 所示,是由 30 个点连成的光滑的正弦曲线.

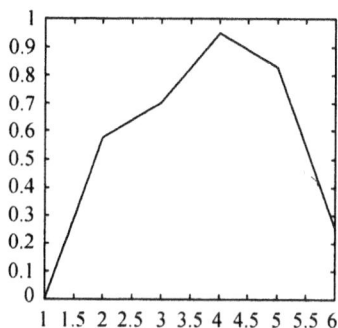
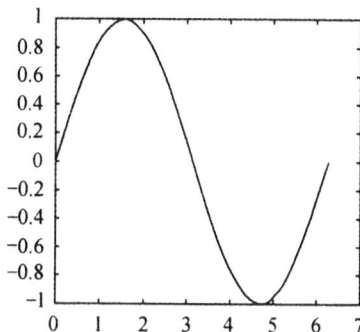

图 9.4　　　　　　　　　　　　　图 9.5

上例中用到的 linspace 命令有两种调用方式:

第一种 x＝linspace(a, b)在 a 到 b 间取出均匀分布的 100 个点;

第二种 x＝linspace(a, b, n)在 a 到 b 间取出均匀分布的 n 个点.

（3）plot(x1, y1, x2, y2)——多条曲线绘图格式

【例 9.11】　≫ close all

　　　　　　≫ x＝0：pi/15：2 * pi;　　　　　　％在 0～2π 之间以 π/15 为间隔取值

　　　　　　≫ y1＝sin(x);y2＝cos(x);

　　　　　　≫ plot(x, y1, x, y2)

运行结果如图 9.6 所示.

如果我们绘制了 y＝sin x 的图像以后,决定在同一个图形窗口上再绘制 y＝cos x 的图像,可以借助命令 hold on.

　　≫ x＝0：pi/15：2 * pi;

　　≫ plot(x, sin(x)), axis([0 2 * pi −1 1])

　　≫ hold on

　　≫ plot(x, cos(x)),axis([0 2 * pi −1 1])

虽然我们定义了 x 的范围在 $0 \leqslant x \leqslant 2\pi$ 之间,MATLAB 绘制的坐标还是宽了些,我们可以用 axis 命令进行修正.

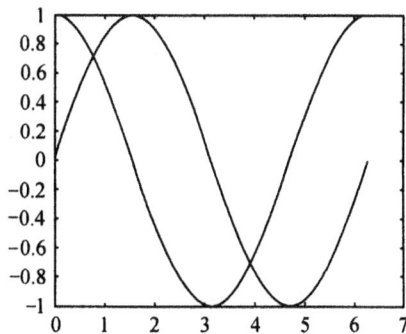

图 9.6

（4）plot(x,y,'s')——开关格式　开关量字符串 s 用于设定图形的线型和颜色,常见的线型设定值见表 9.4.

表 9.4

选项	说明	选项	说明	选项	说明
—	实线	— —	虚线	＋	加号
:	点线	.	点	*	星号
—.	点划线	o	圆	x	X 符号

【例 9.12】 ≫ close all

≫ x＝0：pi/15：2 * pi;

≫ y1＝sin(x);y2＝sin(x+0.25);

≫ y3＝sin(x+0.5);

≫ plot(x,y1,'—', x, y2, '：', x, y3, '：*')

运行结果如图 9.7 所示.

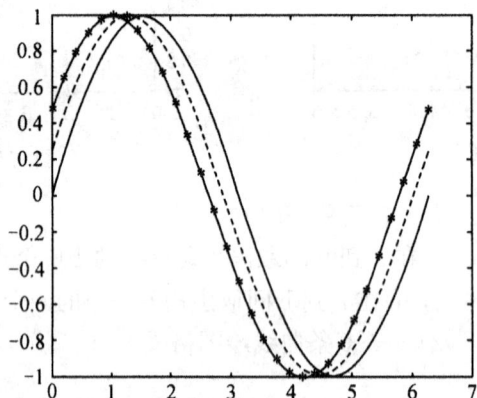

图 9.7

2. 图形加注功能

在 MATLAB 中,对图形加注的函数见表 9.5.

表 9.5

函　数	功　能	函　数	功　能
title	给图形加标题	text	在图形指定位置加标注
xlable	给 x 轴加标注	gtext	将标注加到图形任意位置
ylable	给 y 轴加标注	grid on (off)	打开(关闭)坐标网格线
legend	添加图例		

3. 坐标系的控制

在缺省情况下,MATLAB 自动选择图形的横、纵坐标的比例,如果对这个比例不满意,我们可以用 axis 命令控制,常用的有:

axis([xmin xmax ymin ymax])　　　[ ]中分别给出 x 轴和 y 轴的最大值、最小值;

axis equal 或 axis('equal')　　　x 轴和 y 轴的单位长度相同;

axis square 或 axis('square')　　图框呈方形;

axis on(off)　　　　　　　　　　显示和关闭坐标轴的刻度;

axis auto　　　　　　　　　　　　将坐标轴设置返回自动缺省值.

【例 9. 13】 ≫ close all

≫ x＝0：0.1：10;

≫ y1＝sin(x);y2＝cos(x);

≫ plot(x,y1,'r',x, y2,'b－－');%r 为红色,b 为蓝色.

≫ text(3.2,0.4,'sinx');

≫ gtext('cosx');　　　%可用鼠标将标注移到任意位置

≫ title('正弦和余弦曲线')

≫ legend('正弦','余弦')

≫ xlabel('时间 t')

≫ ylabel('正弦、余弦')

≫ grid

≫ axis square

运行结果如图 9.8 所示.

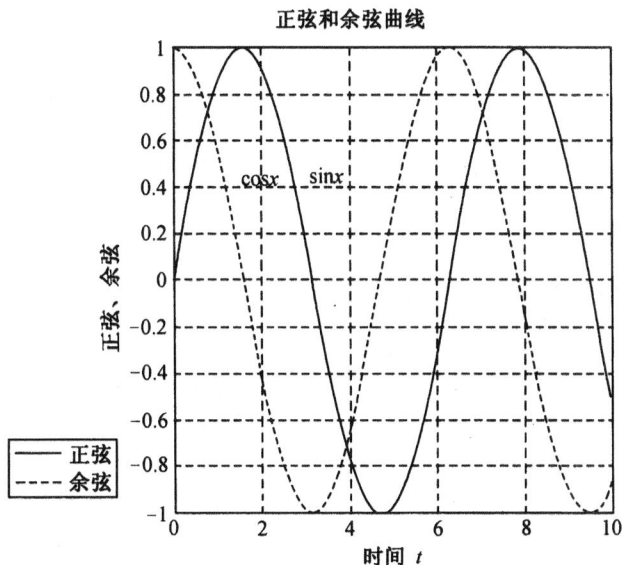

图 9.8

4. 单窗口多曲线分图绘图

在 MATLAB 中,可以在同一个画面上建立几个坐标系,用 subplot(m,n,p)命令就可以把一个画面分成 $m \times n$ 个图形区域(m 代表行数,n 代表列数),p 代表当前的区域号(按照从左到右,从上到下排列),在每个区域中分别作图.

【例 9.14】 ≫ close all

≫ x＝linspace(0,2 * pi,100)；

≫ y1＝sin(x)；y2＝cos(x)；y3＝sin(2 * x)；y4＝tan(x)；

≫ subplot(2,2,1),plot(x,y1),axis([0 2 * pi －1 1]),title('sin(x)')

≫ subplot(2,2,2),plot(x,y2),axis([0 2 * pi －1 1]),title('cos(x)')

≫ subplot(2,2,3),plot(x,y3),axis([0 2 * pi －1 1]),title('sin(2 * x)')

≫ subplot(2,2,4),plot(x,y4),axis([0 2 * pi －20 20]),title('tan(x)')

运行结果分别为下面 4 幅图形,如图 9.9 所示.

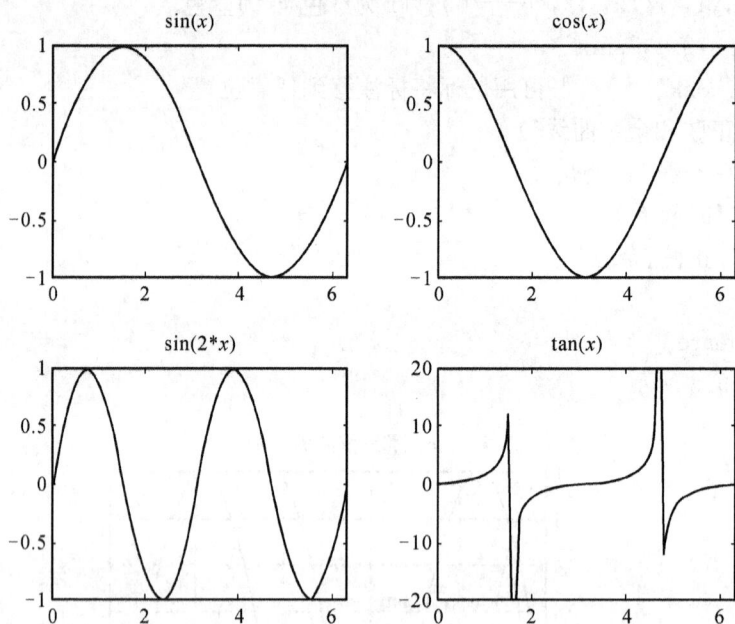

图 9.9

此外,MATLAB 还提供了两个基本的二维绘图函数：fplot 函数和 ezplot 函数.

(1) fplot 函数

① fplot(fun,lims)——绘制函数 fun 在指定区间 lims 的函数图像,其中 lims＝[xmin xmax](定义 x 轴的取值范围)或 lims＝[xmin xmax ymin ymax](定义 x 轴和 y 轴的取值范围).

【例 9.15】 ≫ close all

≫ fplot('tan(x)',2 * pi * [－1 1 －1 1])

运行结果如图 9.10 所示,与图 9.9 比较,就会发现用 fplot 函数绘图比用 plot 函数精确,因此我们常选择 fplot 函数来作函数的图像.

② fplot(fun,lims,'corline')——以指定线型绘图.

(2) ezplot 函数——简易绘图函数

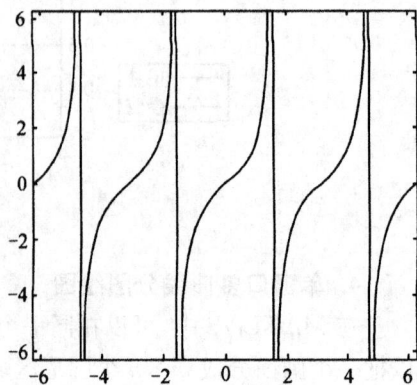

图 9.10

① ezplot(f)——绘制表达式 $f = f(x)$ 在默认范围$[-2*\mathrm{pi}\quad 2*\mathrm{pi}]$内的图形.

【例 9.16】　≫ezplot('sin(x)')

运行结果如图 9.11 所示.

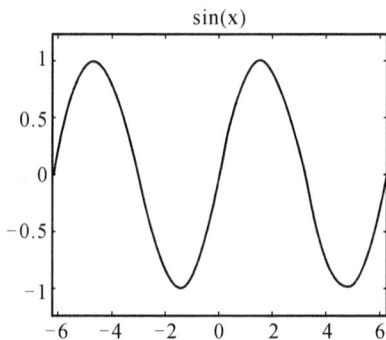

图 9.11

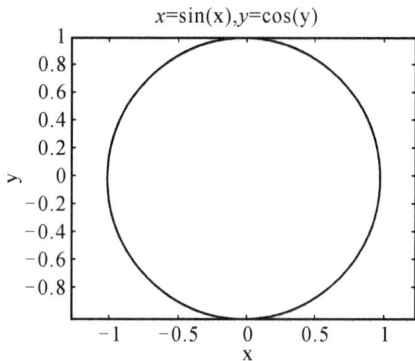

图 9.12

② ezplot(x, y,[tmin,tmax])——绘制 $x=x(t)$，$y=y(t)$在给定区间内的图形.

【例 9.17】　≫ figure　　%重新打开一个绘图窗口

≫ ezplot('sin(x)','cos(y)',[-4*pi 4*pi])

运行结果如图 9.12 所示.

9.2.2　三维曲线的绘制

1. plot3 函数——三维基本绘图函数

(1) plot3(x,y,z)——x,y,z 用来存储横坐标、纵坐标和竖坐标；

(2) plot3(x,y,z,'s')——带开关量绘图格式；

(3) plot3(x1,y1,z1,'s',x2,y2,z2,'s',…)——多条曲线绘图格式.

【例 9.18】　作螺旋线 x=sint,y=cost,z=t.

解　≫ close all

≫ t=0：pi/50：10*pi;

≫ plot3(sin(t),cos(t),t)

运行结果如图 9.13 所示.

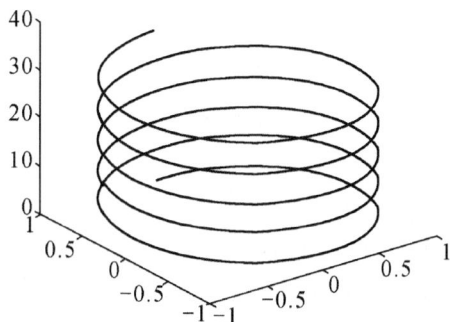

图 9.13

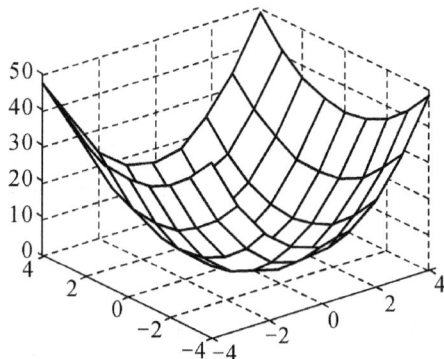

图 9.14

2. mesh 函数

该命令与 plot3 不同,它可以绘出某个区间内的完整曲面,而不是单根曲线.其调用格式为:

mesh(X,Y,Z)——X,Y,Z 用来存储点的坐标.

【例 9.19】 绘制函数 $2x^2 + y^2 = z$ 的图形.

解 ≫ x=−4:1:4;y=x;

≫ [X,Y]=meshgrid(x,y);

≫ Z=2∗X.^2+Y.^2;

≫ mesh(X,Y,Z)

运行结果如图 9.14 所示.

meshgrid 命令是常见的三维绘图命令的改进命令,它的作用是将给定的区域按一定的方式划分成平面网格,调用格式为:[X,Y]=meshgrid(x,y),其中 x,y 为给定的坐标取值,用来定义网格划分区域,X,Y 用来存储网格划分后的数据.

在 MATLAB 中,对数组的每个元素进行乘方运算的运算符是".^".

练习与思考 9.2

1. 为什么要在程序中使用命令 close all?

2. 说出 plot 函数、fplot 函数、ezplot 函数 3 个作图函数有什么不同.

3. 求作函数 $y=\dfrac{e^x}{1+x}$ 的图像.

4. 作双曲马鞍面 $z=x^2-y^2$.

9.3 用 MATLAB 做微积分运算

微积分运算在数学计算中非常重要,整个高等数学就是建立在微积分运算的基础上的,本节将介绍如何利用 MATLAB 提供的一些函数来进行微积分运算.

9.3.1 求函数极限

在 MATLAB 中,用函数 limit()来求表达式的极限,其调用格式如下:

limit(f)　　　　　　　表示函数 f 当默认自变量趋向于 0 时的极限;

limit(f,a)　　　　　　表示函数 f 当默认自变量趋向于 a 时的极限;

limit(f,v)　　　　　　表示函数 f 当自变量 v 趋向于 0 时的极限;

limit(f,v,a)　　　　　表示函数 f 当自变量 v 趋向于 a 时的极限;

limit(f,v,a,'left')　　表示函数 f 当自变量 v 从左边趋向于 a 时的极限;

limit(f,v,a,'right')　表示函数 f 当自变量 v 从右边趋向于 a 时的极限.

上述命令中的 f 为函数的符号表达式,a 为实数,无穷大用 inf 表示.

【例 9.20】 求下列函数的极限:

(1) $\lim\limits_{x \to 0} \dfrac{\sqrt{1+x}-1}{x}$;　　　　(2) $\lim\limits_{x \to 1} \dfrac{x^2-3x+2}{x-1}$;　　　　(3) $\lim\limits_{x \to \infty} \left(1+\dfrac{2}{x}\right)^{x+2}$;

(4) $\lim\limits_{x \to +\infty} \left(\sqrt{x+5}-\sqrt{x}\right)$;　　　(5) $\lim\limits_{x \to 0^+} \dfrac{\sin 2x}{\sqrt{1-\cos x}}$.

解　≫ clear

≫ syms x y1 y2 y3 y4 y5

≫ y1=(sqrt(1+x)−1)/x;y2=(x^2−3*x+2)/(x−1);

≫ y3=(1+2/x)^(x+2);

≫ y4=sqrt(x+5)−sqrt(x);y5=sin(2*x)/sqrt(1−cos(x));

≫ limit(y1)

ans=

1/2

≫ limit(y2,1)

ans =

−1

≫ limit(y3,inf)

ans =

exp(2)

≫ limit(y4,x,inf,'left')

ans =

0

≫ limit(y5,x,0,'right')

ans =

2 * 2^(1/2)

9.3.2　求函数导数

在 MATLAB 中,用函数 diff() 来求表达式的导数,其调用格式如下:

diff(f)　　　　　表示函数 f 对默认变量求一阶导数;

diff(f,n)　　　　表示函数 f 对默认变量求 n 阶导数;

diff(f,v)　　　　表示函数 f 对自变量 v 求一阶导数;

diff(f,v,n)　　　表示函数 f 对自变量 v 求 n 阶导数.

【例 9.21】 求下列函数的导数:

(1) $y = x^2 \sin x$;　　　(2) $y = 2x^2 - \dfrac{1}{x^3} + 5x + 1$;　　　(3) $y = \arcsin(1-x)$.

解　≫ clear

≫ syms x y1 y2 y3

≫ y1＝(x^2)＊sin(x);y2＝2＊x^2−1/x^3＋5＊x＋1;y3＝asin(1−x);

≫ diff(y1)

ans ＝

2＊x＊sin(x)＋x^2＊cos(x)

≫ diff(y2)

ans ＝

4＊x＋3/x^4＋5

≫ diff(y3)

ans ＝

−1/(−x^2＋2＊x)^(1/2)

【例 9.22】 求下列函数的 n 阶导数:

(1) $y = \sin x$, $n = 3$; (2) $y = xe^x$, $n = 5$.

解 ≫ clear

≫ syms x y1 y2

≫ y1＝sin(x);y2＝x＊exp(x);

≫ diff(y1,x,3)

ans ＝

−cos(x)

≫ diff(y2,x,5)

ans ＝

5＊exp(x)＋x＊exp(x)

9.3.3 求函数积分

在 MATLAB 中,用函数 int()来求表达式的积分,其调用格式如下:

int(f)　　　　表示用缺省变量求函数 f 的不定积分;

int(f,v)　　　表示以 v 为积分变量,求函数 f 的不定积分;

int(f,a,b)　　表示用缺省变量求函数 f 在积分区间$[a,b]$上的定积分;

int(f,v,a,b)　表示以 v 为积分变量,求函数 f 在区间$[a,b]$上的定积分.

注 在 MATLAB 中,不定积分的运算结果不带积分变量.

【例 9.23】 求下列不定积分:(1) $\int x^2 \mathrm{d}x$; (2) $\int \dfrac{\mathrm{d}x}{\sqrt{1-x^2}}$.

解 ≫ clear

≫ syms x y1 y2

≫ y1＝x^2;y2＝1/sqrt(1−x^2);

≫ int(y1)

ans ＝

1/3＊x^3

　≫ int(y2)

　ans ＝

　asin(x)

【例 9.24】 求下列定积分：(1) $\int_1^3 \ln x \mathrm{d}x$；　　　　(2) $\int_0^4 \dfrac{1}{1+\sqrt{x}} \mathrm{d}x$.

解　≫ clear

　≫ syms x y1 y2

　≫ y1＝log(x);y2＝1/(1+sqrt(x));

　≫ int(y1,x,1,3)

　ans ＝

　3 * log(3)－2

　≫ int(y2,x,0,4)

　ans ＝

　－2 * log(3)＋4

练习与思考 9.3

1. 没有声明符号变量,直接输入命令 limit('sin(x)/x')是否能求极限?

2. 求函数的高阶导数时,命令函数 diff()中的 n 能缺省吗? n 可以是变量吗?

3. 求下列函数的极限:

(1) $\lim\limits_{x \to \frac{\pi}{6}} \ln(\sin x)$；　　　　(2) $\lim\limits_{x \to \infty} \left(\dfrac{2x-1}{2x+1}\right)^{x+1}$；　　　(3) $\lim\limits_{x \to 1} \left(\dfrac{2}{x^2-1} - \dfrac{1}{x-1}\right)$.

4. 求下列函数的导数:

(1) $y＝x \ln x$；　　　　(2) $y＝x^{\sin x}$；　　　　(3) $y＝\sin[\cos^2(x^3+x)]$.

5. 求函数 $y＝\ln(1+x)$ 的三阶导数.

6. 计算下列不定积分:

(1) $\int \sin 3x \sin 5x \mathrm{d}x$；　　　　　　(2) $\int \arctan x \mathrm{d}x$.

7. 计算下列定积分:

(1) $\int_0^2 |x-1| \mathrm{d}x$；　　　　　　(2) $\int_1^2 \dfrac{\sqrt{x^2-1}}{x} \mathrm{d}x$.

习题 9

1. 化简:

$$\frac{1}{x-1}\left(\frac{x-2}{2} - \frac{2x+1}{2-x}\right) - \frac{2x+6}{x^2-2x}.$$

2. 解方程组:

$$\begin{cases} y^2 = xy + 6 \\ x^2 = xy + 1 \end{cases}.$$

3. 作函数 $y = e^{-x^2}$ 的图像.

4. 求极限：

(1) $\lim\limits_{x \to \infty} \dfrac{x^2 + x - 3}{4x^2 - x}$；

(2) $\lim\limits_{x \to 0} x \cos \dfrac{1}{x}$.

5. 求导数：

(1) $y = \dfrac{x \cos x}{1 + \sin x}$；

(2) $y = x^{\sin x}$.

6. 求函数 $y = \sin^2 x$ 的四阶导数.

7. 求不定积分：

(1) $\displaystyle\int \sin^4 x \, dx$；

(2) $\displaystyle\int e^{2x} \cos 3x \, dx$.

8. 求定积分：

(1) $\displaystyle\int_0^{2\pi} |\sin x| \, dx$；

(2) $\displaystyle\int_0^{\frac{1}{2}} \arctan 2x \, dx$.

附　录

附录 I　初等数学常用公式

一、代数

1. 绝对值

(1) 定义：$|a| = \begin{cases} a, & a \geqslant 0 \\ -a, & a < 0 \end{cases}$

(2) 性质：$|a| = |-a|$，$|ab| = |a||b|$，$\left|\dfrac{a}{b}\right| = \dfrac{|a|}{|b|}(b \neq 0)$，

$\qquad\qquad |a| \leqslant A \Leftrightarrow -A \leqslant a \leqslant A$，$|a| - |b| \leqslant |a \pm b| \leqslant |a| + |b|$

2. 指数

(1) $a^m \cdot a^n = a^{m+n}$ 　　　　(2) $\dfrac{a^m}{a^n} = a^{m-n}$ 　　　　(3) $(ab)^m = a^m \cdot b^m$

(4) $a^{\frac{m}{n}} = \sqrt[n]{a^m}$ 　　　　　(5) $a^{-m} = \dfrac{1}{a^m}$ 　　　　　(6) $a^0 = 1\ (a \neq 0)$

3. 对数

(1) $\log_a xy = \log_a x + \log_a y$ 　　　　(2) $\log_a \dfrac{x}{y} = \log_a x - \log_a y$

(3) $\log_a x^b = b\log_a x$ 　　　　　　　(4) $\log_a x = \dfrac{\log_b x}{\log_b a}$

(5) $a^{\log_a x} = x$，$\log_a 1 = 0$，$\log_a a = 1$

4. 二项式定理

$$(a+b)^n = C_n^0 a^n + C_n^1 a^{n-1}b + C_n^2 a^{n-2}b^2 + \cdots + C_n^k a^{n-k}b^k + \cdots + C_n^n b^n$$

5. 两数 n 次方的和与差

(1) $a^n - b^n = (a-b)(a^{n-1} + a^{n-2}b + \cdots + ab^{n-2} + b^{n-1})$

(2) $a^n + b^n = (a+b)(a^{n-1} - a^{n-2}b + \cdots - ab^{n-2} + b^{n-1})$，$n$ 为奇数

6. 数列的和

(1) $a + aq + aq^2 + \cdots + aq^{n-1} = \dfrac{a(1-q^n)}{1-q}$，$|q| \neq 1$

(2) $1+2+3+\cdots+n=\dfrac{1}{2}n(n+1)$

(3) $1+3+5+\cdots+(2n-1)=n^2$

(4) $1^2+2^2+3^2+\cdots+n^2=\dfrac{1}{6}n(n+1)(2n+1)$

(5) $1^3+2^3+3^3+\cdots+n^3=\left[\dfrac{n(n+1)}{2}\right]^2$

二、几何

1. 圆　　　　周长 $C=2\pi r$，面积 $S=\pi r^2$，r 为半径

2. 扇形　　　面积 $S=\dfrac{1}{2}r^2\alpha$，α 为扇形的圆心角，以弧度为单位，r 为半径

3. 平行四边形　面积 $S=bh$，b 为底长，h 为高

4. 梯形　　　面积 $S=\dfrac{1}{2}(a+b)h$，a、b 分别为上底与下底的长，h 为高

5. 棱柱体　　体积 $V=Sh$，S 为下底的面积，h 为高

6. 圆柱体　　体积 $V=\pi r^2 h$，侧面积 $L=2\pi rh$，r 为底圆半径，h 为高

7. 棱锥体　　体积 $V=\dfrac{1}{3}Sh$，S 为下底的面积，h 为高

8. 圆锥体　　体积 $V=\dfrac{1}{3}\pi r^2 h$，侧面积 $L=\pi rl$，r 为底圆半径，h 为高，l 为斜高

9. 棱台　　　体积 $V=\dfrac{1}{3}\pi h(R^2+Rr+r^2)$，侧面积 $S=\pi l(R+r)$，R 与 r 分别为上下底半径，h 为高，l 为斜高

10. 圆台　　 体积 $V=\dfrac{4}{3}\pi r^3$，表面积 $L=4\pi r^2$，r 为球的半径

三、三角

1. 度与弧度　　$1°=\dfrac{\pi}{180}\text{rad}$，$1\text{ rad}=\dfrac{180°}{\pi}$

2. 平方关系　　$\sin^2 x+\cos^2 x=1$，$1+\tan^2 x=\sec^2 x$，$1+\cot^2 x=\csc^2 x$

3. 两角和与差的三角函数

$$\sin(x\pm y)=\sin x\cos y\pm\cos x\sin y$$

$$\cos(x\pm y)=\cos x\cos y\mp\sin x\sin y$$

$$\tan(x\pm y)=\dfrac{\tan x\pm\tan y}{1\mp\tan x\tan y}$$

4. 和差化积公式

$$\sin x+\sin y=2\sin\dfrac{x+y}{2}\cos\dfrac{x-y}{2}$$

$$\sin x-\sin y=2\cos\dfrac{x+y}{2}\sin\dfrac{x-y}{2}$$

$$\cos x + \cos y = 2\cos\frac{x+y}{2}\cos\frac{x-y}{2}$$

$$\cos x - \cos y = -2\sin\frac{x+y}{2}\sin\frac{x-y}{2}$$

5. 积化和差公式

$$2\sin x \cos y = \sin(x+y) + \sin(x-y)$$

$$2\cos x \sin y = \sin(x+y) - \sin(x-y)$$

$$2\cos x \cos y = \cos(x+y) + \cos(x-y)$$

$$2\sin x \sin y = \cos(x-y) - \cos(x+y)$$

6. 三角形边角关系

（1）正弦定理
$$\frac{a}{\sin A} = \frac{b}{\sin B} = \frac{c}{\sin C}$$

（2）余弦定理

$$a^2 = b^2 + c^2 - 2bc\cos A$$

$$b^2 = c^2 + a^2 - 2ca\cos B$$

$$c^2 = a^2 + b^2 - 2ab\cos C$$

7. 三角形面积 $S = \dfrac{1}{2}bc\sin A$，$S = \dfrac{1}{2}ca\sin B$，$S = \dfrac{1}{2}ab\sin C$

$$S = \sqrt{p(p-a)(p-b)(p-c)}，其中\ p = \frac{1}{2}(a+b+c)$$

四、平面解析几何

1. 距离与斜率

（1）两点 $P_1(x_1, y_1)$ 与 $P_2(x_2, y_2)$ 之间的距离 $d = \sqrt{(x_2-x_1)^2 + (y_2-y_1)^2}$

（2）线段 P_1P_2 的斜率 $k = \dfrac{y_2-y_1}{x_2-x_1}$

2. 直线的方程

（1）点斜式　　　$y - y_1 = k(x - x_1)$

（2）斜截式　　　$y = kx + b$

（3）两点式　　　$\dfrac{y-y_1}{y_2-y_1} = \dfrac{x-x_1}{x_2-x_1}$

（4）截距式　　　$\dfrac{x}{a} + \dfrac{y}{b} = 1$

3. 两直线的夹角

设两直线的斜率分别为 k_1 和 k_2，夹角为 θ，则 $\tan\theta = \dfrac{k_2-k_1}{1+k_2k_1}$

4. 点到直线的距离

点 $P_1(x_1, y_1)$ 到直线 $Ax + By + C = 0$ 的距离 $d = \dfrac{|Ax_1+By_1+C|}{\sqrt{A^2+B^2}}$

5. 直角坐标与极坐标之间的关系

$$x = \rho\cos\theta, \; y = \rho\sin\theta, \; \rho = \sqrt{x^2 + y^2}, \; \theta = \arctan\frac{y}{x}$$

6. 圆　　　　　　　方程：$(x-a)^2 + (y-b)^2 = R^2$，圆心为 (a, b)，半径为 R

7. 抛物线　　　　　方程：$y^2 = 2px$，焦点 $\left(\dfrac{p}{2}, 0\right)$，准线 $x = -\dfrac{p}{2}$

　　　　　　　　　　　方程：$x^2 = 2py$，焦点 $\left(0, \dfrac{p}{2}\right)$，准线 $y = -\dfrac{p}{2}$

方程：$y = ax^2 + bx + c$，顶点坐标 $\left(-\dfrac{b}{2a}, \dfrac{4ac - b^2}{4a}\right)$，对称轴方程：$x = -\dfrac{b}{2a}$

8. 椭圆　　　　　方程：$\dfrac{x^2}{a^2} + \dfrac{y^2}{b^2} = 1 \; (a > b)$，焦点在 x 轴上

9. 双曲线　　　　方程：$\dfrac{x^2}{a^2} - \dfrac{y^2}{b^2} = 1$，焦点在 x 轴上

10. 等轴双曲线　　方程：$xy = k$

11. 一般二元二次方程

$$Ax^2 + 2Bxy + Cy^2 + 2Dx + 2Ey + F = 0, \; \Delta = B^2 - AC$$

(1) 若 $\Delta < 0$，方程为椭圆

(2) 若 $\Delta > 0$，方程为双曲线

(3) 若 $\Delta = 0$，方程为抛物线

曲面名称	方程	图形
球面	$(x-x_0)^2+(y-y_0)^2+(z-z_0)^2=R^2$ 以 $(x_0，y_0，z_0)$ 为球心，以 R 为半径	
椭球面	$\dfrac{x^2}{a^2}+\dfrac{y^2}{b^2}+\dfrac{z^2}{c^2}=1$ $a，b，c$ 为半轴长	
圆柱面	$x^2+y^2=R^2$ R 为底面半径	
椭圆柱面	$\dfrac{x^2}{a^2}+\dfrac{y^2}{b^2}=1$ $a，b$ 为底面的半轴长	
双曲柱面	$\dfrac{x^2}{a^2}-\dfrac{y^2}{b^2}=1$ $a，b$ 为双曲线的实半轴和虚半轴	

曲面名称	方程	图形
抛物柱面	$x^2 = 2py$	
圆锥面	$z^2 = a^2(x^2 + y^2)$	
椭圆抛物面	$\dfrac{x^2}{2p} + \dfrac{y^2}{2q} = z \ (p, \ q > 0)$ 当 $p = q$ 时，曲面为旋转抛物面	
双曲抛物面 （马鞍面）	$-\dfrac{x^2}{2p} + \dfrac{y^2}{2q} = z \ (p, \ q > 0)$	
单叶双曲面	$\dfrac{x^2}{a^2} + \dfrac{y^2}{b^2} - \dfrac{z^2}{c^2} = 1$	
双叶双曲面	$\dfrac{x^2}{a^2} + \dfrac{y^2}{b^2} - \dfrac{z^2}{c^2} = -1$	

练习与思考 1.1

1. 略.

2. $f(x) = x^2 - 2x - 1$ 的图像：

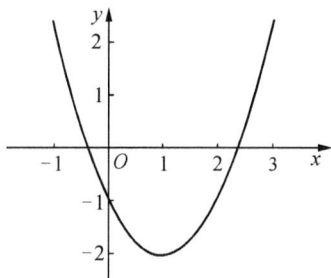

第 2 题

$y = f(-x)$ 的图像：

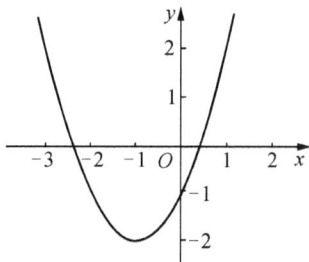

第 2(1) 题

$y = -f(x)$ 的图像：

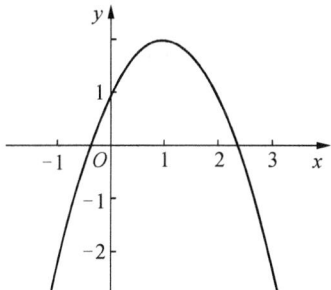

第 2(2) 题

$y = f(x) + 1$ 的图像：

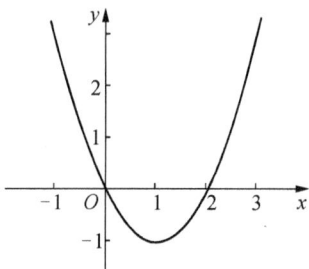

第 2(3) 题

3. $f(f(f(x))) = x + 3$；$\underbrace{f(f(f(f \cdots f(x) \cdots)))}_{n} = x + n \ (n \in \mathbf{N}^+)$.

4. 一个函数.

5. (1) $x \in (2, +\infty)$； (2) $[-\sqrt{6}, -2] \cup [2, \sqrt{6}]$； (3) $(-\infty, 1) \cup (1, 2) \cup (2, 4]$.

6. $f(1) = 2$，$f(x+1) = x^2 + 2x + 2$，$f\left(\dfrac{1}{x}\right) = \dfrac{1}{x^2} + 1$，$\dfrac{f(x + \Delta x) - f(x)}{\Delta x} = 2x + \Delta x$.

7. (1) 不同； (2) 不同； (3) 相同； (4) 相同.

8. $[0, 2]$，$f(0) = 0$，$f(1) = 1$，$f(2) = 6$.

9. (1) 偶； (2) 奇； (3) 偶； (4) 非奇非偶； (5) 奇.

10. (1) 有界； (2) 有界； (3) 无界.

11. (1) 在 $\mathbf{R}$ 内单调递增； (2) 在 $(-\infty, 0)$，$(0, +\infty)$ 内单调递减；

(3) x 在 $\left(k\pi - \dfrac{\pi}{2}, k\pi + \dfrac{\pi}{2}\right)$ 内单调递增 $(k \in \mathbf{Z})$.

12. (1) $T=\pi$; (2) $T=\dfrac{\pi}{2}$; (3) $T=\pi$.

练习与思考 1.2

1. 15 天的合同可以签($2^{15}-1=32\,767<150$ 万);

30 天的合同不能签($2^{30}-1=1\,073\,741\,823>300$ 万);

21 天是签合同的底线($2^{21}-1=2\,097\,151<210$ 万,而 $2^{22}-1>220$ 万).

2. 不能. 例如 $y=\arcsin u, u=6+x^2$.

3. 由 $f(x)$ 的定义域是 $[0,1]$,有 $0\leqslant 1-2x\leqslant 1$,则 $x\in\left[0,\dfrac{1}{2}\right]$;

由 $f(1-2x)$ 的定义域是 $[0,1]$,有 $0\leqslant x\leqslant 1$,则 $1-2x\in[-1,1]$.

4. 是.

5. B.

6. A.

7. 2^{x^2}, 4^x.

8. $\sin\ln x$, $\ln\sin x$.

9. (1) 函数由 $y=2^u$, $u=\sin v$, $v=2x+1$ 复合而成;

(2) 函数由 $y=\sin u$, $u=\sqrt{v}$, $v=2x+1$ 复合而成;

(3) 函数由 $y=u^2$, $u=\arcsin v$, $v=\ln t$, $t=\sqrt{w}$, $w=x+1$ 复合而成;

(4) 函数由 $y=u^2$, $u=e-x$ 复合而成.

练习与思考 1.3

1. 略.

2. 任意一个框.

3. 假设生产产品的档次为 x,利润为 y. 档次提高时,带来每件利润的提高,产量下降,第 x 档次时,每件利润为 $8+2(x-1)$,产量为 $60-3(x-1)$.

(1) 建立数学模型(根据:利润=每件利润×产量):

$$y=[8+2(x-1)][60-3(x-1)]=-6x^2+108x+378 \quad (1\leqslant x\leqslant 10).$$

(2) 配方得 $x=9$,即档次为 9 时利润最大.

4. (1) 由四组数据观察,y 与 t 近似为线性关系,得 $y=96+25.3t$. 当 $t=0.96$ 时,$y=120.48$;当 $t=3.172$ 时,$y=176.886$.

(2) 2006 年,$y=96+25.3=121.5>121$;2007 年,$y=96+25.3\times2=147<148$.

(3) 2010 年,$y=96+25.3\times5=222.65$.

(4) 每年以 25.3(10 亿)的速率递增.

5. 假设:

(1) 行人不影响车辆的行驶,十字路口的车辆穿行秩序良好,不会发生阻塞;

(2) 所有车辆都是直行穿过路口,不拐弯行驶,并且不考虑马路一侧或单行线上的

车辆;

  (3) 所有的车辆都相同,并且都是从静止状态匀加速启动;

  (4) 红灯时等待的每相邻两辆车之间的距离相等;

  (5) 前一辆车启动后,后一辆车启动的延迟时间相等.

6. 鸡翁、鸡母、鸡雏各 4,18,78 或 8,11,81 或 12,4,84 只.

7. 设该美国人拿 x 美元兑换,$f_1(x)$ 为将 x 美元兑换成的加元数,$f_2(x)$ 为将 x 加元兑换成的美元数,$f_2(f_1(x))$ 为将 x 美元兑换成加元后再兑换成的美元数.

(1) 数学模型为:$f_1(x) = 1.12x, \ x \geqslant 0$

$$f_2(x) = 0.88x, \ x \geqslant 0$$

$$f_2(f_1(x)) = 0.88 \times 1.12x = 0.985\ 6x, \ x \geqslant 0$$

(2) 兑换者亏损了 1.44% $x - 0.985\ 6x = 0.014\ 4x, \ \dfrac{0.014\ 4x}{x} = 1.44\%.$

习题 1

1. (1) $[1, +\infty)$; (2) $\{x \mid x \in \mathbf{R} \text{ 且 } x \neq -1, \ x \neq 2\}$;

  (3) $\left\{x \mid -1 \leqslant x \leqslant 1 \text{ 且 } x \neq -\dfrac{3}{10}\pi, \ x \neq -\dfrac{\pi}{10}, \ x \neq \dfrac{\pi}{10}, \ x \neq \dfrac{3}{10}\pi\right\}$; (4) $x \in \mathbf{R}$.

2. (1) 相同; (2) 不同; (3) 相同; (4) 不同.

3. $5 : 3$.

4. 40 升.

5. 油库高 $h = \dfrac{V}{\pi r^2}$,$S = 2\pi r^2 + 2\pi rh = 2\pi r^2 + \dfrac{2V}{r}$.

6. $S = 15r - \left(2 + \dfrac{\pi}{2}\right)r^2 \quad \left(0 < r < \dfrac{15}{2 + \pi}\right)$.

练习与思考 2.1

1. 点 M 为三角形的重心,坐标为 $\left(\dfrac{0+3+2}{3}, \dfrac{0+0+2}{3}\right)$,即 $\left(\dfrac{5}{3}, \dfrac{2}{3}\right)$.

2. $t_1 < t_2$;若 $v_0 \to v$,船无法返航,只能停靠等待,此时 $t_2 \to +\infty$.

3. 略.

4. 不正确. 函数在某点处的极限是否存在与在该点处有无定义无关. 例如

$$\lim_{x \to 2} \frac{x^2 - 7x + 10}{x - 2} = \lim_{x \to 2} \frac{(x-2)(x-5)}{x-2} = -3.$$

5. (1) 0; (2) 0; (3) 1; (4) 不存在; (5) 0; (6) 2.

6. $\lim\limits_{x \to 0^-} f(x) = -1$,$\lim\limits_{x \to 0^+} f(x) = 1$,$\lim\limits_{x \to 0} f(x)$ 不存在.

7. (1) 3; (2) ∞; (3) $\dfrac{1}{3}$; (4) $\dfrac{1}{2}$; (5) ∞; (6) $\dfrac{1}{2}$;

  (7) 0; (8) $2x$; (9) $\dfrac{1}{6}$; (10) $\dfrac{1}{2}$; (11) $\dfrac{2}{3}$; (12) -4.

8. $a=-7$, $b=6$.

练习与思考 2.2

1. $\lim\limits_{x\to\infty}\dfrac{\sin x}{x}=0$;运用等价代换:$\lim\limits_{x\to0}\dfrac{\sin x}{x}=1$.

2. B 对 A 错.只可对函数的因子作等价无穷小代换,对于代数和中的各无穷小项不能分别代换.

3. 不一定.例如:$x\to\infty$,$f(x)=\dfrac{1}{x}\to0$,$g(x)=\dfrac{\sin x}{x}\to0$,而 $\lim\limits_{x\to\infty}\dfrac{\dfrac{1}{x}}{\dfrac{\sin x}{x}}=\lim\limits_{x\to\infty}\dfrac{1}{\sin x}$,无法

得出结果.

4. 不一定.例如:

(1) $x\to\infty$,$f(x)=x\to\infty$,$g(x)=-x\to\infty$,$\lim\limits_{x\to\infty}[f(x)+g(x)]=0$;

(2) $x\to0$,$f(x)=\dfrac{1}{\sin x}\to\infty$,$g(x)=-\dfrac{1}{x}\to\infty$,$\lim\limits_{x\to0}\left(\dfrac{1}{\sin x}-\dfrac{1}{x}\right)=0$.(详细解法将在教材 4.1"洛必达法则"中介绍).

5. (4)正确.(1)、(2)、(3)错误,无穷小并非是一个很小很小的量,而是趋于零的变量.零是唯一的为常量的无穷小量.

6. (1) 在 $x\to1$ 时为无穷大,在 $x\to\infty$ 时为无穷小;

(2) 在 $x\to\infty$ 时为无穷大,在 $x\to\dfrac{1}{2}$ 时为无穷小;

(3) 在 $x\to+\infty$ 时为无穷大,在 $x\to-\infty$ 时为无穷小;

(4) 在 $x\to-\infty$ 时为无穷大,在 $x\to+\infty$ 时为无穷小;

(5) 在 $x\to+\infty$ 或在 $x\to0^{+}$ 时为无穷大,在 $x\to1$ 时为无穷小;

(6) 在 $x\to k\pi\pm\dfrac{\pi}{2}$ $(k\in\mathbf{Z})$ 时为无穷大,在 $x\to k\pi$ $(k\in\mathbf{Z})$ 时为无穷小.

7. (1) 0; (2) 0.

8. (1) $\dfrac{1}{3}$; (2) $\dfrac{1}{2}$.

练习与思考 2.3

1. (1) 1; (2) 1; (3) -1; (4) $\dfrac{1}{2}$; (5) 1; (6) -3.

2. (1) e^3; (2) e^2; (3) e^2; (4) e^{-1}; (5) e; (6) e.

练习与思考 2.4

1. 连续.

2. 不一定.例如:$y=\dfrac{1}{x}$ 在区间 $[-2,0)$ 上,有最大值 $-\dfrac{1}{2}$,无最小值.

3. $b=1$.

4. (1) 函数在$(-\infty,-1)\bigcup(-1,1)\bigcup(1,+\infty)$内连续,在$x=-1$和$x=1$处均为第2类无穷间断点;

(2) 函数在$(-\infty,-2)\bigcup(-2,1)\bigcup(1,+\infty)$内连续,在$x=-2$处为第2类无穷间断点,在$x=1$处为第1类可去间断点;

(3) 函数在$(-\infty,-1)\bigcup(-1,+\infty)$内连续,在$x=-1$处为第1类可去间断点;

(4) 函数在$\{x\mid x\in\mathbf{R},\ x\neq0,\ x\neq\dfrac{k\pi}{2}\pm\dfrac{\pi}{4},\ k\in\mathbf{Z}\}$内连续,在$x=0$处为第1类可去间断点;在$x=\dfrac{k\pi}{2}\pm\dfrac{\pi}{4}\ (k\in\mathbf{Z})$处均为第2类无穷间断点;

(5) 函数在$(-\infty,0)\bigcup(0,+\infty)$内连续,在$x=0$处为第1类跳跃间断点.

5. 略

习题 2

1. (1) $1,2,$不存在; (2) 1; (3) 0; (4) 不存在;

(5) $\dfrac{1}{2}$; (6) $\dfrac{1}{2}$; (7) $\dfrac{1}{2}$; (8) 1; (9) 1; (10) e^{-4}.

2. (1) 函数在$(-\infty,-1]\bigcup[1,+\infty)$内连续;

(2) 函数在$(-2,2)$内连续;

(3) 函数在$(-\infty,1]\bigcup(1,+\infty)$内连续,在$x=1$处为第1类跳跃间断点;

(4) 函数在$(-\infty,0)\bigcup(0,+\infty)$内连续,在$x=0$处为第1类可去间断点.

3. 按照阶的从高到低排列:
$$1-\cos x^2,\ \mathrm{e}^{x^3}-1,\ \sin x^2,\ \sin(\tan x),\ \ln(1+\sqrt[3]{x}).$$

练习与思考 3.1

1. 略.

2. (1) $\dfrac{H\cdot l(t)}{h}$; (2) $\bar{v}=\dfrac{H\cdot l(t)}{h\cdot t}$; (3) $v(t)=\dfrac{H}{h}\lim\limits_{t\to0}\dfrac{l(t)}{t}$; (4) 略.

3. 平均成本$\dfrac{C(q)}{q}$表示产量为q单位时,单位产品平均消耗的成本,它只与产量q有关;

成本平均变化率$\dfrac{\Delta C(q)}{\Delta q}$表示当产量达到$q$单位后,若再增加$\Delta q$单位的产量,单位产品所消耗的成本,这个比值既与产量q有关,又与增量Δq有关;

边际成本$\lim\limits_{\Delta q\to0}\dfrac{\Delta C(q)}{\Delta q}$表示总成本在产量为$q$时的瞬时变化率,其值近似等于当产量为$q$时,再增加一个单位产量所增加的成本,只与产量$q$有关.

4. 略.

5. (1) 水的体积$V=\dfrac{1}{3}\pi r^2h$,其中$\dfrac{r}{160}=\dfrac{h}{800}$,则$r=\dfrac{1}{5}h$,于是$V=\dfrac{1}{3}\pi r^2h=\dfrac{1}{75}\pi h^3$. 所以,体积关于水的高度的平均变化率$\dfrac{V}{h}=\dfrac{1}{75}\pi h^2$.

(2) 即体积 V 关于高度 h 的导数 $V'(h)$,它反映了当水的高度为 h 时,水体积随着高度的变化而变化的快慢程度.

6. 略.

7. (1) $-f'(x_0)$; (2) $2f'(x_0)$.

8. $y=x-1$;$y=1-x$.

9. 因为 $f'_-(0)=\lim\limits_{x\to 0^-}\dfrac{f(x)-f(0)}{x-0}=\lim\limits_{x\to 0^-}\dfrac{2x}{x}=2$

$$f'_+(0)=\lim\limits_{x\to 0^+}\dfrac{f(x)-f(0)}{x-0}=\lim\limits_{x\to 0^+}\dfrac{x^2}{x}=\lim\limits_{x\to 0^+}x=0$$

所以 $f(x)$ 在 $x=0$ 处不可导.

10. $\times$;$\checkmark$;$\times$.

练习与思考 3.2

1. 略.

2. 不一定可导. 若 $f(x)=\dfrac{1}{x}$,$g(x)=-\dfrac{1}{x}$,则 $f(x)$、$g(x)$、$f(x)+g(x)$ 在点 $x=0$ 处均无定义,自然不可导;若 $f(x)=|x|$,$g(x)=-|x|$,则虽然 $f(x)$、$g(x)$ 在点 $x=0$ 处都不可导,但是 $f(x)+g(x)=0$ 在点 $x=0$ 处可导.

3. 略.

4. 提示:扩张的圆面积 $S(t)=\pi r^2(t)$,则 $S'(t)=2\pi r(t)r'(t)$.

已知当 $r(t)=2\ \text{m}=200\ \text{cm}$ 时,$r'(t)=40\ \text{cm/s}$,此时圆面积的扩张速度

$$S'(t)=2\pi\cdot 200\cdot 40=16\,000\pi\approx 50\,265.44\ \text{cm}^2/\text{s}\approx 5\ \text{m}^2/\text{s}.$$

5. 略.

6. (1) $y'=-3\sin x+\dfrac{1}{2\sqrt{x}}$; (2) $y'=2x\arcsin x+\dfrac{x^2}{\sqrt{1-x^2}}$;

(3) $y'=\dfrac{\dfrac{3^x}{x}-3^x\ln 3\ln x}{3^{2x}}$; (4) $y'=-\csc x\cot x$;

(5) $y'=2x\mathrm{e}^x+x^2\mathrm{e}^x$; (6) $y'=1+\ln x$;

(7) $y'=\sin x+x\cos x$; (8) $y'=\dfrac{\tan x}{2\sqrt{x}}+\sqrt{x}\sec^2 x$;

(9) $y'=\cos^2 x-\sin^2 x$.

7. (1) $y'=4\cos(4x-1)$; (2) $y'=-\dfrac{1}{1+x^2}$;

(3) $y'=(2x\ln x+x)\sec^2(x^2\ln x)$; (4) $y'=2\mathrm{e}^{\sin 2x}\cos 2x$;

(5) $y'=\mathrm{e}^{-x}(2x-x^2)$; (6) $y'=\dfrac{2}{2x+1}$;

(7) $y'=\sin\left[2(\ln\sqrt{2x+1}+x^2)\right]\dfrac{1}{\sqrt{2x+1}+x^2}\left(\dfrac{1}{\sqrt{2x+1}}+2x\right)$;

$（8）\ y'=e^{\arctan(\sin2x)}\dfrac{2\cos2x}{1+\sin^2 2x}；$ $（9）\ y'=e^{x^2}\left(\dfrac{1}{2\sqrt{x}}+2x\sqrt{x}\right).$

8. $y'=x^{\sin x}\left(\cos x\ln x+\dfrac{\sin x}{x}\right)；$

$y'=(1+x^2)^{\cos x}\left[\dfrac{2x}{1+x^2}\cos x-\sin x\ln(1+x^2)\right].$

9. $（1）\ y'=\dfrac{-ye^{xy}}{2y+xe^{xy}}；$ $（2）\ y'=\dfrac{e^{x+y}}{\dfrac{1}{\sqrt{1-y^2}}-e^{x+y}}.$

10. $y'''=6-e^x.$

11. $y=-x-1-\dfrac{1}{x-1}，\ y'=-1+\dfrac{1}{(x-1)^2}，\ y^{(n)}=\dfrac{(-1)^{n-1}n!}{(x-1)^{n+1}}\ （n\geqslant2）.$

练习与思考 3.3

1. 略.
2. 略.
3. 略.

4. $（1）\ -\dfrac{1}{x}；$ $（2）\ 2\sqrt{x}；$ $（3）\ -\dfrac{e^{-2x}}{2}；$ $（4）\ \dfrac{\ln^2 x}{2}.$

5. $（1）\ dy=(1-\sin x)dx；$ $（2）\ dy=(e^{-x}-xe^{-x})dx；$

$（3）\ dy=\dfrac{2}{(x+1)^2}dx；$ $（4）\ dy=800x(4x^2-1)^{99}dx；$

$（5）\ dy=\dfrac{2x\cos2x-\sin2x}{x^2}dx；$ $（6）\ dy=\dfrac{-1}{\sqrt{4-x^2}}dx.$

6. 1.003.

习题 3

1. $-12.$

2. $（1）$ 切线方程 $y=-2x+3$，法线方程 $y=\dfrac{x}{2}+\dfrac{1}{2}；$

$（2）$ 切线方程 $y=12x-17$，法线方程 $y=-\dfrac{x}{12}+\dfrac{43}{6}.$

3. 因为 $\lim\limits_{x\to0^-}f(x)=\lim\limits_{x\to0^-}x^2=0，\ \lim\limits_{x\to0^+}f(x)=\lim\limits_{x\to0^+}x^2\sin\dfrac{1}{x}=0,$ 所以 $\lim\limits_{x\to0}f(x)=0,$ 又因为 $f(0)=0,$ 所以 $\lim\limits_{x\to0}f(x)=f(0),$ 即连续；

因为 $f'_-(0)=\lim\limits_{x\to0^-}\dfrac{f(x)-f(0)}{x-0}=\lim\limits_{x\to0^-}\dfrac{x^2}{x}=\lim\limits_{x\to0^-}x=0,$

$f'_+(0)=\lim\limits_{x\to0^+}\dfrac{f(x)-f(0)}{x-0}=\lim\limits_{x\to0^+}\dfrac{x^2\sin\dfrac{1}{x}}{x}=\lim\limits_{x\to0^+}x\sin\dfrac{1}{x}=0,$ 所以 $f'(0)=0.$

4. 因为 $\lim\limits_{x\to 0^-}f(x)=\lim\limits_{x\to 0^-}(ax+b)=b$，$\lim\limits_{x\to 0^+}f(x)=\lim\limits_{x\to 0^+}(x^2+1)=1$，由连续知：$b=1$.

  因为 $\lim\limits_{x\to 0^-}\dfrac{f(x)-f(0)}{x-0}=\lim\limits_{x\to 0^-}\dfrac{ax+1-1}{x}=a$，

  $\lim\limits_{x\to 0^+}\dfrac{f(x)-f(0)}{x-0}=\lim\limits_{x\to 0^+}\dfrac{x^2+1-1}{x}=0$，

  由可导知：$a=0$.

5. (1) $y'=\dfrac{1}{3}x^{-\frac{2}{3}}+\dfrac{1}{x^2}$； (2) $y'=3x^2\arccos x-\dfrac{x^3}{\sqrt{1-x^2}}$； (3) $y'=\dfrac{-2\mathrm{e}^x}{(1+\mathrm{e}^x)^2}$；

  (4) $y'=\dfrac{(\tan x+x\sec^2 x)(1-x^2)+2x^2\tan x}{(1-x^2)^2}$；

  (5) $y'=(x^2+3)\ln x+2x(x-1)\ln x+\dfrac{(x-1)(x^2+3)}{x}$；

  (6) $y'=\csc x\cot x\sin x+(1-\csc x)\cos x=\cos x$.

6. (1) $y'=8(x^3-2x)^7(3x^2-2)$； (2) $y'=\dfrac{1+\dfrac{1}{2\sqrt{x}}}{2\sqrt{x+\sqrt{x}}}$； (3) $y'=\dfrac{\mathrm{e}^{2x}}{\sqrt{1+\mathrm{e}^{2x}}}$；

  (4) $y'=3x^2\csc\dfrac{1}{x}+x\csc\dfrac{1}{x}\cot\dfrac{1}{x}$； (5) $y'=\dfrac{1}{x\ln x}$； (6) $y'=\dfrac{-1}{x^2+1}$；

  (7) $y'=-2\cos 2x\sin(2\sin 2x)$； (8) $y'=2x\mathrm{e}^{\sin(x^2-1)}\cos(x^2-1)$；

  (9) $y'=-(3x^2+1)\cos[\cos^2(x^3+x)]\sin 2(x^3+x)$； (10) $y'=\dfrac{1}{\sqrt{x^2+4}}$；

  (11) $y'=\dfrac{f'(\mathrm{e}^x)\mathrm{e}^x}{f(\mathrm{e}^x)}$； (12) $y'=\dfrac{f'\left(\operatorname{arccot}\dfrac{1}{x}\right)}{1+x^2}$.

7. $y'=\dfrac{-y^2-3\cos(3x+2y)}{2xy+\dfrac{1}{y}+2\cos(3x+2y)}$.

8. -2.

9. $\dfrac{\ln y-\dfrac{y}{x}}{\ln x-\dfrac{x}{y}}$； $y'=y\left[\dfrac{2}{2x-3}+\dfrac{1}{4(x-4)}-\dfrac{1}{3(x+1)}\right]$.

10. (1) $y''=-2\mathrm{e}^{-x}+x\mathrm{e}^{-x}$，$y''|_{x=0}=-2$； (2) $y'''|_{x=2}=1$.

11. (1) 因为 $y=\cos^2 x=\dfrac{1+\cos 2x}{2}$，所以 $y^{(n)}=2^{n-1}\cos\left(2x+\dfrac{n\pi}{2}\right)$；

  (2) $y'=\dfrac{2}{2x+1}$，$y^{(n)}=\dfrac{(-1)^{n-1}\cdot 2^n\cdot(n-1)!}{(2x+1)^n}$ $(n\geq 2)$.

12. (1) $\mathrm{d}y=\dfrac{\cot\sqrt{x}}{2\sqrt{x}}\mathrm{d}x$； (2) $\mathrm{d}y=\left[-\dfrac{\mathrm{e}^{\frac{1}{x}}\cot(3+x)}{x^2}-\mathrm{e}^{\frac{1}{x}}\csc^2(3+x)\right]\mathrm{d}x$；

  (3) $\mathrm{d}y=\dfrac{y}{x-y}\mathrm{d}x$； (4) $\mathrm{d}y=\dfrac{x+y}{x-y}\mathrm{d}x$.

13. (1) 1.02; (2) 0.01.

14. 6.284.

练习与思考 4.1

1. 略.

2. (1) 是,不确定; (2) 不是,0; (3) 不是,0; (4) 不是,$+\infty$,$-\infty$或不存在;
   (5) 是,不确定; (6) 不是,0; (7) 不是,$+\infty$; (8) 不是,$+\infty$; (9) 不是,
   $-\infty$; (10) 是,不确定; (11) 不是,$+\infty$; (12) 是,不确定; (13) 不是,0;
   (14) 是,不确定; (15) 是,不确定.

3. (1) $\dfrac{a}{b}$; (2) 1; (3) 3; (4) $\dfrac{1}{4}$; (5) 0; (6) 1.

4. (1) 0; (2) 1; (3) $\dfrac{1}{2}$; (4) $\dfrac{1}{2}$; (5) 1; (6) e^{-1}.

练习与思考 4.2

1. 略.

2. 略.

3. 某项经济指标的一阶导数单调递增,即二阶导数大于 0. 例如:"利润的增加速度正在逐步加快"即表示利润函数 $L(q)$ 关于产量 q 的一阶导数 $L'(q)$ 单调递增,从而二阶导数 $L''(q) > 0$.

4. (1) 在$(-\infty, 1]$内单调减少,在$[1, +\infty)$内单调增加;

   (2) 在$(-\infty, 0]$,$[2, +\infty)$内单调增加,在$[0, 2]$内单调减少;

   (3) 在$\left(-\infty, -\dfrac{1}{2}\right]$,$\left[\dfrac{1}{2}, +\infty\right)$内单调增加,在$\left[-\dfrac{1}{2}, 0\right)$,$\left(0, \dfrac{1}{2}\right]$内单调减少;

   (4) 在$\left(0, \dfrac{\sqrt{2}}{2}\right]$内单调减少,在$\left[\dfrac{\sqrt{2}}{2}, +\infty\right)$内单调增加;

   (5) 在$(-\infty, 1]$内单调减少,在$[1, +\infty)$内单调增加;

   (6) 在$\left[0, \dfrac{\pi}{6}\right]$,$\left[\dfrac{5}{6}\pi, 2\pi\right]$内单调增加,在$\left[\dfrac{\pi}{6}, \dfrac{5}{6}\pi\right]$内单调减少.

5. 略.

练习与思考 4.3

1. 略.

2. 略.

3. (1) 极大值 $f\left(\dfrac{2}{3}\right) = \dfrac{4}{27}$,极小值 $f(0) = 0$;

   (2) 极大值 $f(1) = \dfrac{1}{2}$,极小值 $f(-1) = -\dfrac{1}{2}$;

   (3) 极大值 $f(e^2) = 4e^{-2}$,极小值 $f(1) = 0$;

(4) 极小值 $f(1) = \dfrac{\pi + 2\ln 2}{4}$.

4. (1) 最大值 $f(1) = 2$,最小值 $f(-1) = -10$;

    (2) 最大值 $f(4) = 8$,最小值 $f(0) = 0$;

    (3) 最大值 $f(2) = \ln 6$,最小值 $f(0) = \ln 2$;

    (4) 最大值 $f(2\pi) = 2\pi - 1$,最小值 $f(0) = -1$.

5. $r = h = \sqrt[3]{\dfrac{3V}{5\pi}}$.

6. $q = 140$,$\overline{C}(140) = 176$(元/件).

练习与思考 4.4

1. 略.

2. 略.

3. 略

4. (1) 凹区间为 $\left(\dfrac{1}{3}, +\infty\right)$,凸区间为 $\left(-\infty, \dfrac{1}{3}\right)$,拐点为 $\left(\dfrac{1}{3}, \dfrac{16}{27}\right)$;

    (2) 凹区间为 $\left(-\infty, -\dfrac{2}{3}\right)$,$\left(\dfrac{2}{3}, +\infty\right)$,凸区间为 $\left(-\dfrac{2}{3}, \dfrac{2}{3}\right)$,拐点为 $\left(-\dfrac{2}{3}, -\dfrac{80}{27}\right)$,$\left(\dfrac{2}{3}, -\dfrac{80}{27}\right)$;

    (3) 凸区间为 $(-\infty, 0)$,凹区间为 $(0, +\infty)$;

    (4) 凸区间为 $\left(-\dfrac{\sqrt{3}}{3}, \dfrac{\sqrt{3}}{3}\right)$,凹区间为 $\left(-\infty, -\dfrac{\sqrt{3}}{3}\right)$,$\left(\dfrac{\sqrt{3}}{3}, +\infty\right)$,拐点 $\left(-\dfrac{\sqrt{3}}{3}, \dfrac{3}{4}\right)$,$\left(\dfrac{\sqrt{3}}{3}, \dfrac{3}{4}\right)$.

5. $a = -\dfrac{3}{2}$,$b = \dfrac{9}{2}$.

6. 略

7. 提示:$L(q) = R(q) - C(q) = 2q - 2q^{\frac{1}{2}} - 1\,000$.

练习与思考 4.5

1. 略.

2. 略.

3. 水平渐近线 $y = \dfrac{1}{3}$.

4. 铅直渐近线 $x = 2$.

5. 铅直渐近线 $x = 0$.

6. 见下图.

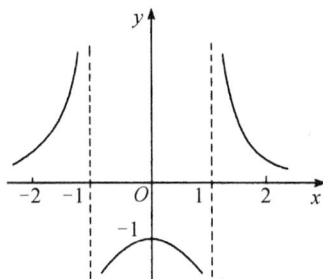

第 6(1)题

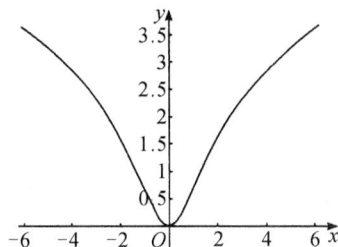

第 6(2)题

习题 4

1. (1) 1；　(2) $-\dfrac{\sqrt{3}}{3}$；　(3) 1；　(4) 1；　(5) 0；

　(6) $\dfrac{1}{2}$；　(7) 1；　(8) $\mathrm{e}^{-\frac{2}{\pi}}$；　(9) 1.

2. (1) 在$(-\infty, 1]$内单调增加,在$[1, +\infty)$内单调减少；

　(2) 在$[2, +\infty)$内单调增加,在$(-\infty, 2]$内单调增加；

　(3) 在$[0, +\infty)$内单调增加,在$(-\infty, 0]$内单调减少；

　(4) 在$(-\infty, -1]$,$[1, +\infty)$内单调增加,在$[-1, 0)$,$(0, 1]$内单调减少；

　(5) 在$\left[0, \dfrac{1}{2}\right]$内单调增加,在$\left[\dfrac{1}{2}, 1\right]$内单调减少；

　(6) 在$\left[0, \dfrac{2}{3}\pi\right]$,$\left[\dfrac{4}{3}\pi, 2\pi\right]$内单调增加,在$\left[\dfrac{2}{3}\pi, \dfrac{4}{3}\pi\right]$内单调减少.

3. (1) 极小值 $f\left(\dfrac{2}{3}\right)=\dfrac{4}{27}$,极大值 $f(0)=0$；　(2) 极小值 $f(1)=1$；

　(3) 极大值 $f\left(\dfrac{3}{4}\right)=\dfrac{5}{4}$；　(4) 极大值 $f\left(\dfrac{\pi}{4}\right)=\sqrt{2}$,极小值 $f\left(\dfrac{5\pi}{4}\right)=-\sqrt{2}$.

4. $a=-\dfrac{4}{3}$,$b=-\dfrac{1}{3}$ 且 $f(x)$ 在 x_1 处得极小值,在 x_2 处取得极大值.

5. (1) 最小值 $f(-2)=-\dfrac{16}{3}$,最大值 $f(2)=\dfrac{16}{3}$；

　(2) 最小值 $f(0)=0$,最大值 $f(2)=\dfrac{4}{3}$；

　(3) 最小值 $f(\pi)=-1$,最大值 $f\left(\dfrac{\pi}{4}\right)=\sqrt{2}$；

　(4) 最小值 $f(\mathrm{e}^{-2})=-\dfrac{2}{\mathrm{e}}$.

6. 边长为 $\dfrac{l}{4}$ 的正方形.

7. $\dfrac{a}{6}$.

8. 2.

9. (1) 凹区间为$(-\infty, 0)$,$\left(\dfrac{1}{2}, +\infty\right)$,凸区间为$\left(0, \dfrac{1}{2}\right)$,拐点为$(0, 2)$,$\left(\dfrac{1}{2}, \dfrac{31}{16}\right)$；

(2) 凹区间为 $(1, +\infty)$,凸区间为 $(-\infty, 1)$;

(3) 凹区间为 $(-1, 1)$,凸区间为 $(-\infty, -1)$,$(1, +\infty)$,拐点为 $(-1, \ln 2)$,$(1, \ln 2)$;

(4) 凹区间为 $\left(-\infty, \dfrac{1}{2}\right)$,凸区间为 $\left(\dfrac{1}{2}, +\infty\right)$,拐点为 $\left(\dfrac{1}{2}, e^{\arctan\frac{1}{2}}\right)$.

10. (1) 铅直渐近线 $x = -3$,水平渐近线 $y = 3$;

(2) 铅直渐近线 $x = 2$,斜渐近线 $y = x + 4$.

11. 见下图.

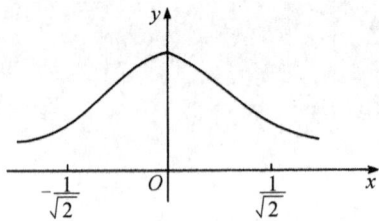 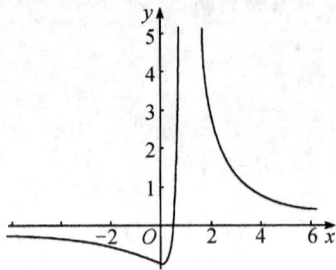

第 11(1)题   第 11(2)题

12. (1) $C(10) = 260$,$\overline{C}(10) = 26$;   (2) $x = 10$.

13. 产量为 300 件时,最大利润是 43 500 元.

练习与思考 5.1

1. $s(t) = \displaystyle\int t^2 e^{-t} dt$.

2. (1) 草图(第 2 题);

(2) $h(t) = \displaystyle\int v(t) dt$ 表示 t 秒时火箭位移函数;

(3) 此时火箭高度达最大值.

3. $Q'(t) = i(t)$.

4. $f(x) = 4x \cdot e^{2x}$.

5. (1) b;(2) a.

6. 略.

7. 略.

8. (1) $y = x^2 + C$;   (2) $y = x^2 - 1$.

9. 提示:对结果求导 = 被积函数.

10. $s = \sin t + 9$.

11. 略.

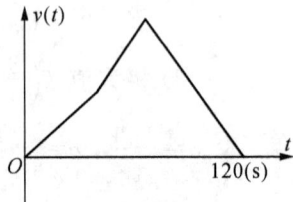

第 2 题

练习与思考 5.2

1. (1) $s(t) = t^2$;   (2) 9 m;   (3) 11 s.

2. 不是.

3. 略.

4. 略.

5. (1) $\dfrac{15}{7}x^{1.4}-\dfrac{50}{3}x^{0.3}+x+C$;　　　　　(2) $\dfrac{1}{g}\sqrt{2gh}+C$;

(3) $a^3x-a^2bx^3+\dfrac{3}{5}ab^2x^5-\dfrac{1}{7}b^3x^7+C$;　(4) $\dfrac{m}{3(n+m)}y^{\frac{m+n}{m}}-\ln|y|+C$;

(5) $\dfrac{1}{3}x^3-x+\arctan x+C$;　　　　　(6) $2x-\dfrac{5}{\ln 2-\ln 3}\cdot\left(\dfrac{2}{3}\right)^x+C$;

(7) $x-\sin x+C$;　　　　　(8) $\sin x-\cos x+C$;

(9) $\tan x+x+C$;　　　　　(10) $\dfrac{1}{2}\tan x+C$;

(11) $\tan x-\sec x+C$;　　　　　(12) $\dfrac{6}{13}x^{\frac{13}{6}}-\dfrac{6}{7}x^{\frac{7}{6}}+C$;

(13) $4\arctan x+\arccos x+C$;　　　　　(14) $\ln|x^2-2x-3|+C$.

6. $F(x)=\sin x-\cos x+1$.

7. $s=t^3+t^2-1$.

8. $F(x)=\mathrm{e}^x-\dfrac{1}{2}x^2+1$.

9. $Q(t)=\dfrac{3}{2}t^2+2t$.

10. $C(x)=4x+30\sqrt{x}+1\,000$.

11. $C(x)=\dfrac{x}{2\,000}+2\sqrt{x}+10$;　　$R(x)=100x-0.005x^2$.

练习与思考 5.3

1. 略.

2. (1) $\dfrac{1}{a}F(ax+b)+C$;　　　　　(2) $F(\sin\theta)+C$.

3. (1) $3\ln^2x+C$;　　　　　(2) $\dfrac{3}{2}x^4+C$.

4. 略.

5. (1) $-\ln|2-x|+C$;　　(2) $-\dfrac{1}{2+u}+C$;　　(3) $\sqrt{x^2+1}+C$;

(4) $\dfrac{1}{4}(x^2-3x-12)^4+C$;　　(5) $\ln|\tan x|+C$;　　(6) $-\dfrac{1}{a}\ln|1-\tan a\theta|+C$;

(7) $\dfrac{2}{3}(\tan x)^{\frac{3}{2}}+C$;　　(8) $-\dfrac{1}{3}(\sin x)^{-3}+\dfrac{1}{\sin x}+C$;　　(9) $\dfrac{1}{2}\arcsin x^2+C$;

(10) $-\dfrac{1}{\ln x}+C$;　　(11) $\arctan \mathrm{e}^x+C$;　　(12) $\mathrm{e}^{\tan x}+C$;

(13) $\dfrac{(\mathrm{e}^ab)^x}{a+\ln b}+C$;　　(14) $\dfrac{1}{2}(\ln\ln x)^2+C$;　　(15) $\sin x-\dfrac{1}{3}\sin^3x+C$;

(16) $-\dfrac{1}{b}\tan(a-bx)+C$;　(17) $\dfrac{1}{2}x-\dfrac{1}{2}\sin x+C$;　(18) $-\dfrac{1}{3w}\cos^3(wt+\varphi)+C$;

(19) $\dfrac{1}{3}\arctan\dfrac{x}{3}+C$.

6. (1) $\dfrac{2}{3}(a+x)^{\frac{3}{2}}-2a\sqrt{a+x}+C$;　　　(2) $3\left[\dfrac{1}{2}x^{\frac{2}{3}}-\sqrt[3]{x}+\ln|1+\sqrt[3]{x}|\right]+C$;

(3) $(1+x)-2\sqrt{1+x}+2\ln|1+\sqrt{1+x}|+C$;

(4) $-8\sqrt{2-x}+\dfrac{8}{3}(2-x)^{\frac{3}{2}}-\dfrac{2}{5}(2-x)^{\frac{5}{2}}+C$;

(5) $\dfrac{1}{4}\arcsin 2x+\dfrac{x}{2}\sqrt{1-4x^2}+C$;　　(6) $2\ln\left|\dfrac{\sqrt{1+e^x}-1}{\sqrt{e^x}}\right|+C$.

7. (1) $-2\cos\sqrt{x}+C$;　　　(2) $2\arctan\sqrt{x}+C$;　　　(3) $\sqrt{1+2x}+C$;

(4) $\sqrt{a^2+x^2}+C$;　　　(5) $-\dfrac{1}{2+2x^2}+C$;　　　(6) $\dfrac{5}{18}(x^3+2)^{\frac{6}{5}}+C$.

练习与思考 5.4

1. 略.

2. (1) $\dfrac{1}{2}x^2\sin 2x+\dfrac{1}{2}x\cos 2x-\dfrac{1}{4}\sin 2x+C$;　(2) $\dfrac{1}{2}x^2\ln x-\dfrac{1}{4}x^2+C$;

(3) $-xe^{-x}-e^{-x}+C$;　　　　　　　(4) $x\arccos x-\sqrt{1-x^2}+C$;

(5) $\dfrac{x^2a^x}{\ln a}-\dfrac{2xa^x}{\ln^2 a}+\dfrac{2a^x}{\ln^3 a}+C$;　　　(6) $2x\sin\dfrac{x}{2}+4\cos\dfrac{x}{2}+C$;

(7) $x\ln(1+x^2)-2x+2\arctan x+C$;　(8) $x\tan x+\ln|\cos x|-\dfrac{1}{2}x^2+C$;

(9) $-\dfrac{1}{2}x^4\cos x^2+x^2\sin x^2+\cos x^2+C$;　(10) $2\sqrt{x}\ln x-4\sqrt{x}+C$;

(11) $\dfrac{1}{2}x\sin^2 x-\dfrac{1}{4}x+\dfrac{1}{8}\sin 2x+C$;　(12) $\left(\dfrac{3}{13}\sin 2x-\dfrac{2}{13}\cos 2x\right)e^{3x}+C$;

(13) $2\sqrt{x}e^{\sqrt{x}}-2e^{\sqrt{x}}+C$;　　(14) $\dfrac{1}{2}x\sqrt{x^2-a^2}-\dfrac{a^2}{2}\ln|x+\sqrt{x^2-a^2}|+C$;

(15) $\dfrac{1}{4}x^2-\dfrac{1}{4}x\sin 2x-\dfrac{1}{8}\cos 2x+C$;　(16) $-\dfrac{2}{3}(1+u)^{\frac{3}{2}}+\dfrac{2}{5}(1+u)^{\frac{5}{2}}+C$;

(17) $\dfrac{1}{2}x\cos\ln x+\dfrac{1}{2}x\sin(\ln x)+C$;　(18) $-x\cot x+\ln|\sin x|+C$.

3. $f'(x)=x^2\ln x$

$\qquad f(x)=\displaystyle\int x^2\ln x\,\mathrm{d}x=\dfrac{1}{3}x^3\ln x-\dfrac{1}{9}x^3+C$

$\qquad f(1)=\dfrac{1}{3}\ln 1-\dfrac{1}{9}+C=0 \quad\Rightarrow\quad C=\dfrac{1}{9}$

$\qquad f(x)=\dfrac{1}{3}x^3\ln x-\dfrac{1}{9}x^3+\dfrac{1}{9}$

练习与思考 **5.5**

1. 略.

2. (1) $y=\ln|x|+C$;　　　　　　(2) $y=-\cos x+C_1x+C_2$　（C_1、C_2 为常数）；

   (3) $y=\dfrac{1}{12}x^4+C_1x+C_2$　（C_1、C_2 为常数）；

   (4) $y=x\arctan x-\dfrac{1}{2}\ln(1+x^2)+C_1x+C_2$　（C_1、C_2 为常数）.

3. (1) $y=\mathrm{e}^x+4$;　　　　　　(2) $y=-\cos x+2$.

4. (1) $y^2=-x^2+C$;　　　　　　(2) $y=\ln|\sin x|$;

   (3) $\ln|y|=3x+\ln 2-3$.

5. (1) $\ln|1+y|=-\ln|1-x|+C$;　　　　　(2) $\arcsin y=\ln|1+\sqrt{1+x^2}|+C$;

   (3) $y^4=x^4+C$;　　　　　(4) $\ln|y|=\dfrac{1}{2}x-\dfrac{1}{4}\sin 2x+C$;

   (5) $\ln|\ln y|=\arctan x+C$;　　　　　(6) $\ln|y|=-\mathrm{e}^x+C$.

6. (1) $|y|=2|x|$;　　　　　(2) $\ln|y|=\sqrt{x}-1$.

7. (1) $y=C\cdot\mathrm{e}^{-x}$　（C 为常数）；　　　　　(2) $y=x^2+x$.

8. $N=(1-at)N_0$　$\left(0\leqslant t\leqslant\dfrac{1}{a}\right)$.

习题 **5**

1. $y=\dfrac{5}{3}x^3$.

2. $y=\ln|x|+1$.

3. (1) $S=\sqrt{21\cos^2 t-100\cos t+104}$ 或 $\begin{cases}x=-5\cos t+10\\ y=2\sin t\end{cases}$;

   (2) $S=\sqrt{21\cos^2 t-100\cos t+104}$.

4. (1) $\dfrac{3}{5}(x-1)^{\frac{5}{3}}+C$;　　　　　(2) $\dfrac{1}{1+\ln 3}3^x\mathrm{e}^x+C$;

   (3) $-\dfrac{1}{2}(1-3x)^{\frac{2}{3}}+C$;　　　　　(4) $\dfrac{1}{6}(4x-1)^{\frac{3}{2}}+C$;

   (5) $2\sqrt{\tan x}+C$;　　　　　(6) $\dfrac{1}{3}\ln\left|1-\dfrac{3}{\cos\theta}\right|+C$;

   (7) $-\dfrac{1}{\arcsin x}+C$;　　　　　(8) $-\cos x+\dfrac{1}{3}\cos^3 x+C$;

   (9) $\dfrac{2}{3}(1+\mathrm{e}^x)^{\frac{3}{2}}+C$;　　　　　(10) $\arcsin\ln x+C$;

   (11) $-\ln(1+\sin x)+\sin x+C$;　　　　　(12) $-\dfrac{1}{5}\cos^5 x+\dfrac{1}{7}\cos^7 x+C$;

   (13) $\dfrac{1}{2}\ln|\csc 2x-\cot 2x|+\dfrac{1}{2}\tan x+C$ 或 $\dfrac{1}{2}\ln|\tan x|+\dfrac{1}{2}\tan x+C$;

(14) $-\dfrac{2}{a^2b^2}\cot 2x+C$；　　　　　　(15) $-x+2\ln|\mathrm{e}^x-1|+C$；

(16) $\dfrac{9}{2}\arcsin\dfrac{x}{3}-\dfrac{1}{2}x\sqrt{9-x^2}+C$；　(17) $\ln\dfrac{x}{(\sqrt[6]{x}+1)^6}+C$；

(18) $\arcsin\left(\dfrac{\sqrt{2}}{2}x+\dfrac{\sqrt{2}}{2}\right)+C$；　　(19) $3\left(\dfrac{\sqrt{x^2-9}}{3}-\arctan\dfrac{\sqrt{x^2-9}}{3}\right)+C$；

(20) $x-4\sqrt{x+1}+4\ln(\sqrt{1+x}+1)+C$；

(21) $\ln(x^2+4x+7)+\dfrac{\sqrt{3}}{3}\arctan\left(\dfrac{\sqrt{3}}{3}x+\dfrac{2}{3}\sqrt{3}\right)+C$；

(22) $\dfrac{1}{4}\ln|x|-\dfrac{1}{24}\ln(x^6+4)+C$；　　(23) $\dfrac{1}{2a^3}\arctan\dfrac{x}{a}+\dfrac{1}{2a^2}\cdot\dfrac{x}{x^2+a^2}+C$；

(24) $\dfrac{1}{3}\tan^3 x-\tan x+x+C$；

(25) $\dfrac{1}{w}x^2\sin wx+\dfrac{2}{w^2}x\cos wx-\dfrac{2}{w^3}\sin wx+C$；

(26) $\left(\dfrac{a}{a^2+b^2}\cos bx+\dfrac{b}{a^2+b^2}\sin bx\right)\mathrm{e}^{ax}+C$；

(27) $\dfrac{1}{3}x^3\ln(1+x)-\dfrac{1}{3}\left[\dfrac{1}{3}x^3-\dfrac{1}{2}x^2+x-\ln(1+x)\right]+C$；

(28) $\dfrac{1}{2}x[\sin(\ln x)-\cos(\ln x)]+C$；

(29) $-2\sqrt{x}\cos\sqrt{x}+2\sin\sqrt{x}+C$；　　(30) $-\dfrac{1}{2\mathrm{e}^x}(\sin x+\cos x)+C$.

5. (1) $A=-3$　$B=3$　$3\ln\left|\dfrac{x-2}{x-1}\right|+C$；

　(2) $A=-2$　$B=3$　$2\ln|x+1|-\ln|x-1|+C$；

　(3) $A=2$　$B=-1$　$2\ln|x-3|-\ln|x+1|+C$.

6. $y=\dfrac{a}{2}(\mathrm{e}^{\frac{x}{a}}+\mathrm{e}^{-\frac{x}{a}})$.

7. 45 m，6 s.

8. (1) $y=\mathrm{e}^{-x}(x+C)$；　　　　　　(2) $\ln|3y+2|=\dfrac{3}{2}x^2+C$；

　(3) $y=-\dfrac{\mathrm{e}^{-x^2}}{2x^2}+C$；　　　　　(4) $y=x^2\left(\dfrac{1}{3}\sin 3x+C\right)$；

　(5) $y=(1+t^2)(t+C)$.

9. (1) $y=\dfrac{1}{2}(\sin x-\cos x+\mathrm{e}^x)$；　　(2) $y=\dfrac{1}{2}x(x^2+1)$.

10. $T=80\mathrm{e}^{-\frac{\ln 2}{20}t}+20$.

练习与思考 6.1

1. 略.

2. $\int_a^b f(x)\mathrm{d}x.$

3. 在前 2 h,石油减少的升数.

4. 无意外,在蜜蜂的寿命期内 15 周后蜜蜂种群的数量.

5. (1) 4; (2) $4-2\pi$; (3) $\dfrac{9}{2}-2\pi$.

6. N·m.

7. (1) $\int_1^3 (x^2+1)\mathrm{d}x$; (2) $\int_{-\frac{\pi}{2}}^{\pi} |\cos x|\mathrm{d}x$; (3) $\int_{-1}^2 |x^2-2x|\mathrm{d}x$.

8. (1) 4; (2) 12; (3) 2; (4) $\dfrac{\pi}{4}$; (5) 0; (6) 0.

9. 66.

10. (1) 1; (2) 13.

11. $S(u)=\int_a^u f(x)\mathrm{d}x.$

12. 略.

练习与思考 6.2

1. 略.

2. 略.

3. (1) $\dfrac{17}{6}$; (2) $\dfrac{271}{6}$; (3) $\dfrac{1}{2}\mathrm{e}^2+\dfrac{1}{2}$; (4) $\dfrac{\sqrt{3}-1}{2}$; (5) $1-\dfrac{\pi}{4}$;

 (6) $\dfrac{\pi}{2}-1$; (7) $\dfrac{\pi}{3a}$; (8) -1; (9) $\dfrac{\pi}{3}$.

4. (1) $\dfrac{17}{2}$; (2) 4; (3) $\dfrac{5}{2}$.

5. (1) 0; (2) $\dfrac{51}{512}$; (3) $\dfrac{\pi}{6}-\dfrac{\sqrt{3}}{8}$; (4) $\sqrt{2}-\dfrac{2}{3}\sqrt{3}$; (5) $\dfrac{1}{6}$;

 (6) $2-2\ln 3+2\ln 2$; (7) $1-\mathrm{e}^{-\frac{1}{2}}$; (8) $\dfrac{1}{5}$; (9) $\arctan \mathrm{e}-\dfrac{\pi}{4}$.

6. (1) $1-\dfrac{2}{\mathrm{e}}$; (2) $\left(2\mathrm{e}+\dfrac{1}{2}\right)\ln(1+4\mathrm{e})-2\mathrm{e}$; (3) e^5;

 (4) $\dfrac{1}{2}(\mathrm{e}^{\frac{\pi}{2}}-1)$; (5) $\dfrac{\pi}{12}+\dfrac{\sqrt{3}}{2}-1$; (6) $4(\ln 4-1)$.

练习与思考 6.3

1. 略.

2. 1 min 后甲与乙的差距.

3. (1) 汽车 A; (2) 1 min 后 A 在 B 前面的距离; (3) 汽车 A; (4) $t\approx 2.2$ min

4. 略.

5. 略.

6. (1) 略； (2) $\mathrm{d}s=(1-x^2)\mathrm{d}x$； (3) $[-1,1]$； (4) $\dfrac{4}{3}$.

7. $S=\displaystyle\int_{-1}^{1}(2-x^2-x^2)\mathrm{d}x=\dfrac{8}{3}$.

8. $\mathrm{e}+\dfrac{1}{\mathrm{e}}-2$.

9. $V_x=\dfrac{\pi}{2}$， $V_y=\dfrac{\pi}{5}$.

10. $V_x=\dfrac{15}{2}\pi$， $V_y=\dfrac{124}{5}\pi$.

11. $N=1.2\times10^4(\mathrm{e}^{10}-\mathrm{e}^5)$.

习题 6

1. $S=\displaystyle\int_{1}^{3}(3t+5)\mathrm{d}t$.

2. $m=\displaystyle\int_{t_0}^{t_1}v(t)\mathrm{d}t$.

4. (1) $1+\dfrac{\pi}{4}$； (2) $\dfrac{1}{4}$； (3) $\dfrac{8}{3}$； (4) $\mathrm{e}-\dfrac{1}{3}$.

5. (1) $\dfrac{1}{4}$； (2) $\dfrac{a^4}{16}\pi$； (3) $(\sqrt{3}-1)a$； (4) $\dfrac{2}{3}$； (5) $\mathrm{e}^{\mathrm{e}}-\mathrm{e}$；

   (6) $2\sqrt{2}-2$； (7) $\dfrac{4}{3}$； (8) 1 (提示：令 $a+b-x=t$).

6. 提示：令 $x=-t$.

7. (1) $\dfrac{\pi}{4}-\dfrac{1}{2}$； (2) $\dfrac{\pi}{4}-\dfrac{\sqrt{3}}{9}\pi+\dfrac{1}{2}\ln\dfrac{3}{2}$； (3) $\dfrac{1}{5}(\mathrm{e}^{\pi}-2)$；

   (4) $2-\dfrac{2}{\mathrm{e}}$； (5) $\dfrac{35}{256}\pi$； (6) $\dfrac{1}{2}$.

8. (1) 0； (2) 0； (3) 0.

9. (1) $\dfrac{2}{3}$； (2) $2\sqrt{2}-2$； (3) $\dfrac{23}{3}$.

10. $4\ln 2$ $\left(\text{提示：}S=2\left[\displaystyle\int_{0}^{1}\left(2x-\dfrac{x}{2}\right)\mathrm{d}x+\int_{1}^{2}\left(\dfrac{2}{x}-\dfrac{x}{2}\right)\mathrm{d}x\right]\right)$.

11. (1) $\dfrac{8}{5}\pi$； (2) $(\mathrm{e}-2)\pi$； (3) $160\pi^2$； (4) $\dfrac{\pi^2}{2}$.

12. $V=9\pi$.

13. $V_x=\dfrac{\pi}{2}\mathrm{e}^4-\dfrac{\pi}{2}$，$V_y=2(1+\mathrm{e}^2)\pi$.

14. $Q=\displaystyle\int_{0}^{b}(2t+t^2)\mathrm{d}t=b^2+\dfrac{b^3}{3}$.

15. (1) 24 987.5(元) 提示：$\displaystyle\int_{0}^{50}(500-0.01Q)\mathrm{d}Q$；

（2）24 962.5（元） 提示：$\int_{50}^{100} (500-0.01Q)\mathrm{d}Q$.

16. 一次付款合算（分期付款总费用的现值约为 68.8 万元）.

17. 毛利为 220，纯利为 210.

18. 71.2 万元.

练习与思考 7.1

1. x 轴的方程为 $\begin{cases} y=0 \\ z=0 \end{cases}$； y 轴的方程为 $\begin{cases} z=0 \\ x=0 \end{cases}$； z 轴的方程为 $\begin{cases} x=0 \\ y=0 \end{cases}$.

2. $Ax+By+C=0\ (A^2+B^2\neq0)$ 在空间直角坐标系中表示一个平面.

$x^2+y^2=1$ 在平面坐标系中表示一个单位圆；在空间坐标系中表示一个与 xOy 面的交线为单位圆的圆柱面.

3. 点 $M(x, y, z)$ 关于原点的对称点坐标为 $(-x, -y, -z)$；关于 x 轴、y 轴、z 轴的对称点坐标分别为 $(x, -y, -z)$、$(-x, y, -z)$、$(-x, -y, z)$；关于 xOy 面、yOz 面、zOx 面的对称点坐标分别为 $(x, y, -z)$、$(-x, y, z)$、$(x, -y, z)$.

4. （1）第 Ⅰ 卦限； （2）第 Ⅴ 卦限； （3）第 Ⅶ 卦限； （4）第 Ⅵ 卦限.

5. 提示：$|AB|=3$，$|AC|=\sqrt{5}$，$|BC|=\sqrt{14}$，$|AB|^2+|AC|^2=|BC|^2$.

6. $Ax+Cz=0,\ Ax+By=0$.

7. $x+2y-z=0$.

8. $4x^2+9y^2+4z^2=36$.

9. （1）平面； （2）圆柱面； （3）椭圆抛物面；
（4）抛物柱面； （5）圆锥面； （6）平面（平行于 xOy 面）；
（7）平面； （8）球面； （9）旋转抛物面.（图形略）.

练习与思考 7.2

1. 略.

2. 图像关于 yOz 面对称（如图 7.9）；图像关于 y 轴成轴对称.

3. 略.

4. 略.

5. 略.

6. （1）$f(1, 2)=-5,\ f(1, 0)=3$； （2）$f(2, 1)=0,\ f(1, -1)=1$；
（3）$f(\pi, \pi)=-\pi,\ f(-\pi, -\pi)=\pi$； （4）$f(1, 2, 3)=\ln 6,\ f(3, 2, 1)=3\ln 2$.

7. （1）$f(x+y, xy)=x^2+y^2+x^2y^2+2xy$； （2）$f(x, y)=x^2-2y$；
（3）$f(x-y, x+y)=(x^2-y^2)^{2x}$； （4）$f(-x, -y)=x^2-2y^3$.

8. （1）R^2； （2）$\{(x, y)\,|\,x^2+y^2>1\}$；
（3）$\{(x, y)\,|\,y\geqslant x^2\}$； （4）$\{(x, y)\,|\,x-y\neq0\}$；
（5）$\{(x, y)\,|\,2\leqslant x^2+y^2\leqslant4\}$； （6）$\{(x, y)\,|\,x\leqslant-2$ 或 $x\geqslant2,\ -2\leqslant y\leqslant2\}$.

9. （1）0； （2）1； （3）1.

10. 提示：$\lim\limits_{\substack{(x,y)\to(0,0)\\y=x}}\dfrac{x-y}{x+y}=0$，$\lim\limits_{\substack{(x,y)\to(0,0)\\y=2x}}\dfrac{x-y}{x+y}=-\dfrac{1}{3}$，所以极限不存在.

11. (1) $\{(x,y)\mid(x,y)\neq(0,0)\}$，在原点间断；

    (2) $\{(x,y)\mid xy\geqslant0\}$，在第二、四象限(不包括坐标轴)间断；

    (3) $\{(x,y)\mid x\neq y^2\}$，在抛物线 $x=y^2$ 上间断($x=y^2$ 称为间断线).

练习与思考 7.3

1. 略.

2. $z=f(x,y)$ 在点 (x_0,y_0) 处可微 $\Rightarrow z=f(x,y)$ 在点 (x_0,y_0) 处连续；

$z=f(x,y)$ 在点 (x_0,y_0) 处可微 $\Rightarrow z=f(x,y)$ 在点 (x_0,y_0) 处偏导数存在.

反之都不成立. 但是，偏导数在点 (x_0,y_0) 处存在且连续 $\Rightarrow z=f(x,y)$ 在点 (x_0,y_0) 处可微.

3. $\dfrac{\partial z}{\partial x}=\dfrac{\partial z}{\partial u}\cdot\dfrac{\partial u}{\partial x}$，$\dfrac{\partial z}{\partial y}=\dfrac{\partial z}{\partial u}\cdot\dfrac{\partial u}{\partial y}+\dfrac{\partial z}{\partial v}\cdot\dfrac{\mathrm{d}v}{\mathrm{d}y}=\dfrac{\partial z}{\partial u}\cdot\dfrac{\partial u}{\partial y}+\dfrac{\partial z}{\partial v}$.

4. 生产函数对劳动力 L 求偏导数.

5. 略.

6. 略.

7. 略.

8. (1) $\dfrac{\partial z}{\partial x}=2xy+y^2$，$\dfrac{\partial z}{\partial y}=x^2+2xy$；   (2) $\dfrac{\partial z}{\partial x}=y\mathrm{e}^{xy}$，$\dfrac{\partial z}{\partial y}=x\mathrm{e}^{xy}$；

    (3) $\dfrac{\partial z}{\partial x}=-2x\sin(x^2+y)$，$\dfrac{\partial z}{\partial y}=-\sin(x^2+y)$；

    (4) $\dfrac{\partial z}{\partial x}=\dfrac{2y}{4x^2+y^2}$，$\dfrac{\partial z}{\partial y}=\dfrac{-2x}{4x^2+y^2}$；   (5) $\dfrac{\partial z}{\partial x}=\dfrac{2y}{(x+y)^2}$，$\dfrac{\partial z}{\partial y}=\dfrac{-2x}{(x+y)^2}$；

    (6) $\dfrac{\partial z}{\partial x}=\cos y\cdot(\sin x)^{\cos y-1}\cdot\cos x$，$\dfrac{\partial z}{\partial y}=-\sin y(\sin x)^{\cos y}\ln\sin x$；

    (7) $\dfrac{\partial z}{\partial x}=\dfrac{x}{\sqrt{x^2+y^2}}$，$\dfrac{\partial z}{\partial y}=\dfrac{y}{\sqrt{x^2+y^2}}$；

    (8) $\dfrac{\partial z}{\partial x}=y^2(1+xy)^{y-1}$，$\dfrac{\partial z}{\partial y}=(1+xy)^y\left[\ln(1+xy)+\dfrac{xy}{1+xy}\right]$；

    (9) $\dfrac{\partial u}{\partial x}=\mathrm{e}^{x+2y+3z}$，$\dfrac{\partial u}{\partial y}=2\mathrm{e}^{x+2y+3z}$，$\dfrac{\partial u}{\partial z}=3\mathrm{e}^{x+2y+3z}$；

    (10) $\dfrac{\partial u}{\partial x}=\dfrac{z}{y}x^{\frac{z}{y}-1}$，$\dfrac{\partial u}{\partial y}=-\dfrac{z}{y^2}x^{\frac{z}{y}}\ln x$，$\dfrac{\partial u}{\partial z}=\dfrac{1}{y}x^{\frac{z}{y}}\ln x$.

9. (1) $f_x\left(\dfrac{\pi}{3},0\right)=\dfrac{1}{2}$，$f_y\left(\dfrac{\pi}{3},0\right)=1$ $\left(\dfrac{\partial z}{\partial x}=\cos(x+2y),\dfrac{\partial z}{\partial y}=2\cos(x+2y)\right)$；

    (2) $f_x\left(\dfrac{\pi}{2},0\right)=f_y\left(\dfrac{\pi}{2},0\right)=0$ $\left(\dfrac{\partial z}{\partial x}=\dfrac{\partial z}{\partial y}=-\sin2(x+y)\right)$；

    (3) $f_x(1,2)=\dfrac{1}{3}$，$f_y(1,2)=\dfrac{2}{3}$ $\left(\dfrac{\partial z}{\partial x}=\dfrac{2x}{1+x^2+y^2},\dfrac{\partial z}{\partial y}=\dfrac{2y}{1+x^2+y^2}\right)$；

(4) $f_x(1, 0)=1$, $f_y(1, 0)=\dfrac{1}{2}$ $\left(f(x, 0)=\ln x, f(1, y)=\ln\left(1+\dfrac{y}{2}\right)\right)$;

(5) $f_x\left(0, \dfrac{\pi}{4}\right)=-1$, $f_y\left(0, \dfrac{\pi}{4}\right)=-2$

　　提示：$f\left(x, \dfrac{\pi}{4}\right)=-\mathrm{e}^{-x}\sin x$, $f(0, y)=\cos 2y$.

10. (1) $\dfrac{\partial z}{\partial x}=3x^2 y-6xy^3$, $\dfrac{\partial z}{\partial y}=x^3-9x^2 y^2$,

　　　　$\dfrac{\partial^2 z}{\partial x^2}=6xy-6y^3$, $\dfrac{\partial^2 z}{\partial x\partial y}=\dfrac{\partial^2 z}{\partial y\partial x}=3x^2-18xy^2$, $\dfrac{\partial^2 z}{\partial y^2}=-18x^2 y$

(2) $\dfrac{\partial z}{\partial x}=\dfrac{1}{x}$, $\dfrac{\partial z}{\partial y}=\dfrac{1}{y}$, $\dfrac{\partial^2 z}{\partial x^2}=-\dfrac{1}{x^2}$, $\dfrac{\partial^2 z}{\partial x\partial y}=\dfrac{\partial^2 z}{\partial y\partial x}=0$, $\dfrac{\partial^2 z}{\partial y^2}=-\dfrac{1}{y^2}$;

(3) $\dfrac{\partial z}{\partial x}=y^2\cos(xy^2)$, $\dfrac{\partial z}{\partial y}=2xy\cos(xy^2)$, $\dfrac{\partial^2 z}{\partial x^2}=-y^4\sin(xy^2)$

　　　　$\dfrac{\partial^2 z}{\partial x\partial y}=\dfrac{\partial^2 z}{\partial y\partial x}=2y\cos(xy^2)-2xy^3\sin(xy^2)$,

　　　　$\dfrac{\partial^2 z}{\partial y^2}=2x\cos(xy^2)-4x^2 y^2\sin(xy^2)$.

(4) $\dfrac{\partial z}{\partial x}=a\mathrm{e}^{ax+by}$, $\dfrac{\partial z}{\partial y}=b\mathrm{e}^{ax+by}$, $\dfrac{\partial^2 z}{\partial x^2}=a^2\mathrm{e}^{ax+by}$,

　　　　$\dfrac{\partial^2 z}{\partial x\partial y}=\dfrac{\partial^2 z}{\partial y\partial x}=ab\mathrm{e}^{ax+by}$, $\dfrac{\partial^2 z}{\partial y^2}=b^2\mathrm{e}^{ax+by}$

(5) $\dfrac{\partial z}{\partial x}=\dfrac{1}{y}$, $\dfrac{\partial z}{\partial y}=-\dfrac{x}{y^2}$, $\dfrac{\partial^2 z}{\partial x^2}=0$, $\dfrac{\partial^2 z}{\partial x\partial y}=\dfrac{\partial^2 z}{\partial y\partial x}=-\dfrac{1}{y^2}$, $\dfrac{\partial^2 z}{\partial y^2}=\dfrac{2x}{y^3}$.

(6) $\dfrac{\partial z}{\partial x}=1-\dfrac{1}{x^2 y}$, $\dfrac{\partial z}{\partial y}=1-\dfrac{1}{xy^2}$, $\dfrac{\partial^2 z}{\partial x^2}=\dfrac{2}{x^3 y}$,

　　　　$\dfrac{\partial^2 z}{\partial x\partial y}=\dfrac{\partial^2 z}{\partial y\partial x}=\dfrac{1}{x^2 y^2}$, $\dfrac{\partial^2 z}{\partial y^2}=\dfrac{2}{xy^3}$.

11. $\Delta z=15.07$, $\mathrm{d}z=14.8$.

12. (1) $\mathrm{d}z=\left(y+\dfrac{1}{y}\right)\mathrm{d}x+\left(x-\dfrac{x}{y^2}\right)\mathrm{d}y$;

(2) $\mathrm{d}z=(\sin y-y\sin x)\mathrm{d}x+(x\cos y+\cos x)\mathrm{d}y$;

(3) $\mathrm{d}z=\mathrm{e}^{-xy}[(1-xy)\mathrm{d}x-x^2\mathrm{d}y]$;

(4) $\mathrm{d}z=\mathrm{e}^{x-2y}\mathrm{d}x-2\mathrm{e}^{x-2y}\mathrm{d}y$;

(5) $\mathrm{d}z=\dfrac{3}{3x-5y}\mathrm{d}x-\dfrac{5}{3x-5y}\mathrm{d}y$;

(6) $\mathrm{d}z=\dfrac{1}{2(\sqrt{x}+\sqrt{y})}\left(\dfrac{1}{\sqrt{x}}\mathrm{d}x+\dfrac{1}{\sqrt{y}}\mathrm{d}y\right)$;

(7) $\mathrm{d}u=-yz\csc^2(xy)\mathrm{d}x-xz\csc^2(xy)\mathrm{d}y+\cot(xy)\mathrm{d}z$.

13. 略.

14. (1) $0.502\,34$; (2) 2.95.

练习与思考 7.4

1. 略.

2. 略.

3. (1) $\dfrac{\partial z}{\partial x}=x^2 y^3 \sin(x-y)[2x\cos(x-y)+3\sin(x-y)]$,

$\dfrac{\partial z}{\partial y}=x^3 y^2 \sin(x-y)[-2y\cos(x-y)+3\sin(x-y)]$;

(2) $\dfrac{\partial z}{\partial x}=\dfrac{\mathrm{e}^{uv}}{x^2+y^2}(vx-uy)$, $\dfrac{\partial z}{\partial y}=\dfrac{\mathrm{e}^{uv}}{x^2+y^2}(vy+ux)$;

(3) $\dfrac{\partial z}{\partial x}=(2\mathrm{e}^x+3y)\cos(2\mathrm{e}^x+3xy)$, $\dfrac{\partial z}{\partial y}=3x\cos(2\mathrm{e}^x+3xy)$;

(4) $\dfrac{\partial z}{\partial u}=\dfrac{y-x}{x^2+y^2}$, $\dfrac{\partial z}{\partial v}=\dfrac{y+x}{x^2+y^2}$.

4. (1) $\dfrac{\mathrm{d}z}{\mathrm{d}t}=\mathrm{e}^{x-2y}(\cos t-6t^2)$;　　　　(2) $\dfrac{\mathrm{d}z}{\mathrm{d}x}=a^y(1+\ln a)$;

(3) $\dfrac{\mathrm{d}z}{\mathrm{d}t}=-\dfrac{1+t}{t^2 \mathrm{e}^t}$;　　　　　　(4) $\dfrac{\mathrm{d}z}{\mathrm{d}x}=-x\sin 2x+\cos^2 x$.

5. (1) $\dfrac{\partial z}{\partial x}=f_1\cdot y+f_2\cdot 2x$, $\dfrac{\partial z}{\partial y}=f_1\cdot x+f_2\cdot 2y$;

(2) $\dfrac{\partial z}{\partial x}=f_1\cdot 2x+f_2\cdot \dfrac{1}{y}$, $\dfrac{\partial z}{\partial y}=f_2\cdot\left(-\dfrac{x}{y^2}\right)$;

(3) $\dfrac{\partial z}{\partial x}=2xf'$, $\dfrac{\partial z}{\partial y}=2yf'$.

6. (1) $\dfrac{\partial z}{\partial x}=\dfrac{2x-yz^2}{2xyz}$, $\dfrac{\partial z}{\partial y}=\dfrac{3y^2-xz^2}{2xyz}$;

(2) $\dfrac{\partial z}{\partial x}=\dfrac{yz}{\mathrm{e}^z-xy}$, $\dfrac{\partial z}{\partial y}=\dfrac{xz}{\mathrm{e}^z-xy}$;

(3) $\dfrac{\partial z}{\partial x}=\dfrac{z}{x+z}$, $\dfrac{\partial z}{\partial y}=\dfrac{z^2}{(x+z)y}$.

习题 7

1. (1) 旋转抛物面；　(2) 单叶双曲面；　(3) 圆柱面；　(4) 平面.

2. (1) $\{(x,y)\,|\,xy>0\}$;　　　　　　　(2) $\{(x,y)\,|\,x^2+y^2<1\ \text{且}\ y^2\leqslant 4x\}$;

(3) $\{(x,y)\,|\,y\leqslant x^2,\text{且}\ x\geqslant 0,\ y\geqslant 0\}$;　　(4) $\{(x,y)\,|\,y^2<x\leqslant 3\}$.

3. (1) $\dfrac{\partial z}{\partial x}=-\dfrac{y}{x^2}\cos\dfrac{y}{x}$, $\dfrac{\partial z}{\partial y}=\dfrac{1}{x}\cos\dfrac{y}{x}$;

(2) $\dfrac{\partial z}{\partial x}=\cot(x-y)$, $\dfrac{\partial z}{\partial y}=-\cot(x-y)$;

(3) $\dfrac{\partial z}{\partial x}=\dfrac{y^2}{(x+y)^2}$, $\dfrac{\partial z}{\partial y}=\dfrac{x^2}{(x+y)^2}$;

(4) $\dfrac{\partial z}{\partial x}=y\mathrm{e}^{xy}\big[\sin(xy)+\cos(xy)\big]$, $\dfrac{\partial z}{\partial y}=x\mathrm{e}^{xy}\big[\sin(xy)+\cos(xy)\big]$;

(5) $\dfrac{\partial z}{\partial x}=(x+y)^x\Big[\ln(x+y)+\dfrac{x}{x+y}\Big]$, $\dfrac{\partial z}{\partial y}=x(x+y)^{x-1}$;

(6) $\dfrac{\partial u}{\partial x}=\dfrac{x}{\sqrt{x^2+y^2+z^2}}$, $\dfrac{\partial u}{\partial y}=\dfrac{y}{\sqrt{x^2+y^2+z^2}}$, $\dfrac{\partial u}{\partial z}=\dfrac{z}{\sqrt{x^2+y^2+z^2}}$.

4. 0；2；0.

5. (1) $\mathrm{d}z=\dfrac{y^3}{(x^2+y^2)^{\frac{3}{2}}}\mathrm{d}x+\dfrac{x^3}{(x^2+y^2)^{\frac{3}{2}}}\mathrm{d}y$;

(2) $\mathrm{d}z=\dfrac{y}{x^2+y^2}\mathrm{d}x-\dfrac{x}{x^2+y^2}\mathrm{d}y$;

(3) $\mathrm{d}z=\dfrac{1}{\sqrt{x^2+y^2}}\mathrm{d}x+\dfrac{1}{x+\sqrt{x^2+y^2}}\cdot\dfrac{y}{\sqrt{x^2+y^2}}\mathrm{d}y$;

(4) $\mathrm{d}u=yzx^{yz-1}\mathrm{d}x+zx^{yz}\ln x\mathrm{d}y+yx^{yz}\ln x\mathrm{d}z$.

6. $34.56\ \mathrm{kg}$.

7. (1) $\dfrac{\partial z}{\partial x}=\mathrm{e}^{u\cos v}\Big(y\cos v-\dfrac{u\sin v}{x-y}\Big)$, $\dfrac{\partial z}{\partial y}=\mathrm{e}^{u\cos v}\Big(x\cos v+\dfrac{u\sin v}{x-y}\Big)$;

(2) $\dfrac{\partial z}{\partial x}=vu^{v-1}+6x\cdot u^v\ln u$, $\dfrac{\partial z}{\partial y}=2vu^{v-1}+2y\cdot u^v\ln u$.

（提示：令 $u=x+2y$, $v=3x^2+y^2$, 则 $z=u^v$）

8. x.

9. A 商品 5 万件, B 商品 3 万件时, 最大利润 $L(5,3)=115$ 万元.

10. A、B 两种方式广告费分别为 15 万元、10 万元, 销售利润最大为 $L(15,10)=55$ 万元.

练习与思考 8.1

1. 略.

2. 铜芯片上的全部电荷量.

3. 略.

4. 略.

5. $I_1=4I_2$.

6. (1) $\displaystyle\iint_D(x+y)^2\mathrm{d}\sigma\geqslant\iint_D(x+y)^3\mathrm{d}\sigma$;   (2) $\displaystyle\iint_D(x+y)^2\mathrm{d}\sigma\leqslant\iint_D(x+y)^3\mathrm{d}\sigma$.

7. (1) $0\leqslant I\leqslant\pi^2$;   (2) $2\leqslant I\leqslant8$.

练习与思考 8.2

1. 略.

2. 略.

3. 略.

4. (1) $\dfrac{8}{3}$;   (2) $\dfrac{1}{pq}(1-\mathrm{e}^{ap})(1-\mathrm{e}^{aq})$;   (3) $-\dfrac{3}{2}\pi$;   (4) $\dfrac{13}{6}$;

(5) $\pi(101\ln 101 - 100\ln 100 - 1)$;　　　　(6) $\dfrac{\pi(16\pi^4 - 1)}{4}$.

5. (1) $\displaystyle\int_0^1 dx \int_x^1 f(x, y)dy$;　　　　(2) $\displaystyle\int_0^4 dx \int_{\frac{x}{2}}^{\sqrt{x}} f(x, y)dy$;

(3) $\displaystyle\int_{-1}^1 dx \int_0^{\sqrt{1-x^2}} f(x, y)dy$;　　　　(4) $\displaystyle\int_0^1 dy \int_{2-y}^{1+\sqrt{1-y^2}} f(x, y)dx$.

6. (1) $\dfrac{1}{6}$;　　　　(2) 18π.

练习与思考 8.3

3. (1) $\dfrac{4}{3}$, $\left(\dfrac{4}{3}, 0\right)$;　　(2) 6, $\left(\dfrac{3}{4}, \dfrac{3}{2}\right)$;　　(3) $\dfrac{27}{2}$, $\left(\dfrac{19}{15}, \dfrac{1}{2}\right)$.

4. (1) $\left(0, \dfrac{4}{3\pi}\right)$;　　　　(2) $\left(\dfrac{a^2 + ab + b^2}{2(a+b)}, 0\right)$.

5. (1) $I_y = \dfrac{1}{4}\pi a^3 b$, $I_o = \dfrac{1}{4}\pi ab(a^2 + b^2)$;　　　(2) $I_x = \dfrac{1}{3}ab^3$, $I_y = \dfrac{1}{3}a^3 b$.

6. $\dfrac{1}{2}\pi u(R^4 - r^4)$.

7. $I_x = \dfrac{88}{15}$, $I_y = \dfrac{92}{15}$, $I_y > I_x$ 沿 y 轴方向转动困难.

习题 8

1. $Q = \displaystyle\iint\limits_D u(x, y)dxdy$.

2. (1) $\displaystyle\iint\limits_D \ln(x+y)d\sigma \geqslant \iint\limits_D [\ln(x+y)]^3 d\sigma$;　　(2) $\displaystyle\iint\limits_D \ln(x+y)d\sigma \geqslant \iint\limits_D [\ln(x+y)]^2 d\sigma$.

4. (1) e^{-1};　(2) 9;　(3) $\dfrac{6}{55}$;　(4) $e - \dfrac{1}{e}$;　(5) $\pi^2 - \dfrac{40}{9}$;　(6) $1 - \sin 1$ (提示：选择 D 为 y-型区域).

5. 6π.

6. $\dfrac{40}{3}$.

7. (1) $\displaystyle\int_0^1 dy \int_{e^y}^{e} f(x, y)dx$;　(2) $\displaystyle\int_{-2}^0 dx \int_{2x+4}^{4-x^2} f(x, y)dy$;　(3) $\displaystyle\int_1^2 dy \int_{y-1}^{y} f(x, y)dx$.

8. (1) $\displaystyle\int_0^{\frac{\pi}{2}} d\theta \int_0^a r^3 dr = \dfrac{1}{8}\pi a^4$;　　(2) $\displaystyle\int_0^{\frac{\pi}{2}} d\theta \int_0^{2a\cos\theta} r^2 \cdot r dr = \dfrac{3}{4}\pi a^4$.

9. (1) $2\pi(e^2 + 1)$;　(2) $\dfrac{1}{3}a^3$;　(3) $\dfrac{3}{64}\pi^2$.

10. (1) $\dfrac{9}{4}$;　(2) $\dfrac{2}{3}\pi(b^3 - a^3)$.

11. $\dfrac{\pi^4}{24}$.

12. $\dfrac{4}{3}$，$\left(\dfrac{1}{20}, \dfrac{8}{15}\right)$．

13. $\dfrac{\sqrt{6}}{3}R(R\ 为半径)$．

14. $\dfrac{1}{12}\mu bh^3$，$\dfrac{1}{12}\mu hb^3$．

15. $\dfrac{368}{105}\mu$　$\left(提示：I = \iint\limits_{D}[y-(-1)]^2\mu\mathrm{d}\sigma\right)$．

练习与思考 9.1

1. 例如：4./2 表示 $\dfrac{4}{2}$；而 4.\2 表示 $\dfrac{2}{4}$，即

    $\gg$ 4./2　　　　$\gg$ 4.\2

    ans ＝　　　　ans ＝

    2　　　　　　0.500 0

2. 防止不同命令中的变量相互影响．

3. y＝

    ((2 * x+1)^3/x^3)^(1/3)

    命令 simple()是用几种不同的算术简化规则对符号表达式进行化简，并找出其中最简的形式，而 simplify()是其中的一种简化规则．

4. (1) ans ＝　　　(2) ans ＝

    1.457 1　　　　　1.399 6

5. ans ＝

    (x+1) * (x-2)^2

6. ans ＝

    2/cos(x)

7. (1) x ＝

    5/2+1/2 * 17^(1/2)

    5/2-1/2 * 17^(1/2)

  (2) x ＝

    2^(1/2)

    -2^(1/2)

    y ＝

    2

    2

练习与思考 9.2

1. 用于关闭所有的图形窗口，以免多个图形窗口同时存在，产生混淆．

2. plot 是最基本的二维作图函数，fplot 是函数作图函数，ezplot 是符号函数的简易作图函数．

3. ≫ fplot('exp(x)/(1+x)',[−6 6 −30 30])

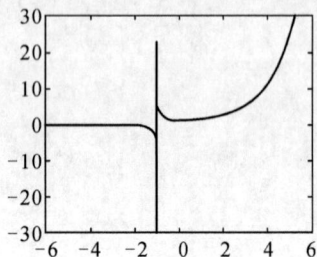

第 3 题

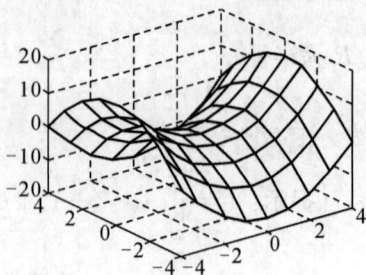

第 4 题

4. ≫ x=−4：1：4;y=x;
   ≫ [X,Y]=meshgrid(x,y);Z=X.^2−Y.^2;
   ≫ mesh(X,Y,Z)

练习与思考9.3

1. 不能.
2. 都不可以.
3. (1) ans =   (2) ans =   (3) ans =
       −log(2)   exp(−1)   −1/2
4. (1) ans =
       log(x)+1
   (2) ans =
       x^sin(x) * (cos(x) * log(x)+sin(x)/x)
   (3) ans =
       −2 * cos(cos(x^3+x)^2) * cos(x^3+x) * sin(x^3+x) * (3 * x^2+1)
5. ans =
       2/(x+1)^3
6. (1) ans =
       1/4 * sin(2 * x)−1/16 * sin(8 * x)
   (2) ans=
       x * atan(x)−1/2 * log(x^2+1)
7. (1) ans=   (2) ans=
       1   3^(1/2)−1/3 * pi

习题9

1. ans=
       1/2 * (x^2−2 * x−6)/x/(x−1)
2. x=
       −1/7 * 7^(1/2)

$1/7 * 7^{\wedge}(1/2)$

$y =$

$6/7 * 7^{\wedge}(1/2)$

$-6/7 * 7^{\wedge}(1/2)$

3. ≫fplot('exp(−x^2)',[−4, 4])

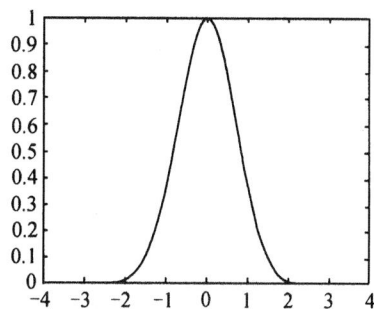

第 3 题

4. (1) ans =   (2) ans =

   1/4   0

5. (1) ans =

   $\cos(x)/(1+\sin(x)) - x * \sin(x)/(1+\sin(x)) - x * \cos(x)^{\wedge}2/(1+\sin(x))^{\wedge}2$

   (2) ans =

   $x^{\wedge}\sin(x) * (\cos(x) * \log(x) + \sin(x)/x)$

6. ans =

   $-8 * \cos(x)^{\wedge}2 + 8 * \sin(x)^{\wedge}2$

7. (1) ans =

   $-1/4 * \sin(x)^{\wedge}3 * \cos(x) - 3/8 * \sin(x) * \cos(x) + 3/8 * x$

   (2) ans =

   $2/13 * \exp(2 * x) * \cos(3 * x) + 3/13 * \exp(2 * x) * \sin(3 * x)$

8. (1) ans =   (2) ans =

   4          $1/8 * pi - 1/4 * \log(2)$

参考文献

[1] 华罗庚,苏步青. 中国大百科全书(数学). 北京:中国大百科全书出版社,1988.

[2] 侯风波. 高等数学. 北京:高等教育出版社,2003.

[3] 萧树铁,扈志明. 微积分. 北京:清华大学出版社,2006.

[4] 于孝廷. 高等数学. 北京:科学出版社,2005.

[5] 李林曙. 微积分. 北京:中国人民大学出版社,2006.

[6] 李心灿. 高等数学应用 205 例. 北京:高等教育出版社,1997.

[7] 翟向阳. 应用高等数学(上册). 上海:上海交通大学出版社,1999.

[8] 赵焕宗. 应用高等数学(下册). 上海:上海交通大学出版社,1999.

[9] 李德才,张文军. 高等数学教程(上册). 北京:学苑出版社,2003.

[10] 毕朝晖. 高等数学教程(下册). 北京:学苑出版社,2003.

[11] 求是科技. MATLAB 7.0 从入门到精通. 北京:人民邮电出版社,2006.

[12] 华东师范大学数学系. 数学分析(上册). 北京:高等教育出版社,1991.

[13] 马少军. 高等数学. 北京:中国农业出版社,2003.

[14] 梁保松,陈涛. 高等数学. 北京:中国农业出版社,2002.

[15] 郑建民. 应用数学. 北京:中国农业出版社,2002.

[16] 张从军,等. 微积分. 上海:复旦大学出版社,2005.

[17] 张金河. 信息类高等数学. 北京:高等教育出版社,2006.

[18] 王冬琳. 数学建模及实验. 北京:国防工业出版社,2004.

[19] 同济大学应用数学系. 高等数学. 北京:高等教育出版社,2002.

[20] 胡清. 应用数学. 北京:中国商业出版社,1996.

[21] 詹勇虎. 实用微积分. 南京:东南大学出版社,2005.

[22] 吴志清,等. 高等应用数学. 上海:立信会计出版社,2006.

[23] James Stewart. 白峰杉译. 微积分. 北京:高等教育出版社,2004.

[24] 李国辉. 大学数学(一). 北京:科学出版社,2000.

[25] 单墫,葛军. 数学 1(必修). 南京:江苏教育出版社,2012.

[26] 姜启源. 数学建模(第二版). 北京:高等教育出版社,2003.

[27] 朱家生,姚林. 数学,它的起源与方法. 南京:东南大学出版社,1999.

[28] [美]理查德·曼凯维奇(Richard Mankiewicz). 冯速,马晶,冯丁妮译. 数学的故事. 海口:海南出版社,2002.